2023年
水利先进实用技术

水利部科技推广中心　主编

中国水利水电出版社
www.waterpub.com.cn
·北京·

图书在版编目（CIP）数据

2023年水利先进实用技术 / 水利部科技推广中心主编. -- 北京 : 中国水利水电出版社, 2024. 8. -- ISBN 978-7-5226-2750-2

Ⅰ. TV

中国国家版本馆CIP数据核字第20244N0W12号

书　　名	**2023 年水利先进实用技术** 2023 NIAN SHUILI XIANJIN SHIYONG JISHU
作　　者	水利部科技推广中心　主编
出版发行	中国水利水电出版社 （北京市海淀区玉渊潭南路 1 号 D 座　100038） 网址：www. waterpub. com. cn E-mail：sales@mwr. gov. cn 电话：（010）68545888（营销中心）
经　　售	北京科水图书销售有限公司 电话：（010）68545874、63202643 全国各地新华书店和相关出版物销售网点
排　　版	中国水利水电出版社微机排版中心
印　　刷	清淞永业（天津）印刷有限公司
规　　格	210mm×285mm　16 开本　17.5 印张　494 千字
版　　次	2024 年 8 月第 1 版　2024 年 8 月第 1 次印刷
定　　价	**108.00** 元

本书编委会

主编： 汝　楠

参编： 娄　瑜　董长娟　陈梁擎　岳　东　梁　明
王　海　朱　泳　郭建华

前　言

为深入贯彻落实习近平总书记“节水优先、空间均衡、系统治理、两手发力”治水思路和关于治水重要论述精神，加强先进实用技术的宣传推广，推动先进实用技术与水利行业需求的精准对接，水利部科技推广中心组织编制本书。

本书共收录技术254项，涵盖水旱灾害防御、水文水资源、水环境与水生态、农村水利、水土保持、水利工程建设与运行及水利信息化等领域。相关技术成果已在生产实践中得到广泛应用，具有明显的经济、社会及生态效益，促进了水利科学技术水平的提高，为新阶段水利高质量发展提供了有力的科技支撑。

编者

2024年6月

目 录

二、水文水资源

三、水环境与水生态

四、农 村 水 利

五、水 土 保 持

六、水利工程建设与运行

七、水利信息化

一、水旱灾害防御

1 高精度X波段测雨雷达装备与预报系统

技术来源

国家计划。

技术简介

该系统针对高精度降水观测的要求，研发了高精度X波段测雨雷达，实现了雷达产品关键零部件及系统的国内自主生产，核心技术指标不低于国外同类产品，市场服务价格低于国外同类产品，技术成果可为延长雨水情的预见期、构建雨水情监测的“三道防线”提供解决方案。技术特点：一是针对强对流天气、降水观测的要求，深度定制符合水文观测与预报要求的雷达硬件参数，研发了高精度X波段测雨雷达。二是针对低空降水研发了降雨观测快速扫描模式及短时临近降水预报系统，解决不同水文模型对降水产品时空精度的定制化要求，提高了对流域局地极端降水的监测的精度和时效性。三是雷达设计有固定式和机动式两种型号，具有轻小、高性价比等优点。

技术指标

（1）雷达显控软件用于雷达定标、控制雷达扫描模式、监控雷达工作状态。

（2）雷达降水临近预报软件将雷达观测反演面雨量与地面降水观测融合形成高分辨率面雨量，空间分辨率高于500m，预报产品格点更新频率5min。

（3）该测雨雷达采用中频相参脉冲多普勒体制，可高精度观测60km半径范围内降雨的位置、强度、平均多普勒速度和速度谱宽等多个参数。

（4）实现城市公里半径内未来6h降雨过程预报，其中2h预见期内逐分钟降雨预报命中率85%以上，面雨量预报精度80%以上。

应用范围及前景

适用于中小河流洪水、水库洪水、城市洪涝的降雨监测和预报，可应用于山洪地质灾害、中小河流和水库洪水、城市洪涝的风险预警，提高预报精度和预见期，提升区域暴雨和灾害预警能力。

延长暴雨洪水预见期，提升洪涝灾情的预报预警能力是降低灾害损失、保障人民生命财产安全的重要措施。该成果能满足60km半径内的高精度面雨量观测，具有较为广阔的推广应用前景。

持有单位：南京水科院瑞迪科技集团有限公司、水利部交通运输部国家能源局南京水利科学研究院、南京信息工程大学
单位地址：江苏省南京市鼓楼区广州路223号
联 系 人：吴巍
联系方式：15062218485
E-mail：wwu@nhri.cn

2 防洪多源卫星遥感信息服务平台

技术来源

国家计划。

技术简介

该技术基于星历计算技术进行多源卫星轨道的仿真模拟、多星协同数据采集任务规划，在遥感影像几何校正、辐射定标、大气校正、镶嵌和分幅等预处理工作基础上，通过时空大数据技术、AI智能遥感解译技术等实现洪涝淹没水体、溃决圩堤等空间信息的快速精确获取。通过WebMap服务共享交换技术实现影像、矢量、地形等海量空间数据的无瓦片发布管理，为防洪减灾业务应用提供全面、强大的防洪空间信息服务。技术特点：一是实现了卫星数据轨道仿真模拟、多星协同数据采集任务规划、卫星遥感数据自动下载调度和卫星影像数据信息提取和发布等多源遥感信息服务于防洪减灾业务的一体化遥感信息服务技术环节的贯通。二是构建了自动化、高效化、智能化的防洪多源卫星遥感信息服务平台。三是提升了防洪减灾“天-空-地”一体化监测体系的实时感知能力和水平。

技术指标

（1）支持国内外28颗遥感卫星的任意区域的成像任务模拟、三维球可视化展现以及实时卫星数据的检索和下载等卫星遥感空间数据服务。

（2）支持大范围洪涝淹没水体、溃决圩堤等9类重点保护对象信息提取和防汛遥感监测评估专题图定制化服务。

（3）支持基于国产自研发布引擎且符合国际标准的遥感影像、矢量、地形数据的百PB级时空数据管理和无切片快速发布服务。

应用范围及前景

适用于流域级大范围洪涝灾区遥感影像数据实时获取、防洪重点目标提取、洪涝灾情信息提取与分析。

当前遥感技术飞速发展，大数据、人工智能等新技术推动了遥感技术智慧化发展，且亟须多源数据处理平台。防洪遥感监测一体化服务平台是当前遥感技术发展与水利业务发展的必然趋势，也必将为水利行业部门提供巨大的服务价值。

持有单位：中国水利水电科学研究院
单位地址：北京市复兴路甲1号
联 系 人：李小涛
联系方式：18610359500、010-68785410
E-mail：lixt@iwhr.com

3 基于极化雷达遥感影像的流域洪水监测技术

技术来源

其他来源。

技术简介

雷达传感器采用的微波信号穿透能力强，相较于光学传感器受云雨干扰小，可在恶劣天气有效观测地表，更适于洪水灾害监测。根据不同地物在极化雷达影像回波信号的统计特征，该技术构建了新的极化雷达水体指数和自动阈值提取方法，降低了山体阴影干扰，可完成灾前、灾后水体的高精度提取，实现流域洪水淹没范围的快速监测。技术特点：一是响应速度快。构建了洪涝灾害云检测系统，获取影像后最快 30min 实现洪水监测。二是自动化程度高。无须人工勾绘样本，基于极化雷达水体指数和自适应阈值算法，可实现洪水的高精度提取。三是辅助数据少。无须外部地形即可有效降低山体阴影对洪水提取的干扰。四是适用范围广。适用于多源极化雷达影像，包括应急调姿和周期观测影像。

技术指标

（1）利用验证样本对洪水提取结果进行了精度评估。以郑州“7·20”特大暴雨灾害为例，检测精度（正确检测出的洪水样本的百分比）为 90.72%、误报率（错误标记的非洪水样本的百分比）为 1.63%、总体精度（正确标记的验证样本的百分比）为 97.85%。

（2）该技术方法在保留主干河流、水库水面提取效果的同时，可有效地消除山体阴影的干扰。以 2022 年北江 2 号洪水期间的英德市为例，提取的水体像元中混入山体阴影像元的比例降至 0.41%，提高了极化雷达影像的水体提取精度。

应用范围及前景

适用于流域洪水灾害的应急监测，基于应急调姿或周期性拍摄的雷达影像，可快速获取洪水淹没范围。

洪涝灾害监测研究对保障人民群众生命财产安全、减少社会经济损失、抗洪救灾以及大湾区城市未来的发展规划具有重要意义。在全球气候变化的背景下，我国多地洪涝灾害频发，该技术受云、雨、雾等天气因素的影响较小，能够保证数据的有效获取，在洪涝灾害监测方面具有广阔的应用前景。

持有单位：水利部珠江水利委员会
单位地址：广东省广州市天河区天寿路 80 号珠江水利大厦
联 系 人：陈高峰
联系方式：15920179188
E-mail：zkykjc@163.com

4 流域洪水智能预报-预警-预演-预案关键技术

技术来源

国家计划。

技术简介

该技术提出了暴雨洪水全过程自适应智能预报预警成套方法，通过流域降雨定量智能预测模型和人脸识别算法实现暴雨洪水全过程实时预报；建立了洪水预演规则智能推理和预案智能筛选技术体系，通过基于知识图谱的水工程调度规则推理方法和实体映射技术，实现水工程调度约束条件溯源和可行调度方案推荐；构建了基于分布式云原生框架体系、互动式组件拼接和微服务网络矩阵的流域洪水智能预报-预警-预演-预案平台，实现历史典型洪水过程在现状条件下的演进模拟及预报调度分析，为典型洪水实时调度决策提供有力的技术支撑。

技术指标

（1）实现定量降雨智能预报和场次洪水“量身定制”，将短期预报精度整体提高到90%以上，预见期由1～3d延长到3～7d，为水旱灾害防御提供更精准水文预报预警信息。

（2）构建了流域洪水智能预报-预警-预演-预案平台，利用互动式组件拼接技术搭建了耦合27个预报体系、34个主要控制断面、111座控制性水工程、1200余个重要节点的预报方案体系，实现了长江流域控制性水工程全覆盖。

（3）编制了《长江水情预警发布管理办法（试行）》，为流域洪水、枯水预警等级界定和预警信息及时发布提供科学依据。

（4）构建了流域控制性水工程联合调度方案库，为流域比选调度预案、科学应对水旱灾害提供重要技术支撑。

应用范围及前景

适用于大江大河、中小河流等流域洪水预报、预警、预演及水工程影响下实时防洪预报调度。

该技术原理较为通用，能够切实服务于大、中、小流域洪水预报、预警、预演、预案，在长江流域已投产水库群的实时预报调度中取得了较好的应用效果，同时，该技术便于移植推广，可快速移植推广至全国范围内大、中、小流域以及“一带一路”沿线国家和地区。

持有单位：长江水利委员会水文局
单位地址：湖北省武汉市江岸区解放大道1863号
联 系 人：陈瑜彬
联系方式：13554510897
E-mail：chenyb@cjh.com.cn

5 水下工程结构安全快速检测关键技术

技术来源

国家计划。

技术简介

受水环境条件限制，水下结构工程质量检测一直是难题，直接关系工程安全运行。该技术针对浑水环境下结构测量难点，采用基于图像融合和模式识别的基础三维图像重构理论与技术，创新环绕式测量方法，实现了浑水状态下基础定量测量；针对浑水下小尺度结构病害的检测难点，采用基于声呐扫描及智能视觉识别的水下机器人快速检测技术，可以高效地定量描述病害特征和位置；运用基于水下结构病害源反溯的安全评估方法与理论，解决了“带病服役”水下结构的病害信息少、溯源难、评估难的问题。

技术指标

（1）波束数量：8192。

（2）最大探测距离：150m。

（3）最小探测距离：1.5m。

（4）数据更新频率：12Hz。

（5）视场角度覆盖：$25°\times25°\sim50°\times50°$。

（6）波束间角：375kHz时$0.39°\times0.78°$，10kHz时$0.19°\times0.39°$。

（7）耐压深度：600m。

应用范围及前景

适用于水利、交通和水运等水下结构在浑水和清水状态下的安全检测与安全评估，兼顾其他水下工程的安全检测与评估。

水下结构是上部结构的基础，对于结构的安全起决定性作用，但是由于盲运时间长，病害不易察觉，危险程度高，且水下结构量多面广，因此，快速检测需求量大。该技术突破了水下检测诸多难题，已在多项水下工程结构安全检测中应用，推广应用前景广阔。

持有单位：水利部交通运输部国家能源局南京水利科学研究院
单位地址：江苏省南京市鼓楼区广州路223号
联 系 人：邓昌
联系方式：13914729543、025－85829647
E－mail：cdeng@nhri.cn

6 通用高性能洪水分析计算软件 FASFLOOD

技术来源

国家计划。

技术简介

该软件基于 3D GIS 可视化平台，集成了具有激波捕捉能力的新一代高性能洪涝模型计算引擎，其中包括一维河网/管网模型引擎和二维水动力模型引擎，各计算引擎采用了基于共享内存和 GPU 异构并行计算的加速技术，同时完成了各引擎之间的侧向、正向以及垂向连接，可方便实现对山洪、溃坝、溃堤、城市洪涝等任意类型洪水过程的数值模拟。该软件具备完善的前后处理功能，支持洪水方案的秒级计算和孪生级场景极速渲染，已在多个防洪“四预”系统建设中应用。

技术指标

中测软评科技有限公司依照国家标准对该软件进行了评测，主要指标如下：

（1）该软件属于应用软件，具有一维河网/管网、二维洪水分析及一、二维耦合计算等功能。

（2）计算引擎支持 Windows、Linux 和 UNIX 系统集成。

（3）该软件采用了共享内存和基于 GPU 异构并行计算的高性能计算方式，可以适配不同的硬件加速需求。

（4）该软件具备完善的四边形/三角形非结构网格剖分功能。

（5）软件可以方便处理堰、闸、坝等构筑物的过流影响。

（6）软件支持百万量级网格数据的毫秒级快速响应。

（7）通过面向对象的开发方式实现集成，可以边计算边展示。

（8）可在线自动加载遥感影像数据，实现三维渲染效果。

（9）软件可直接导出绘制洪水风险图的标准 shp 数据。

应用范围及前景

适用于所有涉及洪水分析计算的相关业务领域，如防洪规划、洪水影响评价、洪水预报、洪水预演等。

在智慧水利建设中，智慧化模拟对洪水模型提出了更高的要求。随着新一代数值计算格式 Godunov 格式的逐渐成熟，洪水模型的数值精度已趋稳定，提高计算速度成为未来洪水动力学模型发展的主要方向。

FASFLOOD 采用了基于 GPU 的异构并行高性能加速模式，在淮委“四预”工作中初步实现了洪水推演的“秒”级计算，随着智慧水利工作的深入开展，具备通用性和高性能加速属性的 FASFLOOD 软件具有广阔的推广应用空间。

持有单位：中国水利水电科学研究院
单位地址：北京市海淀区复兴路甲 1 号
联 系 人：张大伟
联系方式：13810783315、010－68781951
E－mail：zhangdw@iwhr.com

7 半岛地区中小河流洪水分散式滞蓄与预报调度一体化技术

技术来源

国家计划。

技术简介

该技术研发了山丘区分散集蓄水的兜网式雨洪堰、适用半岛地区的智慧化产汇流模型和基于预测控制的水库优化调度模型，形成洪水管理的“蓄滞-预报-调度-反馈”一体化技术，实现在坡面产汇流中滞蓄洪水，削减入库洪峰，在入库洪水调度中利用预报调度一体化模型，预蓄预泄洪水，降低下泄洪峰与洪量，增加洪水资源利用量。主要解决半岛山丘区中小河流域面积小、洪水源短流急、水库调节能力弱，导致洪水防御与利用两难的问题。技术特点：一是半岛地区洪水预报模型，在产流模拟中，建立了包含“超渗”与“蓄满”两种产流模式的产流模拟模块，动态识别单元产流模式并调用相应的模块，定量刻画半岛地区超渗与蓄满同时存在的现象；在汇流模拟中，建立了考虑堰、闸、坝次序蓄泄的汇流模拟方法。二是水库调度模块采用动态规划和比例积分控制算法实现系统状态实时反馈与规则优化。将洪水预报模型预测的洪水过程，输入防洪优化调度模型中，优化得到水库泄流决策序列，仅执行第一时段泄流决策，等水库运行到下一时段，将实测系统状态（水库水位、断面流量等）作为初始状态，滚动执行上述过程直至调度过程结束，实现预报调度一体化。

技术指标

2018—2022年，该技术持续应用于山东半岛乳山河流域与黄水河流域，技术指标如下：

（1）通过在面积为277km^2的龙角山水库集水区安装雨洪堰，入库洪水的削峰率达到了5%以上。

（2）通过水库预报调度，乳山河流域龙角山水库洪水预报合格率为86%，预报水平从乙级提高到甲级；出库洪水削峰率相比常规调度提高10%～25%。

（3）利用该技术，黄水河流域王屋水库入库洪水预报合格率由85%提高到89%；出库洪水削峰率相比常规调度提高11%～15%。

应用范围及前景

适用于半岛地区中小河流域，特别是山东半岛、雷州半岛和辽东半岛，以及东部沿海山丘区中小河流域。

利用洪水分散式滞蓄与预报调度一体化技术，削减入库洪峰洪量，实现流域洪水防御能力智能提升与洪水资源高效利用并举，是智慧水利建设背景下解决中小河流防洪与兴利问题的必由之路。建设具备预报、预警、预演、预案功能的中小河流域防洪“四预”应用体系，推动洪水被动防御向主动控制利用转变，是数字孪生中小河流域建设的迫切需求。随着滨海地区经济社会需水量进一步提高和水利高质量发展的新时代要求，该技术推广应用前景广阔。

持有单位：水利部交通运输部国家能源局南京水利科学研究院、威海市水文中心
单位地址：江苏省南京市广州路223号
联 系 人：王宗志
联系方式：13813862762、025-85828506
E-mail：zzwang@nhri.cn

8 汶川震区山洪灾害风险评估与预警模型构建关键技术

技术来源

国家计划。

技术简介

该技术提出了包括降雨、土壤入渗、地形、下垫面岩性、距断裂带距离、暴雨分布、松散物分布、人口、经济等在内的9类山洪灾害风险评估指标体系，建立了山洪灾害风险评估模型；提出了山区多沙小流域山洪灾害临界雨量拟定方法，构建了暴雨山洪灾害雨量预警模型，建立了山洪水沙耦合致灾机理影响下的预警方法，实现了捕捉降雨-洪水陡涨过程致灾的实时预警；有效解决了山洪灾害漏警情况，延长了山洪灾害预警期。技术特点：一是采用多因子统计分析法、主成分分析法、概率分析法，研究影响山洪灾害的关键因素，定量解析各因素对山洪灾害形成与发生的影响，确定相应指标及阈值，阐明不同灾种间的因果关系和耦合作用。二是在必要的定位观测和数学模拟等手段支持下，揭示山洪灾害致灾机制及过程。结合“3S”技术和区域环境要素特点，确定评估山洪灾害风险度的指标体系。三是采用层次分析法、模糊综合分析法等，建立了相关评价模型，对不同空间尺度流域山洪灾害进行风险评估，探讨山洪灾害风险图的编制原理及方法。四是建立了山洪水沙耦合致灾机理影响下的预警方法，实现了捕捉降雨-洪水陡涨过程致灾的实时预警，为有效防御山洪灾害提供了技术支撑。

技术指标

（1）构建了山洪灾害与主要影响因素的非线性关系模型，定量揭示了山洪灾害与主要影响因素的关系。在现有技术条件下提高15%以上的风险图编制精度。

（2）提出了山区多沙小流域山洪灾害临界雨量拟定方法，构建了暴雨山洪灾害雨量预警模型，实现了捕捉降雨-洪水陡涨过程致灾的实时预警，提高了暴雨山洪预警的可靠性。若以山洪灾害技术要求30min为准，提出的新方法延长预警时长超过30%，预警精度提高20%以上。

应用范围及前景

适用于震区多沙小流域和区域尺度山洪灾害风险评估、山洪灾害实时动态雨量预报预警。

该技术成果可指导流域山洪灾害风险评估、预警及相关灾害防治规划的制定，为人民生命财产安全、基础设施安全提供重要的科学依据。采用该技术提出的考虑前期土壤含水量影响的动态临界雨量法，可有效减少山洪灾害漏警情况，提高山洪灾害预警时长，对于我国山洪灾害防治技术的发展和山丘区山洪灾害防灾减灾体系的完善具有重要的促进作用。

持有单位：长江水利委员会长江科学院
单位地址：湖北省武汉市江岸区黄浦大街23号
联 系 人：丁文峰
联系方式：18971689795、027－82926643
E－mail：dingwf@mail.crsri.cn

9 考虑洪水季节分散性影响的非一致性洪水频率分析方法及计算软件

技术来源

国家计划。

技术简介

该技术的原理包括：构建年尺度的洪水系列，分析洪水数量级和发生频次的年际波动变化和年内季节性分布特征；根据不同汛期洪水年际、年内分布特征的检验结果，由洪水流量量级序列模型和洪水年内发生次数序列模型组合构建洪水频率分析模型；根据防洪要求的指定重现期，计算一致性/非一致性设计洪水流量值；结合管理和应用需求，设置多种气候变化模式代表不同的变化环境情景，模拟分析不同汛期洪水频率的演变特征，从而为制定适应变化环境的流域水利规划设计、防洪设计等需求的政策措施提供定量化的数据支撑。技术特点：同时考虑洪水年内季节性演变和年际过程时变性的显著影响，提出基于水文一致性假设的传统洪水频率分析方法和变化环境下考虑洪水季节分散性影响的非一致性洪水频率分析方法这两种应用方法供选择和对比，在一定程度上考虑了洪水样本选择的单一性对洪水估计结果稳健性的影响，克服了年尺度洪水系列的季节分散性和变异性所造成的流量估计结果偏大或偏小的不足，为流域洪水风险调度与管理提供技术支撑。

技术指标

（1）软件计算能快速响应，频率分析软件功能较为齐全，操作方便，可根据用户自选的年尺度洪水系列、洪水汛期及频率分析方法（一致性/非一致性），进行模型建模和模拟计算。

（2）软件运行结果稳定可靠，能计算某一假定洪水频率情景下的洪水流量预测值及置信区间，提供洪水流量推测值的区间估计和标准差等误差信息。

（3）软件可拓展性强，能根据用户所选流域、水文断面、不同汛期应用情景的不同，支撑多场景的模拟计算。

应用范围及前景

适用于基于水文统计原理的流域水文断面年尺度洪水频率分析及计算等相关工作。

该技术可应用于水资源开发利用工程规划设计、水文水资源调查评价、防洪评价、水资源综合规划与治理等相关方面的科学研究和生产实践中，为黄河流域水资源规划、防洪评价等提供了理论方法和技术支撑，具有较大的社会、经济、生态、环境效益；该技术具有良好的推广性和广泛的应用前景，对我国受变化环境影响、洪水流量序列非一致性变化特征显著的其他流域的设计洪水分析计算、防洪减灾等相关工作方面具有借鉴意义。

持有单位：黄河水利委员会黄河水利科学研究院
联 系 人：许龙飞
单位地址：河南省郑州市顺河路45号
联系方式：13937182188、0371－66023988
E－mail：301097659@qq.com

10 小禹智慧防汛系统

技术来源

其他来源。

技术简介

该系统基于人工智能、机器学习等技术构建，具备语音问答、综合查询、预警警示、智慧分析等多项功能，可应用在防汛工作的多个业务环节，旨在解决防汛工作强度大、防汛知识范围广、防汛指挥决策难等多方面问题。技术特点：一是系统可通过语音问答或文字交互方式实现对防汛业务中所关注的雨情、水情、工情及水库、蓄滞洪区等各类工程的重要防汛特征指标、历史防汛数据、防汛图表、调度文档进行多源数据的综合检索及统计分析。二是系统具备汛情预警警示、安全警示、汛情分析，以及针对防汛专业深度应用的水库水情同期对比、河道水情同期对比、水库排沙分析、水位流量分析和雨洪沙相似性分析等智慧分析功能。三是基于人工智能和大数据分析技术构建了防汛数据平台，通过多源数据资源深度融合，结合实时监测、预警预报，深入挖掘水、雨、工情历史数据，研判汛情态势、隐患风险，预测灾害发展趋势，科学制订调度方案。

技术指标

(1) 借助人工智能、大数据挖掘等手段，通过对气象水文、水库调度、河道变化等海量历史防汛数据资源的深层次分析，建立信息关联关系，挖掘数据间潜在的规律，形成系列智慧分析模型，对当前暴雨洪水的未来发展态势进行预估，对当前防汛调度状态进行动态评估。

(2) 以智能语音问答为主要交互方式，以语音服务、数据服务、地图服务三个基础平台为支撑，功能上包括综合查询、智能预警、智慧分析 3 个子系统，面向手机、平板、智能机器人等多个终端。

(3) 系统具备 90%以上语音交互识别率，实现模糊问、精确答；以智能机器人为核心，面向手机、平板等多类终端；面向防汛业务通用性数据服务、语音服务和地图服务平台；基于知识挖掘信息快速精准查询及智能分析推送。

应用范围及前景

适用于流域、工程等防汛管理部门防汛调度及决策分析，辅助研判汛情态势、预测灾害发展趋势，科学制订调度方案。

持有单位：黄河勘测规划设计研究院有限公司
联 系 人：王文成
单位地址：河南省郑州市金水路 109 号
联系方式：18337108286、0371-66023579
E-mail：88256063@qq.com

11 适应长江洪水时空演变的水库群防洪精准调控关键技术

技术来源

国家计划。

技术简介

利用多维Copula函数理论和深度学习方法实现多站点洪水的随机模拟与智能生成；通过耦合洪水预测、调度规则知识、系统非线性安全度理论创建水库群防洪库容分配利用精准调控方法；融合大数据挖掘及水库群多重风险评估方法构建水库群多目标洪水资源协同利用技术；基于Hadoop和弹性分布式云架构，集成以上技术成果，研发长江流域梯级枢纽综合调度运行智慧管理决策系统平台。该技术可实现数字孪生流域海量、动态大数据的实时高效可视化展示，有效提升3D地图及BIM模型的渲染速度及水库群实时防洪优化调度求解速度。

技术指标

（1）创建的水库群防洪库容分配利用精准调控技术，与传统技术相比，提高水库群整体防洪安全度5%以上，降低蓄滞洪区预设分洪规则破坏量10%～20%。

（2）提出的水库群多目标洪水资源协同利用与风险适应性技术，在保证防洪安全的同时提高洪水资源利用效率，同时提升水库沙峰调度期间排沙比10%以上，提高水库蓄满率1%～3%，提高通航能力5%以上。

（3）研发的长江流域梯级枢纽综合调度运行智慧管理决策系统平台，能根据洪水演变阶段自适应触发调度目标转换条件，实现调度方式与调度目标之间的相互嵌套，将梯级水库群实时防洪优化调度求解速度提升至秒级，实现大数据分布式存储管理，将3D地图及BIM模型的渲染速度提升至秒级。

应用范围及前景

适用于长江流域巨型梯级水库群防洪库容分配利用精准调控、洪水资源高效协调利用和梯级枢纽智慧调度运行。

该技术在涉及智慧流域方面做了一些研究，但对数字孪生流域系统的研究不够，水库群智能调度理论方法还需深入研究和完善，这是后期进一步可开展的研究方向。该技术可定量化表征水库群防洪调度中的多重风险，处理洪水资源利用与风险决策之间的矛盾，完成洪水资源利用多目标均衡优化，研发的智慧流域平台能为实时调度决策提供高效支撑，推广应用前景广阔。

持有单位：中国长江三峡集团有限公司、华中科技大学、长江勘测规划设计研究有限责任公司
单位地址：湖北省武汉市江岸区六合路1号
联 系 人：谭啸
联系方式：13872456792、027－85086270
E－mail：tan_xiao1@ctg.com.cn

12 淮河防洪预报-预警-预演-预案系统 V1.3

技术来源

省部计划。

技术简介

该系统基于统一技术架构的数据底板、模型平台和知识平台，构建具有防洪形势分析、不同降水情景下多模型预报、交互式预报和自动滚动预报、多工程多功能洪水预警、多模式调度方案生成和预案决策分析等功能的防洪“四预”系统，显著提升了淮河流域水旱灾害防御数字化和智能化水平。

技术指标

(1) 功能性：该系统提供实时、预报、预警、预演、预案 5 个模块，功能模块划分清晰，功能运行正常。

(2) 性能效率：全流域分布式水文模型、水动力学模型计算用时均小于 120s，蓄滞洪区洪水演进过程计算用时小于 60s。

(3) 兼容性：支持数据导入、导出。具有共存性，可与 WPS Office、360 杀毒等软件同时使用，系统能够有效执行其所需的功能并且不会对其他产品造成负面影响。

(4) 精准性：淮河中游二维水动力学时效性由十几小时降低至 2min，水位预报误差从 0.2m 降至 0.1m，预报精度整体由 85%提高到 90%。

(5) 系统通过了易用性、可靠性、信息安全性、可维护性、可移植性等其他非功能性测试。

应用范围及前景

适用于全国范围的数字孪生流域、防洪“四预”、水文预报、水工程调度等业务工作。

该系统可广泛应用于各流域（省级）防汛部门、水文水资源监测与管理、水电站运行管理等水文、水利行业，有较强的适应能力，易扩展、易推广。

持有单位：淮河水利委员会水文局（信息中心）
单位地址：安徽省蚌埠市东海大道 3055 号
联 系 人：胡友兵
联系方式：15178330326、0552-3093237
E-mail：ybhu@hrc.gov.cn

13 海河流域防洪预报-预警-预演-预案关键技术

技术来源

其他来源。

技术简介

按照“问题导向-技术研发-试点引领-平台建设-实践应用”总体思路，通过“四预”关键技术的研发，提升算法、算力、算据水平和展示能力，以永定河为试点引领，初步构建包含大清河、漳卫河防洪“四预”系统、数字孪生岳城水库等系统的海河流域智慧防洪平台。技术特点：一是应用“空-天-地-水”多源高分遥感获取等技术构建了数字流场，实现了物理流域到数字流域实时映射。二是研发了基于时空图像测流速（STIV）、深度学习自动识别技术，BP 神经网络算法的水文监测技术，气象水文耦合、水文和水动力学相结合的洪水预报技术与方法，基于“以测补报”的洪水预报实时校正技术。三是提出了面向对象的模块化水文建模系统构架，应用子模型组件的分解与封装和多模型 SOA 集成等技术，构建了任意流域分区预报调度和联合调度模型系统。

技术指标

（1）建立了适应海河流域自身特点的融合气象降水预报模型、产汇流洪水预报模型、水工程调度模型和洪水演进模型的自动化全链条互联互馈耦合模型。

（2）采用“一横一纵，一软一硬”和“多模型多任务，一软多硬”的并行计算加速技术；研发了基于时空图像测流速、深度学习自动识别技术和 BP 神经网络算法的智能化“以测补报”技术。

（3）在海河流域首次实现了不同流域分区预报调度和联合调度模型的集成和快速搭建。

（4）通过“空-天-地-水”多源高分遥感获取等技术构建了流域三维地形地貌。

应用范围及前景

适用于水文、防汛抗旱、气象、防灾减灾等业务和科研部门，尤其是流域及工程数字孪生建设方向。

该技术包括基于多源气象降水的预报调度一体化、分布式并行计算加速、多要素数据智能抓取与分析、三维可视化渲染等关键技术，集成开发了永定河等重要河系防洪“四预”系统，对提升海河流域防洪减灾能力具有重要的价值和意义。该技术推广应用价值显著，具有通用性，技术思路可推广到其他流域防洪“四预”系统建设工作中，技术辐射能力较强，在我国洪涝灾害频发的情况下，推广前景好、范围广、经济效益和社会效益显著。

持有单位：水利部海河水利委员会水文局
单位地址：天津市河东区龙潭路 15 号
联 系 人：周波
联系方式：13821571315、022 - 24103057
E - mail：haiw _ sq@mwr. gov. cn

14 河口咸潮高精度预报技术

技术来源

省部计划、其他来源。

技术简介

该技术研发了具有明确物理机制的河口咸潮预报模型，解决了河口咸潮预报中盐度峰值精确发生时间、预报因子表征、咸潮各影响因素间非线性作用量化等难题，可实现日取淡概率、日最大含氯度、日平均含氯度等多个咸潮特征值的高精度预报，可满足咸潮精细化防控需求。技术特点：一是采用交叉小波和小波相干分析，识别半月潮周期内盐度峰值精确发生时间。二是推导了垂向二维守恒型盐度控制方程解析解，表征盐度与流量响应相关式，引入Gamma分布函数代表盐度累积效应。三是采用实时校正算法，量化咸潮各影响因素间非线性作用，有效减小非线性作用产生的预报误差。在此基础上，利用多元非线性回归分析构建了具有明确物理机制的河口咸潮预报模型。

技术指标

(1) 通过连续几年枯水期实践证明，日取淡概率、日最大含氯度、日平均含氯度、日最小含氯度及逐时含氯度变化过程等咸潮特征值的整体预报精度达80%以上。

(2) 半月潮周期内，盐度峰值发生时间误差为±1d。

(3) 相较数值模型预报方法，减少人工投入时间90%以上。

应用范围及前景

适用于不同动力类型口门的咸潮预报，可向长江口、钱塘江、珠江口等咸潮灾害频繁发生区域应用推广。

该技术已应用于珠江口磨刀门径优型口门及东江三角洲潮优型口门，为咸潮防控、流域调度、区域错峰取水提供技术支撑。该技术适用于不同动力类型口门的咸潮预报，可向长江口、钱塘江、珠江口等咸潮灾害频繁发生区域应用推广，具备较好的推广应用前景。

持有单位：珠江水利委员会珠江水利科学研究院
单位地址：广东省广州市天河区天寿路80号珠江水利大厦
联 系 人：陈高峰
联系方式：15920179188、020-87117188
E-mail：zkykjc@163.com

15 省级山洪灾害监测预报预警平台

技术来源

国家计划、省部计划。

技术简介

该平台综合运用云计算、大数据、人工智能和移动互联网技术，贯通分布式水文模型、风险预警模型、预报预警模型、监测预警模型和并行计算引擎等技术，构建了全省（自治区、直辖市）统一的山洪灾害防御数据库和适用于全省（自治区、直辖市）不同区域的模型方法库，建立了多阶段递进式监测预报预警体系和动态预警指标体系，采用SOA架构和B/S模式，实现了全省（自治区、直辖市）范围山洪灾害的监测、预报、预警和防御监管等功能，解决了各级山洪灾害防御数据不统一、监测预警系统资源分散管理低效的问题，延长了山洪预警预见期、提高了精准度。

技术指标

（1）山洪灾害预警预见期最长可达24h，预警最小颗粒度达村庄，预警命中率提升至60%以上。

（2）分布式水文模型计算单元控制在10～20km^2，全省（自治区、直辖市）范围可实现以30min为时间步长的降雨-径流连续模拟，2min内完成超过1万个小流域山洪模拟分析。

（3）30s内可完成全省自动监测站降雨数据、雷达反演与临近预报数据、数值降雨预报数据等的快速处理。

（4）平台底图平移和缩放速度小于0.3s，多图形包含、重叠、相交计算小于3s，数据名称查询、定位查询速度小于1s。

（5）平台登录与同一功能使用并发量超过5000，面向全省（自治区、直辖市）防御责任人发布预警信息小于1min。

（6）建设统一门户系统，实现界面风格统一、操作方式统一、配置流程统一、内容表达全面，一站式导航的共享应用。

应用范围及前景

适用于山洪灾害监测预警、风险评估、会商研判及决策部署，也可用于小流域洪水分析、中小水库调度等。

该平台的相关技术已写入《省级山洪灾害监测预报预警平台技术要求》，将面向全国各省（自治区、直辖市）和新疆生产建设兵团的2076个山洪灾害防治县进行推广应用，也将推广至需求强烈的应急、气象、水保、铁路、石油、环保、旅游及军事等其他行业部门。

持有单位：中国水利水电科学研究院、北京七兆科技有限公司
单位地址：北京市海淀区复兴路甲1号
联 系 人：田济扬
联系方式：13521476554、010-68781216
E-mail：tjyshd@126.com

16 梯级水电站洪水预报关键技术

技术来源

其他来源。

技术简介

该技术集合了新安江模型、API模型、马斯京根模型、单位线模型、圣维南方程等国内外水文水动力模型；改进了洪水预报相关方法；采用了数据同化、尺度转换等技术，结合预报降雨与实测降雨驱动水文模型，延长了预见期；耦合了AR、DSRC和ISVC等实时校正技术，提高了预报精度；构建了面向全生命周期的梯级水库洪水预报方案，解决了梯级水库洪水预报面临的生命周期各个阶段预报方案转换、分级洪水预报、预报调度耦合等问题。技术特点：一是兼容国产操作系统和国产数据库，面向对象设计架构和微服务后端平台，具有强安全性、高扩展性。二是结合天气预报降雨数据同化、洪水预报实时校正、相似洪水识别检索、水文模型参数自动率定等水文技术及WebGIS、并行计算、微服务架构等计算机技术。三是开发了一个集国产自主可控、预报预警、状态展示于一体的综合防洪决策支持系统。

技术指标

（1）考虑天气预报降雨梯级水库洪水预报：采用数据同化、尺度转换等技术，将天气预报降雨并入水文模型驱动资料系列，结合AR、DSRC和ISVC等实时校正技术，延长预见期和提高预报精度。

（2）基于拓扑分级GIS综合展示：数字孪生流域需要展示的信息繁多，容易出现信息混乱、图像清晰度低、界面不友好等现象。该技术将信息展示按其重要性进行分级，随图像放大，重要信息优先展示。

（3）流域状态智能综合监视与预警：各种信息于一体的综合展示，包含实时信息，依托滚动预报技术展示预报信息。信息展示与预警同在，根据实时信息作出报警提示与建议。

（4）洪水调度专家知识库形成：总结历史洪水过程及调度经验，形成数据仓库，当洪水发生时及时从数据仓库中汲取调度经验，进行相似洪水检索。

（5）提出了考虑地下水入渗的水动力模型：解决了水流演进中地表水与地下水动态补给问题；集合了多种水文水动力模型及洪水预报误差修正模型，适用范围广、效果好。

应用范围及前景

适用于梯级水库洪水预报、水库群联合调度、河道洪水演进、中小河流预报预警等领域。

该技术作为防汛安全领域的一项共性技术，主要用于梯级水电站，不仅为水电站的安全运行及下游防护对象的防洪安全提供决策支持，带来明显的社会效益，而且准确的洪水预报成果，结合预泄发电调度、梯级联合优化调度也为水电站高效合理利用水资源提供决策支持，带来明显的经济效益。

2009年至今，已成功应用于117座水电站，如雅砻江、清江等流域大型梯级水库。除此之外，该项技术也应用于中小型天然河流的洪水预报。

持有单位：北京中水科水电科技开发有限公司
联 系 人：刘可新
单位地址：北京市海淀区复兴路甲1号院水科院大厦D座
联系方式：15201188493、010－68781339
E－mail：liukexin0412@163.com

17 山洪灾害声光电监测一体化预警系统

技术来源

其他来源。

技术简介

该系统是一套集实时雨量、水位、图像、音频采集，多类别声光报警和数据传输于一体的系统。该系统集成传感、物联网、数据分析算法等先进技术，在国内具有领先优势，能及时监测暴雨、河道水位急速上涨，第一时间发送预警，为群众转移争取宝贵时间，保障群众生命财产安全，破解山洪灾害监测预警“最后一公里”难题。该系统按照一体化、模块化设计，可自由选配；内部模型自行验算；可旋转立杆、方便维护；满足最新水利行业标准水文、水资源规约；满足浙江省水文规约，可顺利接入；支持远程喊话、上下游联动、短信通知、现地预存录音等多形式全方位报警；支持管理平台、微信小程序等多平台播报；支持文字转语音、远程拾音、远程监控和升级等，能与省山洪联防无缝对接。

技术指标

（1）山洪预警遥测终端。供电：DC 5～35V；设备超低功耗设计，具有多种工作模式，静态值守电流＜1mA，工作电流＜8mA。

（2）声光报警器。音量：130dB（音量可调）；功率：45W；防护等级：IP65。

（3）智慧音柱。待机功率：≤5W；音频输出功率：30W。

（4）雷达水位计。量程：30m；测量精度：±3mm；频率范围：26GHz。

（5）雨量筒。口径：200mm；测量范围：0～8mm；分辨率：0.5mm；误差：2%。

（6）无线低功耗枪机。值守功耗：＜2W，自带128GB存储空间。

（7）太阳能板（控制器）。功率≥100W；电池：容量≥80Ah。

应用范围及前景

适用于山洪灾害高风险区、低风险区村落等预警预报的需求，打通山洪灾害监测预警“最后一公里”。

目前山洪灾害声光电监测一体化系统多站联动功能还未大面积应用，后续将继续在低功耗模式、过滤算法、阈值设定等方向开展研究，不断研发迭代完善。后期推广可立足浙江辐射全国，市场前景较为广阔。

持有单位：杭州定川信息技术有限公司
单位地址：浙江省杭州市秋涛北路72号三新银座第21、22层
联 系 人：翁敏
联系方式：18868711500、0571－86437029
E－mail：36915541@qq.com

18 洪涝数字孪生推演与智慧调控技术

技术来源

省部计划、其他来源。

技术简介

该技术建立了基于“智慧监测-耦合模拟-仿真推演-优化调度”的链条式技术体系，集成了洪涝多要素全过程智能监测技术、基于水文水动力耦合模拟的洪涝数字孪生推演技术和考虑多目标优化的城市排水防涝设施联合调控和优化调度技术等，能够有效提升洪涝防治的智慧化水平和洪涝基础设施的协同工作效能。成果应用于多地城市洪涝管控实践中，为城市洪涝模拟推演、智慧调控和决策会商提供技术支撑。

技术指标

(1) 集成了基于物联网、通信网、互联网三网融合的大数据监测平台，能够实现对洪涝多要素全过程智能监测。

(2) 构建了水文过程、水动力过程耦合的洪涝数值模拟技术，能够实现基于模拟的洪涝过程数字孪生推演。

(3) 提出了考虑多目标优化的城市排水防涝设施联合调控和优化调度方法，能够有效提升洪涝防治的智慧化水平。

(4) 相关技术已通过成果评价，包括江西省水利学会组织对“城市洪涝系统治理与智慧管控关键技术与示范”成果评价；天津市科学技术委员会组织对“高密度城区海绵城市建设运维关键技术研究及示范”成果评价。

应用范围及前景

适用于城市洪涝过程情景模拟、方案推演、风险评估、优化调度和决策支持等。

已有的应用结果表明，该技术在我国各类洪涝数字孪生推演和智慧调控中具有较好的适用性，在洪涝风险防治、防洪排涝调度等领域具有广阔的应用前景。

持有单位：中国水利水电科学研究院
联 系 人：徐静
单位地址：北京市海淀区复兴路甲1号
联系方式：13810798814、010－68781920
E－mail：xujing@iwhr. com

19 面向抗旱的空陆水资源统筹调控技术

技术来源

国家计划。

技术简介

该技术构建了“预测-模拟-反馈-决策-增雨-评估”框架，针对人工增雨的特点，提出了面向抗旱的空陆地水资源统筹调控方法，建立了适用于小增量人工增雨对陆地水资源影响的评价方法，研发了与降水时空过程匹配的农田灌溉需水预测模型，提出了启发式大系统分解协调的区域空陆水资源统筹调控方法，为空陆地水资源统筹抗旱提供了切实可行的工具。技术特点：一是面向抗旱的空陆水资源统筹调控技术是国家计划项目的代表性创新成果。在人工增雨成为抗旱重要措施的大背景下，统筹空中水资源与陆地水资源，提出了面向抗旱的区域空陆水资源统筹调控技术框架。二是分析人工增雨的水文效应，建立水文循环模拟模型，提出了人工增雨对陆地水资源影响的评价方法；对于受降水影响较大的需水类型，基于人工增雨影响下区域降水过程对需水的影响机理，评估人工增雨对区域需水的影响。三是根据研究区域不同时段内空陆水资源分布情况，推导空陆水资源统筹调控目标和约束条件，提出面向抗旱的空陆水资源统筹调控方法。

技术指标

（1）提出的面向抗旱的区域空陆水资源统筹调控技术框架，首次实现了考虑人工增雨的抗旱调控，为多部门联合抗旱奠定了基础。

（2）提出的适用于多尺度时空分辨率驱动数据的网格分布式水文模型，能够准确反映小增量降雨，适应湿润地区和干旱区域，实例验证表明纳什效率系数可超过 0.8。

（3）提出的与降水时空过程匹配的农田灌溉需水预测模型，能够匹配降水时空分布，拓展了农业旱情模拟预测的空间信息，极大提升了农业旱情发生区域定位能力。

（4）提出的启发式大系统分解协调水资源调控方法，实现了大范围、精细化的区域水资源抗旱快速调控，计算时长可降低至 1s 以内。

应用范围及前景

适用于具备人工影响天气作业能力和作业需求的区域，主要包括严重缺水地区、粮食主产区、重要水源地等区域。

依据《2021 中国水旱灾害防御公报》，我国有 27 个省（自治区、直辖市）先后出现了区域性干旱，东南沿海部分地区长时间持续干旱，严重的持续时间长达 15 个月以上，供水受影响人口 192 万人。北方地区及南方局部地区耕地受旱面积达 283.733 万 hm^2，对农业生产造成了影响。该技术将人工增雨纳入抗旱流程，通过空陆水资源科学调控缓解区域旱情况。我国是农业大国和人口大国，该成果可推广至我国各省（自治区、直辖市）的水文和人工影响天气部门，为保障各地抗旱保供水提供技术支撑，具有广阔的应用前景。

持有单位：水利部交通运输部国家能源局南京水利科学研究院
单位地址：江苏省南京市鼓楼区广州路 223 号
联 系 人：吴巍
联系方式：15062218485、025－85828535
E－mail：wwu@nhri.cn

20 北方典型地区强入渗条件下水工程防灾联合调度技术

技术来源

其他来源。

技术简介

该技术基于水量平衡原理，进行水库群和蓄滞洪区调蓄计算，采用土壤下渗理论解析河道下渗过程，提出适用于北方干涸河道的入渗模式——容量系数法经验模式，估算河道下渗量和渗漏容量，采用马斯京根-康吉洪水演算法进行河道洪水数值模拟。采用水文学方法构建可耦合实时来水预报和土壤墒情信息的水工程联合调控模型，解决了我国北方地区大洪水样本少、算据不足的问题。充分考虑河道渗漏量，提高了洪水预报精准度，根据不同的调度需求制定水工程防灾联合调度策略。

技术指标

（1）基于极端暴雨移植的洪水地区分析功能。可根据流域或区域历史典型场次洪水，总结可能的极端暴雨中心位置规律，基于极端暴雨移植分析计算流域或区域洪水地区组成。

（2）水库群调洪计算功能。可根据单一水库调度规程，实现单库规则调度和优化调度，以及水库群联合优化调度。

（3）考虑河道渗漏的洪水演进功能。根据实时洪水预报信息和土壤墒情信息，确定适宜的河道渗漏模式，实现更为精准的洪水数值模拟。

（4）蓄滞洪区调蓄计算功能。可实现不同工况条件下蓄滞洪区的调蓄计算，输出淹没面积和滞洪水量等风险信息。

应用范围及前景

适用于河道下渗作用较强的北方地区或下垫面变化剧烈的南方地区，用于水工程联合调度和联合调度方案制定。

该技术具有通用性和示范性，有关技术体系可推广到其他流域、区域的水工程联合调度工作中，对于提高洪水调度的科学水平、减小洪水淹没损失、提升“黑天鹅”“灰犀牛”事件应对能力、强化流域治理管理能力具有重要的参考价值和借鉴意义，技术辐射能力较强。在现阶段我国极端洪涝灾害事件频发的情势下，该技术经济效益和社会效益显著，具有广泛的应用前景。

持有单位：水利部海河水利委员会科技咨询中心
单位地址：天津市河东区龙潭路 15 号
联 系 人：毛慧慧
联系方式：13502076051、02224103746
E-mail：crystal_mhh@163.com

21 基于雨洪时空过程相似性挖掘的洪水动态展延技术

技术来源

国家计划。

技术简介

该技术利用实时、非完整的雨洪测报信息，从流域历史暴雨洪水数据库中挖掘相似性洪水过程，实现后续洪水过程的动态展延，延长洪水预报预见期，为洪水预报预警及资源化利用提供信息支撑。该技术包含历史雨洪数据库构建、基于降水时空相似的历史洪水过程检索、基于洪水时序相似的历史洪水过程检索、基于历史相似洪水的动态展延 4 个环节。降水相似性部分检索综合利用了遥感反演和预报降水信息，耦合结构相似性指数与动态时间距离规整方法，实现了基于降水时空相似性的历史相似洪水挖掘。洪水相似性部分基于动态时间规整方法实现了历史相似洪水的判别。动态展延部分集成了由降水、洪水相似检索的历史相似洪水集合，提高了洪水动态展延的精度，延长了洪水预报预见期。

技术指标

（1）基于雨洪时空过程相似性挖掘的洪水动态展延技术可有效提高预估洪水过程与实况的吻合程度。

（2）与仅考虑面平均观测降水相似的传统方法对比，该技术有效发挥了信息综合利用与时空维度扩展的优势，典型场次洪水预估后续来水量的相对误差降低 9.7%～38.5%，可为洪水监测预警及资源化利用提供可靠有效的洪水预估信息。

应用范围及前景

适用于暴雨洪水预报手段单一、有效预见期短、预报精度低、尚不满足水旱灾害监测预警要求的流域或工程。

当前，水利部正在加快构建具有“四预”功能的智慧水利体系，亟待加强水利专业模型的技术攻关。该技术作为基于数据挖掘的专业模型，可对考虑物理机理的水文预报模型形成有效补充，从而丰富预报手段、提高预报水平，为流域洪水预报预警及洪水资源化利用提供重要信息支撑。

该技术已在汉江、淮河等流域成功应用，有效提高了洪水预估精度、延长了预见期。该技术在丰富流域暴雨洪水预报途径、延长预见期、提高预报精度方面具有较大推广应用价值。

持有单位：水利部交通运输部国家能源局南京水利科学研究院
单位地址：江苏省南京市鼓楼区广州路 223 号
联 系 人：王银堂、李伶杰
联系方式：13505180768、15251851682
E-mail：ytwang@nhri.cn、ljli@nhri.cn

22 江汉平原农田涝渍减灾关键技术

技术来源

国家计划。

技术简介

针对长江中下游平原湖区涝渍灾害频发和土地利用方式发生较大改变的现状，提出了平原湖区“田滞-塘蓄-沟调-闸（站）控”综合技术集成新模式，即在田间采用适宜的虾稻共作水管理模式和水稻水层控制标准等农业适水措施，充分发挥田间蓄雨作用；同时，结合排水沟纵横交错、塘堰星罗棋布的特点，采用沟塘组合减灾工程技术，实现塘堰调节作用；采用农田涝渍地面感知技术与装置、自动雨量站、水位计等开展田间水位、水文、气象的全方位监测，通过系统模型模拟分析演算，推送相关预报预警信息，指导工程调度，并采用抽排与自排一体化闸站外排调度技术实现工程防涝降渍减灾远程智能调度。

技术指标

（1）田间调控技术指标与传统稻田相比，虾稻田分蘖期水深高出5～10cm，拔节孕穗期和抽穗结实期高出10～15cm。遇暴雨或特大暴雨时，虾稻田可预降5～10cm的水位，排水区可划分为2～4片进行错峰排水。

（2）沟塘组合调控技术指标以分离式沟塘组合型式为主，对于水质要求不高的塘堰，可改造成离线式；根据暴雨强度，分离式沟塘组合型式主要调整塘堰调蓄水位；离线式沟塘组合型式主要调整闸门顶部高程。遇暴雨或特大暴雨时，可预降水位30～50cm。

（3）闸站控制技术指标一体化闸站外排调度技术主要设置参数为起排水位。遇暴雨或特大暴雨时，可将起排水位调低0.5～1.0m。

应用范围及前景

适用于我国长江中下游平原湖区渔稻综合种养区涝渍灾害治理与防御。

该技术可在我国长江中下游平原湖区渔稻综合种养区进行推广应用，为灌区现代化改造、现代水网建设提供技术支撑，为平原湖区农田涝渍减灾提供技术保障，对国家粮食安全、乡村振兴、农业现代减灾防灾救助体系具有重要的促进作用。

持有单位：湖北省水利水电科学研究院
单位地址：湖北省武汉市洪山区珞狮南路286号
联 系 人：刘路广
联系方式：15872431145、027－65390661
E－mail：373984843@qq.com

23 鱼鳍式应急防洪屏

技术来源

省部计划。

技术简介

该装备基于功能性高分子材质，创新性采用了L形断面结构稳定设计和鱼鳍式多阻肋高效防渗技术，巧妙发挥了承水部水体自重产生的抗滑力，有效实现了复杂地形条件下挡水稳定、高效防渗等功能目标，具有抢险速度快、防渗效果好、地形适应强、绿色环保和可重复利用等优点，破解了传统防汛抢险技术耗费人员多、劳动强度大、抢险效率低等突出问题。技术特点：一是鱼鳍式应急防洪屏主要由挡水面、承水部、防渗件和防滑垫四大功能单元组成，整体采用L形断面设计，承水部表面配置可拆卸的鱼鳍式多阻肋防渗件，承水部底面设有柔性高摩擦防滑垫。二是实施过程中，防洪屏相邻单元体通过独特弹簧锁扣相互拼接快速构筑应急防洪子堤，利用承水部水体自重、接触面抗滑摩擦力以及鱼鳍式多阻肋防渗件超长渗径，实现了整体挡水稳定、复杂地形高效防渗等多重功能目标。

技术指标

（1）材质：聚乙烯、聚丙烯、ABS等混合高分子新型材料。

（2）挡水部体型：L形曲面。

（3）单元尺寸：100cm（高）×105cm（宽）×102cm（长）。

（3）单元重量：14.5kg（±5%）。

（4）平均厚度：4.8mm（±0.5mm）。

（5）弯曲强度：≥55MPa。

（6）拉伸强度：≥35MPa。

（7）简支梁冲击强度：≥40kJ/m^2。

应用范围及前景

适用于汛期应急抢护城市内涝、江河堤坝漫溢等常见险情。

未来，亟须拓展高分子功能材料、人工智能和信息技术在应急抢险装备开发领域的运用，着力加强本领域的产业前瞻性技术研发和重大核心技术攻关。鱼鳍式应急防洪屏采用创新性独特结构设计，实现了从“土石方袋装子堤”到“高分子产品子堤”的跨越，具有抢险速度快、地形适应强、防渗效果好、储运灵活、绿色环保和可重复利用等显著优点，可广泛应用于抢护城市内涝、堤坝漫溢等汛期多发险情，推广应用前景广阔。

持有单位：水利部交通运输部国家能源局南京水利科学研究院、德尼尔科环境技术（苏州）有限公司
单位地址：江苏省南京市广州路223号
联 系 人：王小东
联系方式：15850505851、025-85828270
E-mail：xdwang@nhri.cn

24 生态固化石技术

技术来源

国家计划。

技术简介

该技术利用弃土弃渣等为主要原料，依据其成分组成及理化性能差异调配专利添加剂配方，经过特殊振压工艺形成具有良好工程特性的生态固化石块体。固化石的物理特性可在各种水上或水下环境中自然提升，并因其独特的技术及成本优势成功实现产业化，可大规模生产符合水利、交通、市政等领域（如护坡、防汛抛石和道路砖等）应用标准的产品。该技术已应用于引江济淮等多项工程，为工程弃土弃渣资源化利用、减少堆场占地、降低工程成本提供技术支持。

技术指标

（1）生态固化石各边长的尺寸允许偏差为±10%。

（2）强度等级为 M15 的生态固化石，60d 抗压强度平均值≥15.0MPa，60d 抗压强度最小值≥13.5MPa；强度等级为 M25 的生态固化石，60d 抗压强度平均值≥25.0MPa，60d 抗压强度最小值≥22.5MPa。

（3）生态固化石的干密度为 2000～2400kg/m^3。

（4）生态固化石 60d 龄期抗冻等级不小于 10 次冻融循环。

（5）生态固化石的软化系数测定结果不小于 0.70。

（6）上述指标检验测试方法按 T/CHES 23—2019《胶结泥沙人工防汛石材》进行。

应用范围及前景

适用于工程弃土、弃渣消纳和资源化利用，制备成型的生态固化石产品可应用至河道护坡、防汛抛石、市政工程等多领域。

该技术历经 10 多年的研制、改进和完善，产品已应用于水利、交通、市政等多领域，工程项目中弃土、弃渣的消耗容纳，减少了堆放占地和人工管理。生产的护坡砖、防汛块石、道路砖可替代天然块石，用于护坡、护岸建设和水利堤防溃口封堵，以及市政道路建设，具有广泛的推广应用前景。

持有单位：安徽瑞迪工程科技有限公司、水利部交通运输部国家能源局南京水利科学研究院
单位地址：江苏省南京市虎踞关 34 号
联 系 人：鄢俊
联系方式：13952032577、025－68953780
E－mail：jyan@nhri.cn

25 堤防新型防淤堵减压井成套技术

技术来源

国家计划。

技术简介

该技术在汛期高水位条件下自动溢流减压，消除管涌隐患，状态智能监测预警，实现防洪减灾功能。减压井管采用双滤层结构设计，保证滤层的保土特性；内外滤层分开，引导机械、化学等淤堵发生在可拆换过滤器，便于清洗或更换过滤器恢复减压井功效；负压可控式新型活塞有效吸离淤堵物质，超声波技术首次应用于减压井清洗，实现已建及新建减压井的功能恢复及高效洗井；采用5G智联网技术，通过水位-水量率定曲线，利用智能算法分析，实现汛期减压井性态智能化监测及预警功能。

技术指标

（1）新型减压井采用双滤层新颖结构设计，引导淤堵产生于滤芯，可清洗和更换滤芯，相比动辄淤堵失效的传统减压井，可大幅延长运行寿命10倍以上。

（2）采用复合材料短节滤芯设计，1～2人便可轻易清洗或更换滤芯，维护便捷；适当维护运行可达50年以上。

（3）负压可控式新型活塞，可有效吸离淤堵物质70%以上，超声波新技术对吸附于井壁的微细颗粒清除率达80%以上，可以迅速恢复减压井功能。

（4）基于5G智联网技术的智能化分析软件，实现汛期减压井性态智能化监测及预警功能。

应用范围及前景

适用于堤防或大坝下游侧，在二元结构地层存在管涌风险的地段，也适用于排涝站前池需排水减压部位。

在高分子合成材料、纳米材料等材料科学和云计算、大数据等信息技术高速发展的形势下，可引入高新材料进一步改进井管和滤层结构，也可加强融合信息技术，提高减压井智慧管理功能。我国洪涝灾害频发，管涌是堤防工程最常见险情之一，鉴于新型防淤堵减压井成套技术的诸多优点，在我国长江、珠江、松花江、淮河等流域的防洪工程体系中都能发挥其防洪减灾效益，应用前景广阔。

持有单位：长江水利委员会长江科学院
单位地址：湖北省武汉市江岸区黄浦大街23号
联 系 人：崔皓东
联系方式：15827204786、027-82927243
E-mail：cuihd@mail.crsri.cn

26 堤防截渗控制技术

技术来源

其他来源。

技术简介

当搅拌桩钻进深度超过 10m 时就容易发生钻头碰撞事故。该技术基于淮河流域堤防截渗工程实践中遇到的深层搅拌桩相邻钻头上的同层叶片发生碰撞、垂直铺塑转角困难、两种以上不同截渗工艺难以实现有效搭接等技术难题，研发了一种用于深层搅拌桩机的可调十字丝初始相位组合钻头，提出了一种用于水泥土搅拌桩和垂直铺塑截渗的两墙夹塑膜施工方法、创新了一种用于高喷与垂直铺塑截渗帷幕汇合的控制技术，有效解决了堤防截渗技术中存在的难点。

技术指标

（1）研发了一种用于深层搅拌桩机的可调十字丝初始相位组合钻头，解决了多头小直径深层搅拌桩钻进深度超过 10m 后，桩体垂直度发生偏移较大的问题。

（2）创建了一种用于砂土堤基截渗的两墙夹塑膜施工方法，提出了迎水侧和背水侧设置的防止搅拌桩墙接触破坏塑膜安全距离为 100mm，迎水侧垂直铺塑截渗帷幕与深层搅拌桩截渗帷幕无缝对接的搭接宽度为 150mm，实现了垂直铺塑与深层搅拌桩组合帷幕的有效衔接。

（3）研发了一种用于高喷与垂直铺塑截渗帷幕汇合的控制技术，提出了垂直铺塑截渗回填土固结后实施高喷、帷幕安全距离 200mm，实现了高喷水泥土与塑膜截渗帷幕安全有效搭接。

应用范围及前景

适用于堤防的防洪、蓄水以及工程建设基坑、围井等截渗工程。

防洪减灾方面。随着堤防标准化建设以及江、河、湖、库防洪标准的提高，进行大深度砂土堤基截渗愈发重要，该技术的利用将有着广阔的应用前景。

水资源保护方面。为减少河、湖、库水的渗流量，增大蓄水量，保护水资源，加大堤基砂土截渗深度十分必要，该技术将会发挥较大的作用。

工程建设深基坑截渗维护方面。大深度砂土堤基截渗技术在工程建设深基坑截渗维护方面有着良好的应用前景。

持有单位：沂沭泗水利管理局防汛机动抢险队
单位地址：江苏省徐州市新城区元和路 9 号
联 系 人：裴磊
联系方式：18151833273
E-mail：593456188@qq.com

27 河口实体模型潮流场模拟控制技术

技术来源

省部计划。

技术简介

该技术采用泵群控制，调试边界潮流量分布曲线，并结合系统中数据采集反馈控制，进一步组合潮流流向控制装置，达到给定的潮位过程曲线实时控制模型潮位。通过泵群系统和流向控制系统，控制模型各部位不同的流速、流向变化过程来达到控制模型的潮流过程，成功模拟出黄河河口海域多种潮汐类型的潮位和潮流变化过程，为黄河口演变与流路安排及演变预测提供了关键的技术平台。

技术指标

(1) 河口海域潮汐动力复杂多样，在潮位调试阶段首先分别对全日潮和半日潮分别调试，以便找到合适的生潮系统设置参数。再经过反复的试验，最终确定设置参数，无论是全日潮型还是半日潮型，模型都能很好地刻画海域的潮位和潮流变化。

(2) 模拟潮汐类型分为全日潮、半日潮和不规则全（半）日潮。模拟潮位精度为 0.2～0.5m。

(3) 模拟稳定性：模型运行期间能够长时间保持潮流场的准确和可靠。

(4) 模拟可扩展性：可根据潮汐特点和用户需求，进行多种潮汐类型的模拟。

(5) 控制系统可在不同的计算机上共用一个以太网，同时进行各自的模型试验工程，各模型试验所采用的测控设备的 IP 地址各不相同。

应用范围及前景

适用于河口风暴潮和洪水灾害防御、河流水沙调度、灾害应急管理、水沙运动计算及数字孪生流域建设。

采用泵群控制技术调试边界潮流量分布曲线设计，并结合系统中数据采集反馈控制，创新性地提出潮流流向组合控制，成功模拟出黄河河口海域多种潮汐类型的潮位和潮流变化过程，为研究河口水沙动力过程提供新的突破点，具有较好的经济效益和社会效益。

持有单位：黄河水利委员会黄河水利科学研究院
单位地址：河南省郑州市金水区顺河路 45 号
联 系 人：许龙飞
联系方式：13937182188、0371－66020437
E－mail：301097659@qq. com

28 滨海水域风暴潮浪潮试验模拟技术

技术来源

其他来源。

技术简介

该技术集成潮汐模型自动控制系统、极端波浪模拟试验系统、波浪数据采集系统、泥沙试验控制系统、消波系统，通过集成、耦合计算，建立一套滨海水域风暴潮模拟、控制、测量于一体的物理模型试验数控系统。同时，掌握完备的浪潮港池（水槽）设计、调试技术，可模拟规则波、不规则波及孤立波及不同浪向波的叠加。

技术指标

（1）潮量指标。通过潮汐控制系统，采用变频器控制水泵运转速度，不仅可以实现涨落潮时潮量的连续性变化，同时潮量误差±4.7%。

（2）规则波指标。

波周期变化范围：0.5～5.0s。

波向角变化范围：−45°～45°。

波高横向误差：$\Delta H/\overline{H}\leqslant 5\%$。

波高稳定性和重复性误差：$(H_{max}-H)/H\leqslant 3\%$。

周期的稳定性和重复性：$(T_{max}-T)/T\leqslant 3\%$。

（3）不规则波指标。

波高有效值误差：$\Delta H_s/H_s\leqslant 5\%$。

谱峰周期误差：$\Delta T_p/T_p\leqslant 4\%$。

总能量误差：$\Delta M_0/M_0\leqslant 6\%$。

波谱密度误差：$\Delta S(\omega)/S(\omega)\leqslant 10\%$。

波高有效值重复性误差：$(\Delta H_s)_{max}/H_s\leqslant 3\%$。

谱峰波周期重复性误差：$(\Delta T_p)_{max}/T_p\leqslant 3\%$。

波向角变化范围：−45°～45°。

波向角的误差：$|\Delta\theta|\leqslant 1.5$。

（4）泥沙指标。

加沙断面悬沙含沙量误差±2.6%。

泥沙淤积试验的误差±10%。

一个涨落潮周期内悬沙总输沙量误差±3.1%。

应用范围及前景

该技术可应用于沿海开发建设、设备制造、设施保护等方面，对于滨海工程的防灾、减灾研究具有重要意义。已推广至浙江大学、中山大学、南京水利科学研究院等以及广州高奇海洋科技有限公司、中机试验装备股份有限公司等单位应用于涉海工程、海上设备装置的研究。该技术还可应用于台风浪在近岸传播的机理研究，有较好的推广前景。

持有单位：珠江水利委员会珠江水利科学研究院
单位地址：广东省广州市天河区天寿路80号珠江水利大厦
联 系 人：陈高峰
联系方式：15920179188、020-87117188
E-mail：zkykjc@163.com

29 喀斯特坡地陡崖-裸岩-土岩界面-硬化路多途径产流水联合集蓄技术

技术来源

国家计划。

技术简介

西南喀斯特区虽然降水丰沛，但岩石渗漏性强，地下水深埋，岩溶干旱频发。基于喀斯特山坡界面产流机理认识，陡崖、裸岩、土岩界面、硬化路等弱透水面是整个喀斯特山坡的关键产流部位，降雨产流潜力大。该技术通过研发喀斯特坡地特有的陡崖岩面（坡顶）、出露基岩（坡中）、土岩界面（坡脚）、硬化路等界面产流水高效集蓄技术，丰富了传统可利用雨水资源量，同时辅以径流智能调配系统，最大化径流集蓄效率，形成了适用于喀斯特山区分散型需水点的、多来源互补的多途径产流水联合集蓄模式，解决了喀斯特区高裸岩率、高渗透山坡雨水收集效率低的难题，避免提水和长距离引水，空间布置更灵活，集水、用水成本更低。

技术指标

（1）技术构成及功能：坡顶陡崖岩面产流水集蓄技术，实现崖面产流水高效收集；坡地散布型出露基岩面产流水联网汇聚技术，实现裸岩面产流水高效归并与收集；坡脚土岩界面产流水集蓄技术，实现土岩接触面产流水高效收集；硬化路-道路边坡-排水沟系统，实现硬化道路产流水高效收集；径流智能调配与光伏提水系统，实现多途径产流水集蓄效率最大化。

（2）山坡雨水利用率：雨季20%～35%；旱季8%～17%。

（3）触发产流的降雨事件占比：45%～70%。

（4）山坡产流系数提升比例：100%～350%。

（5）蓄水池无水时间占比：5%～20%。

（6）灌溉用水保障率：80%～100%。

应用范围及前景

适用于广大西南喀斯特山区岩溶干旱或季节性干旱频发、无集中供水设施的分散型经果林、畜禽养殖点、居民点。

经果林产业是西南喀斯特山区实现乡村振兴的主攻方向。然而，在岩溶地质背景制约下，无集中供水设施的分散型经果林普遍面临用水短缺、产量品质不稳定的问题。“喀斯特坡地陡崖-裸岩-土岩界面-硬化路多途径产流水联合集蓄技术”在径流集蓄效率、灌溉用水满足概率、复杂地形适应性、施工及维护成本等方面体现出明显优势，为解决该区经果林面临的干旱缺水问题，巩固产业扶贫成果，确保产业可持续和农民稳步增收，提供了可选方案。

持有单位：中国科学院亚热带农业生态研究所
单位地址：湖南省长沙市芙蓉区远大二路644号
联 系 人：邓正苗
联系方式：18075165716、0731-84615206
E-mail：dengzm@isa.ac.cn

30 基于BIM的水利工程防洪预报-预警-预演-预案数字孪生构建技术

技术来源

省部计划。

技术简介

该技术利用基于BIM的多源数据融合技术，动态汇聚融合区域水雨情、工程安全监测、闸门工情、设备工情等各类感知数据，搭建物理工程数字映射体；以水文模型和一/二维耦合洪水演进专业模型为核心，构建包括预报调度一体化、区域联防预警、模拟仿真预演、决策建议方案等防洪“四预”模拟系统；基于UE引擎，搭建数字孪生可视化框架，融合多源数据和多维场景，实现数字工程和物理工程的“虚实映射”应用。

技术指标

(1) 基于BIM的多源异构信息融合算法可动态汇聚融合区域水雨情、工程安全监测、闸门工情、设备工情、视频监控等近30类感知数据，完全满足各类水利工程需求。

(2) 数字流域面积114km^2，16核并行计算，二维水动力模拟48h洪水演进，用时3min。

(3) 数字孪生高保真渲染可实现加载100GB以上，超过500km^2的包括DEM、BIM、DOM及倾斜摄影等海量底板数据。

应用范围及前景

该技术适用于包括水库、海塘、水闸等大中小型水利工程的防洪“预报、预警、预演、预案”数字孪生系统搭建。

水利部智慧水利“十四五”规划明确提出要重点加快数字孪生流域、数字孪生水网、数字孪生工程的建设任务。该技术成果基于BIM的多源数据融合技术、数字孪生可视化渲染技术，基于MPI算法的防洪调度一体化仿真模拟技术，有效支撑预报调度一体化、区域联防预警、模拟仿真预演、决策建议方案的防洪“四预”模拟系统，实现了数字工程和物理工程的“虚实映射”应用。

持有单位：浙江广川工程咨询有限公司
单位地址：浙江省杭州市上城区凯旋街道凤起东路50号
联 系 人：马吉
联系方式：18257121889、0571-86438220
E-mail：61974941@qq.com

31 防汛雨量分析系统 V2.0

技术来源

其他来源。

技术简介

该系统基于自主研发的等雨量线搜索追踪技术，开发了克里斯曼插值算法、不规则流域单元面雨量算法和雨量分布可视化算法，实现了任意流域区域雨量分析，雨量数据质量控制、历史雨量分析、网格化精细化等功能，解决了雨量站点建站时间、观测时段、数据质量不一致等带来的分析困难。系统支持多数据源，具有序列分析、雨量分布、历史雨量、历年最大雨量等功能，分析结果能作为分布式水文预报模型的数据输入，满足了防汛抗旱工作中各类雨情分析需求。

技术指标

(1) 该技术属于应用软件，具有数据处理、等值线、等值面分析、面雨量计算、图形编辑、最大连续雨量计算、数据导出等功能，满足流域雨量分析需求和预报预警模型的输入要求。

(2) 技术处理的精细化格点雨量数据经统计检验，与水文局工作人员在水情手册记录的历史月雨量偏差<1%，准确性好。

(3) 分析雨量图，统计雨量序列响应时间<3s，计算分析过程包括了数据提取、插值分析、图形分析、面雨量统计等模块，系统运行速度较快，能满足业务要求。

应用范围及前景

适用于全国大中小流域的雨情监视分析，洪水预报输入、降水过程分析、洪水过程分析以及防汛抗旱会商决策。

该系统具备雨情分析的各项功能，功能完备，分析精确，界面简洁美观。未来可进一步拓展与水文、水动力预报模型深度耦合，满足洪水预报的输入要求。开发国产化适配，开发桌面端、网页端和移动端版本，满足防汛抗旱雨情分析各类需求。

多年来，防汛雨量分析技术已在全国多家水文部门推广应用。该系统可广泛应用于各流域（省）防汛部门、水文水资源监测与管理等水文、水利行业，有较强的适应能力，易扩展、易推广。

持有单位：淮河水利委员会水文局（信息中心）
单位地址：安徽省蚌埠市东海大道 3055 号
联 系 人：冯志刚
联系方式：13645523007
E-mail：fengzhigang@hrc.gov.cn

32 AI＋防汛智能语音外呼系统（汛迅通）

技术来源

其他来源。

技术简介

该系统结合讯飞领先的语音识别（ASR）、语音合成（TTS）、自然语言处理（NLP）等技术，打造AI能力平台，实现语音识别、语音合成、意图理解、情感识别、句式推荐、知识问答的能力接口支撑；打造基础能力平台，包括CTI平台和智能对话平台。CTI平台负责与可视化语音对话流程控制平台中的流程开发平台进行会话交互，智能对话平台负责对话流程管理、对话资源管理、知识库管理、学习优化等；打造通讯录管理、话术管理、任务管理、报表管理、数据结果统计、信息查询等业务应用系统。技术特点：一是通过智能外呼系统替代人工客服工作中烦琐重复的部分，建立标准化、规范化的呼叫作业流程及模型，形成可复用的能力，并从中提取有效信息，自动统计关键指标，解决防汛值班抽查工作繁重、预警信息发布不及时等难题，降低管理疏漏风险。二是业务人员可根据实际工作需要，选择值班值守、预警信息下发、水库安全抽查、值班任务下发等业务场景，设置对应的呼叫任务，实现一键智能化批量呼叫，并根据呼叫结果形成数据统计报表，实现呼叫任务的业务流程闭环管理，降低漏报、漏查风险，助力安全度汛，全力支撑防汛应急工作，为防汛应急工作提质增效赋能。

技术指标

（1）基于语音识别（ASR）、语音合成（TTS）、自然语言处理（NLP）语义识别等核心技术，打造AI＋防汛智能语音外呼系统，实现一键生成智能化值班抽查外呼任务。

（2）系统实现防汛智能语音外呼系统多链路并发呼叫，快速全面触达预警对象，解决预警信息发布、信息收集等业务场景难题。通过语义识别技术，实现智能语音外呼系统中防汛抗旱基础数据、实时数据、预报数据等信息识别，提升了外呼任务的效率及用户的使用体验。

（3）30路并发500个呼叫任务，外呼成功率100%；2000路并发8h运行稳定，准确率不低于99.97%；100路并发24h运行稳定，准确率不低于99.97%。

应用范围及前景

适用于水旱灾害防御、值班值守巡查、预警信息下发、水库安全抽查、防汛值班任务下发等业务场景。

该系统可在省水利厅、省直单位、市水利局等部署实施，实现一键生成智能化外呼任务，快速实现对暴雨洪涝等监测预警信息的精准发布，支撑值班人员快速及时掌握一线安全状态，提升防汛应急效率。未来，该系统将持续构建水旱灾害监测预警、指挥调度、抢险救援信息化管理系统，实现水旱灾害防御与防汛抗旱应急管理有效衔接，最大限度提升应对防汛抗旱类突发事件的能力，保障人民生命与财产安全，应用前景较为广阔。

持有单位：讯飞智元信息科技有限公司
联 系 人：王丹丹
单位地址：安徽省合肥市高新区望江西路666号
联系方式：18555018688、0551－65331801
E－mail：ddwang20@iflytek.com

33 基于移动端的防汛全信息智能支持系统

技术来源

其他来源。

技术简介

该系统基于Android和J2EE平台，通过Web Service技术和JSON数据交换格式，开发了移动终端App。技术特点：一是提出了“后台+通信+网络+前台”全信息智能平台开发模式，通过多种数据融合技术手段实现防汛业务数据的归类、提炼和整合，融合语音识别技术实现对系统的访问。二是通过VPN技术实现内外网的安全连接，采用CDP持续数据保护技术确保系统数据的安全性。三是移动终端App业务系统集水雨情、灾险情、物资调度显示、查询、分析为一体，实现了防汛业务数据的统一管理和共享，使防汛信息的获取变得高效、便捷。

技术指标

(1) 数据全面：集成水雨情、灾险情、防汛队伍、物资调度、视频监控等数据和图像的显示、查询和分析。

(2) 功能全面：具备现场数据上报、移动巡检、自动报警、在线交互等管理需求。

(3) 可靠性：系统具有数据备份恢复功能，一旦发生故障，能够迅速恢复，并且保证重要数据不丢失，保证全天候运行。

(4) 安全性：能够及时掌握用户登录记录、数据和服务器性能等各指标是否正常，第三方系统数据能够正常接收。

(5) 易扩展：通过编写数据接口，可以接入堤防、险工等水利工程监测数据，实现业务横向扩展。

应用范围及前景

适用于各流域机构及地方水利防汛业务，能够实现信息整合、移动查询和分析，便于及时获取防汛抢险各类信息。

该系统整合了防汛各业务系统数据，实现了在移动端实时查询水雨情、灾险情、物资等各类防汛相关数据，实现了水利业务与信息化的进一步融合。适用于各流域机构及地方水利防汛业务，推广应用前景广阔。

持有单位：山东黄河河务局山东黄河信息中心
单位地址：山东省济南市历下区东关大街111号
联 系 人：段同苑
联系方式：15069063055、0531-86987569
E-mail：1071606772@qq.com

34 基于真空虹吸大流量排水的应急泄流技术

技术来源

国家计划。

技术简介

该技术以应急泄流为目标，融合水力优化、流体流态控制技术，研发了一套适应复杂水力边界条件、稳定实现大管径虹吸泄流装备，显著提升虹吸持续可控性，管道流态好、泄水量大、无动力运行、地形适应性好、安装操作简便，是一种中小型水库及堰塞湖大流量快速排水的有效方式与装备。技术特点：一是以真空虹吸为核心，将文丘里理论、伯努利理论和虹吸原理创新性结合，融合水力优化，将流体流态控制、整流射流技术综合运用在无动力虹吸输水中，改变了入水口的进水方式，消除吸入涡，对整体流动进行层次梳理，通过真空动力系统产生的局部高真空负压带动水的高速流动，最大限度地利用自然力，保护液态表面张力，实现大管径虹吸泄流的稳定性及持续可控性。二是核心部件实现工业模块化装配，提高系统现场组装效率，配合自控技术智能辅助单元多方联动，整体把控泄流过程，具备“大流量、无动力、模块化”的优良特性和流态优化、稳压输送、持续可控、节能增效、生态保护、节约投资、智能监控的技术优势，实现快速安装与启动、不开挖坝体、安装操作简便等优点。

技术指标

（1）管径 600～1200mm，单套流量可达 3～5m^3/s。

（2）核心部件实现模块化装配，集成了真空形成设备及动力装置，采用轻质材料的管道模块化组件，实现全地形适应快速铺装，安装时间为 1～2d。

（3）虹吸整流设备浅埋深可低至 0.5m，虹吸高度突破 8～10m；形成虹吸时间 15～20min，形成稳定射流后无须额外动力。

（4）智能操控系统集远程传输、智能操控、系统保护、稳态偏移控制于一体，操控界面简单，有效保障操控人员安全。

（5）优化了流场导流机制，对流体进行了整流后再射流，减少进水口压头损失，输水流量提高 5%～20%，较其他输配水方式具有流量充沛、压力稳定、安全节能、快捷高效的优势。

应用范围及前景

适用于中小型水库应急泄流、中小型堰塞湖应急排水泄洪及引流冲刷成槽、城市应急排涝等，湖库底层水置换改良、流动不畅死水区域增加水动力变活水等。

该技术方法与装备还可应用于如下场合：一是中小型水库跨堤坝应急泄流、溢洪和生态放水，满足中小水库放水设施低成本集中改造、节能增效、施工周期短、运行管理方便、流量可控等需求。二是内陆河湖水环境生态治理：解决河湖因水动力不足产生的水质恶化问题，赋予河湖自行感知、精准定位、自行循环、生态自洁的生命力，通过虹吸连通联动形成活水拓扑管网，低成本实现河湖水体生态型重建，改善河湖生境，从根本上治理因局部水体缺乏流动产生的水质污染情况。因此，具有较好的应用前景。

持有单位：水利部长江勘测技术研究所、北京中瀚环球真空流体科技有限责任公司
单位地址：湖北省武汉市解放大道 2689 号
联 系 人：张亮
联系方式：15972123417、027－82927037
E－mail：priscoan@outlook.com

35 迪沃应急移动排水抢险车

技术来源

其他来源。

技术简介

该抢险车搭载迪沃大流量便携式潜水泵，使机组工作效率大大提高。迪沃应急排水泵是电机与水泵直联一体潜入水中工作的提水机具，具有结构简单紧凑、拆装快捷方便、机组效率高、节能效果明显、无噪声、运行安全可靠、利于控制和安装方便等优点。

技术指标

（1）流量 1000～5000m^3/h。

（2）扬程 8～50m 型移动式供排水抢险车。

应用范围及前景

适用于防汛抗旱应急抢险，如管网排水、下水井、道路、雨水篦子、基坑、地下通道、地下停车场、水库抢险、抗旱取水、农田灌溉、消防取水等。

移动式供排水抢险车被广泛地应用在城市内涝、防汛抗旱、管网抢修、应急供排水、河流水库、地下车库、隧道等诸多领域中，大流量便携式潜水泵对于各个工业系统的运行有着非常重要的作用。给排水工程是经济建设得以正常运转的重要保障，城市不可缺少的公共设施，应急排水装备市场需求量大，市场前景良好。

持有单位：长沙迪沃机械科技有限公司
单位地址：湖南省长沙市长沙县新安路39号
联 系 人：郑敏
联系方式：15574903327、0731－85056878
E－mail：331690140@qq. com

36 基于负压吸力的堤坝渗漏封堵机器人与相变封堵材料

技术来源

国家计划。

技术简介

堤坝水下渗漏入水口周边存在渗漏诱导流场，该流场内存在一定负压吸力。该技术通过在水下渗漏入水口周边施放并熔化相变材料，使其在渗漏入口周边负压吸力作用下，以液态形式被吸入渗漏通道内；进入渗漏通道中的液态相变材料由于脱离热源逐渐凝为固态，从而有效修补渗漏通道，快速堵漏；研制了适用于现场快速堵漏的水下渗漏封堵机器人，并配置了熔点、密度、流动性和强度等性能可调控的复合相变封堵材料，能够实现对渗漏通道进行定点封堵，高效止水，具有堵漏耗时短、材料有效利用率高等优点。

技术指标

（1）在动水环境中，相变封堵材料水下熔化用时≤5min。

（2）相变封堵材料固化时间≤2min。

（3）渗漏水流速 2m/s 下材料留存率>50％。

（4）发明了水下渗漏通道自吸式封堵技术与装备，提升了堤坝险情应急处置能力。

应用范围及前景

适用于国内各种土质堤坝坝坡渗漏的应急抢护。

该技术已在省级堤防、防汛训练场等开展了示范应用，并不断优化设备和堵漏材料。在堵漏设备和材料方面，已完成整套装备及制造工艺优化，可以批量生产，汛期能快速响应堤坝的应急抢险。在汛期土质堤坝渗漏应急抢护中，能够及时“抢早抢小”，避免渗漏病害发展，快速阻断堤坝溃决灾害链。该技术具有广阔的应用前景。

持有单位：水利部交通运输部国家能源局南京水利科学研究院
单位地址：江苏省南京市鼓楼区虎踞关 34 号
联 系 人：汤雷
联系方式：13952031025、025－85829601
E－mail：ltang@nhri.cn

37 LTMA2.0型激光远程位移监测仪

技术来源

其他来源。

技术简介

该设备由激光位移监测装置、倾角监测装置、手持终端构成。利用激光实时监测被测体有无发生位移变量，同时利用角度仪实时监测大坝坝体有无倾斜变量；可接入云管理平台，可显示名称、型号、电量、探测参数等信息；可通过电脑、平板、手机实时查阅工作状态；实时显示所监测建筑的距离及位移信号、角度变化；配备激光灯、望远镜，保证了对目标区域的快速定位。该设备在救援过程中可实时监测大坝体有无发生位移微量变动以及倾斜的现象，给救援人员以及人民群众带来安全预警信息。技术特点：一是精度高：全方位检测建筑等目前区域的微小移动，精度高达1mm，分辨率0.1mm。二是量程大：物体移动的范围5～100mm的有6档（分别为5min、10min、20min、50min、80min及100mm）；倾角：物体倾斜的范围0.5°～20°的有6档（分别为0.5°、1°、2°、5°、10°及20°）。三是4G无线功能：可以接入云管理平台：可显示名称、型号、电量、探测参数等信息；可以通过电脑、平板、手机实时查阅工作状态。四是高清屏幕：即使在日光下仍清晰可见，实时显示所监测建筑的距离，并显示位移信号、角度变化。五是快速定位：配备激光灯、望远镜，保证了对目标区域的快速定位。

技术指标

（1）技术参数：探测精度：1mm，分辨率：0.1mm；探测距离：≥100m；报警音量：≥95dB，报警声可操作开启和关闭；位移探测档位有6档（分别为5mm、10mm、20mm、50mm、80mm及100mm）；4G+GPS（平台管理系统）。

（2）倾角装置：两路倾角，可以判断两个位置的角度变化，实时显示0°～360°角度变化；精度高达0.1°，分辨率0.01°；可360°观测俯仰、翻转状况；倾角探测档位有6挡（分别为0.5°、1°、2°、5°、10°及20°）；与主机的通信距离高达600m，远程4G无限制距离传输。

应用范围及前景

适用于防汛救灾时对大坝的微小位移监测。

在抗洪抢险救援时缺少对大坝体的安全预警监测，由此极易造成二次伤亡事故的发生，该技术产品可广泛应用于抗洪救灾中的大坝体监测，减少自然灾害对人类带来的危害。

该激光远程位移监测仪采用无害激光，能够检测到水工建筑物任何细微的移动、偏移，设备同时配备了2个倾角传感器，可以观测地面及平台的倾斜状况。用在位移发生以后，向设防地区提前几秒至数十秒发出声光警报，以减小当地的损失。目前可连续工作20h，观测距离长达200m（探测距离随光照强度增加有所衰减）。设备工作时间更长，反应能力更快，稳定性更强。上传云端大数据网络，信息公开化，是位移监测仪未来的发展方向。

持有单位：北京凌天智能装备集团股份有限公司
单位地址：北京市通州区景盛南二街25号20号楼B
联 系 人：金常伟
联系方式：18501335307、010-57621295
E-mail：819304798@qq.com

38 大范围干旱监测预报与灾害风险防范技术及其应用

技术来源

国家计划。

技术简介

该技术围绕抗旱减灾亟须解决的技术短板及实践需求，以高强度人类活动和气候变化背景下“干旱成灾机理-干旱监测评估-旱情预报预测-旱灾风险评估-旱灾风险调控”为主线，重点开展干旱灾害成灾机理及演变规律、高精度多源资料综合干旱监测评估技术、旱情多尺度预报预测技术、面向不同承灾对象的旱灾风险动态评估技术、旱灾风险综合防范技术、干旱监测预报与灾害风险防范平台建设和集成示范等6大方面的研究，有效提高干旱监测预警、旱情预报预测、旱灾风险动态评估的科学性、准确率和时效性，为提前预判干旱灾害情势及趋势、精准部署抗旱减灾措施提供强有力的技术支撑，实现科学主动抗旱，确保新时期国家粮食安全、饮水安全及生态安全。

技术指标

（1）构建了高精度多源资料的综合干旱监测技术，研制了基于周边长序列伽马分布函数参数气候值计算短序列高密度气象（水文）站气象干旱指数（MCI、SPI）技术方法，通过示范区站点交叉检验，较目前使用的反距离权重插值方法的计算精度平均提高23.8%。

（2）研发了基于机器学习的干旱指标-影响关联分析技术，构建了考虑下垫面条件的旱情综合评估模型，经与示范区各省（自治区、直辖市）实际旱情结果比较验证，旱情评估精度平均提高33.9%。

（3）研发综合考虑降水概率预报和精细化下垫面信息的大气-水文耦合的干旱月尺度预报技术，示范区月尺度预报精度平均提高15.9%。

（4）与现阶段先进气候模式干旱预测平均的预测精度相比，基于机器学习的干旱季节尺度预测技术在3个示范区预测精度平均提升16.2%。

应用范围及前景

适用于抗旱减灾科学研究、干旱监测评估、旱情预报预测、旱灾风险评估、旱灾风险调控以及干旱灾害防御智慧平台建设等。

该成果已在水利部、应急管理部、中国气象局以及相关省市水利厅等业务主管部门开展了推广应用，构建了包括干旱监测评估、旱情预报预测、旱灾风险动态评估及调控等的抗旱减灾技术体系，开发了干旱监测预报与灾害风险防范平台，全面集成了覆盖干旱管理全过程的一体化技术和功能，为水利部推进智慧水利建设，建立干旱灾害防御“四预”机制提供了重要的先行先试。此外，该成果制定了平台推广方案，借助水利部推进智慧水利建设契机，将应用平台进行更新改造，构建基于智慧水利框架的干旱灾害防御智慧平台，并可逐步向七大流域和省级水旱灾害防御部门推广。未来将在现有成果基础上，结合多层级水网工程和数字孪生技术，开展科学、精准、动态、智慧的特大干旱协同防控理论与技术研究。构建的面向不同承灾对象的旱灾风险动态评估技术、大范围长历时干旱应急供水协同调配技术和风险防范等技术，可为动态决策提供量化依据。

持有单位：中国水利水电科学研究院、南京水利科学研究院、国家气候中心、河海大学、水利部水利水电规划设计总院、长江科学院、合肥工业大学、北京师范大学、水利部信息中心、国家气象中心

单位地址：北京市海淀区玉渊潭南路1号水科院大厦D座

联 系 人：屈艳萍

联系方式：010-68781847

E-mail：quyp@iwhr.com

二、水文水资源

39 梯级水库群洪水资源利用及汛期水位控制技术

技术来源

国家计划。

技术简介

该技术在保障防洪安全的前提下，科学评估了洪水资源利用潜力，选取并实施合理有效的洪水资源利用方式，有效缓解了洪旱灾害损失、实现雨洪资源利用、提高水量利用效率，包括主汛期运行水位优化控制、汛期末段洪水资源利用、梯级水库常遇洪水调度、梯级水库洪水资源利用风险分析及决策等多项技术的组合，可根据工程实际情况单独或组合采用。技术特点：一是结合淮河流域洪水预报调度相关研究成果，建设预报方案库和调度方案库，研发基于地图的信息融合展示与实时检索分析、水文气象耦合和预报调度一体化技术。二是基于实时雨水、工情和专用历史数据库、气象预估信息，采用B/S系统结构，构建具有防洪形势分析、不同降水情景下多模型预报、多模式调度方案生成及交互式预报、预案决策分析等功能，集“预报、预警、预演、预案”于一体的跨平台洪水预报调度系统。

技术指标

系统经安徽省软件测评中心验收测试，整体通过测试。

（1）功能性：系统提供实时、预报、预警、预演、预案5个模块，功能模块划分清晰，功能运行正常；内置模型不少于5种；纳入淮河流域洪水预报方案200余套；可每隔2h自动生成站点预报结果。

（2）性能效率：支持多人（100人以上）同时进行计算，可满足60s内生成80个以上预报节点的多模型预报结果，对实时雨水情及预报结果的查询可以做到即时响应，即响应时间小于5s。

（3）可移植性：可在Windows7、Windows10、国产统信UOS操作系统上运行。

（4）系统还通过了安全性、易用性、兼容性、可靠性、可维护性等非功能性测试。

（5）成果应用：提升主汛期运行水位0.5～3m；洪水资源利用方案水位控制0.5～5m；梯级水库调度方案常遇洪水量级＜20a。

应用范围及前景

适用于全国大中小流域的雨水情实时监视，多场景、多工况洪水预报与调度的联合模拟分析及防汛会商决策。

该技术已预留了不同模型接口，未来可不断丰富预报模型，进行水文-水动力学的深度耦合，推进传统水文模型与AI技术的结合及服务于数字孪生淮河建设。另外需不断提高系统智能化水平、预报调度过程的可视化和成果的多样化水平，为精准化决策提供科学支撑。

该技术可广泛应用于各流域（省级）防汛部门、水文水资源监测与管理、水电站运行管理等水文、水利行业，有较强的适应能力，易扩展、易推广。

持有单位：长江勘测规划设计研究有限责任公司
单位地址：湖北省武汉市解放大道1863号
联 系 人：张睿
联系方式：18502778366、027－882829511
E－mail：ruiz6551@foxmail.com

40 复杂河网及河口水沙动力高效精准模拟关键技术

技术来源

其他来源。

技术简介

该技术研发了缺失地形高精度重构、水沙动力数学模型参数快速率定和稳定高速计算成套方法等一系列关键技术，可根据其他河道实测地形和目标河道遥感影像、断面数据重构获取目标河道高精度地形，自动寻找模型最优糙率场参数，实现了复杂河网模型的高效、精确自动率定，消除传统 CFL 数限制，可对跨尺度模型采用超大计算步长，大幅缩短计算时间且兼顾计算稳定性，突破了传统河道缺失地形重构与河床阻力系数确定方法具有较大随机性及经验性的难题，极大提升了复杂河网及河口水沙动力模拟的效率与精准度。技术特点：该技术采用改进的流体体积算法（VOF）捕捉薄层高速水体、面贴合算法反演不规则岸线和起伏地形、二维-三维多尺度耦合算法引入实际海洋动力，确保了河口海岸堤防越浪预报的精度和效率。

技术指标

（1）运用复杂地形反演面贴合技术，可将不规则岸线和堤防结构形态的反演精度提高 40%以上，效率提高 150%以上，单次时间基本控制在 10min 以内。

（2）采用改进的流体体积算法，可将海洋动力沿堤防表面传播的模拟精度提高 50%以上，且模型稳定性提高 30%以上。

（3）采用二维-三维多尺度耦合技术，可将模型的计算效率提高 70%以上。

（4）水位允许偏差±5cm，涨落潮段平均流速允许偏差±6%，汊道分流比允许偏差±5%。

应用范围及前景

该技术主要适用于河口海岸堤防越浪预报，为堤防设计、洪水期或台风期堤岸风险评估及防灾减灾提供技术支撑，具有复杂地形反演快、大变形水面捕捉精度高、计算稳定性好、计算速度快等特点。在全面提升国家水安全保障能力，坚持“四预”防御洪潮涝灾害的背景下，可广泛推广至各级水利防汛部门、应急部门、工程设计和运维部门，为堤防设计、洪水期或台风期堤岸风险评估及沿岸城市防灾减灾提供技术支撑。

持有单位：珠江水利委员会珠江水利科学研究院
单位地址：广东省广州市天河区天寿路80号珠江水利大厦
联 系 人：陈高峰
联系方式：15920179188、020－87117188
E－mail：zkykjc@163.com

41 贫水区地下水综合探测技术

技术来源

省部计划。

技术简介

该技术针对贫水区水资源匮乏、水文地质条件复杂、地下水分布不均等特点，利用核磁共振法、综合电磁法和高密度电法等探测方法集成的技术优势，采集地层核磁共振响应、磁场和电性特征信息，对地下水赋存状况做出明晰刻画。该技术将含水层探测精度提升至小于3m；创新了MRS非侵入式含水层参数计算方法；优化形成了含（隔）水层划分及地下咸淡水界面确定技术。

技术指标

（1）探测深度。该技术综合了多种探测方法优势互补，最大可探测深度为1000m。

（2）含水层厚度识别精度。该技术具有较高的含水层识别精度，30m深度范围内可识别1～3m厚含水层，30～100m深度范围内可识别3～5m厚含水层。

（3）含水层体积含水层率。该技术可识别体积含水率<0.1%的含水层。

（4）环境适应性。该技术能够在极端气温环境（耐受最低温－40.2℃，最高温39.9℃）中正常应用，保持高稳定性与灵敏性，环境适应性良好。

应用范围及前景

适用于抗旱找水、水源地勘查、地下水资源评价、水文地质参数估算、超采区监测和地下水污染监测等领域。

该技术已在内蒙古自治区、云南省和贵州省等地区约100个县（旗）贫水区得到广泛应用，成功解决了当地人畜饮用水和生产用水水源问题。研究成果使贫水区成井率从40%提高至90%，可缩减贫水区地下水勘探费用40%，社会经济效益较为明显。

该技术能够精确识别薄层含水层，能在相对较小的资金成本下开展含水层水文地质参数估算，在抗旱减灾、水源地勘查、水资源调查评价、超采区监测和地下水污染监测等领域均具有良好的推广应用前景。

持有单位：水利部牧区水利科学研究所
单位地址：内蒙古自治区呼和浩特市大学东街128号
联 系 人：王丽霞
联系方式：14747360813
E-mail：wanglixia.26@163.com

42 基于遥感区域耗水预测与耦合模拟的地表地下水联合配置压采控制技术

技术来源

国家计划。

技术简介

该技术由遥感反演模块、区域作物需水量预测模块、地下水变化趋势分析模块以及地表、地下水优化配置模块共4个模块组成。首先，遥感反演模块基于卫星影像反演区域种植结构及农田ET；其次，该模块将种植结构及ET数据传递给区域作物需水量预测模块，分析种植结构（粮、经作物占比）和灌溉布局（地面灌、滴灌占比）不同情境组合模式下区域作物耗水量变化；在此基础上，将不同情境模式下的耗水量及地表地下水占比数据进一步传递给地下水变化趋势分析模块，由该模块基于地下水数值模型，测算不同的情境模式下，地下水未来15年的变化趋势；最后，由地表地下水优化配置模块，综合考量粮食产量及地下水的目标阈值控制，优化推荐适用于研究区丰、平、枯不同年型的地表地下水的灌溉占比、灌溉布局模式及种植结构组合方案，以充分利用地表水，从而压减地下水的开采量。

技术指标

（1）基于遥感区域耗水预测与耦合模拟的地表地下水联合配置压采控制技术采用高低分辨率图像融合，遥感种植结构解译精度可达90%以上，区域ET精度达87%以上，模型区域耗水量及地下水测算精度允许偏差±8%以内。

（2）该技术考虑了区域种植结构、灌溉布局、地表地下水灌溉占比等涉及节水压采的全部关键要素，可对区域地下水变化趋势进行综合测算，为生产实践提供明确的指导方案。

（3）该技术实现模块化功能分区，可快速提供参考方案。模块间数据自动传递，仅更改研究区初始参数及边界范围，可针对研究区快速给出4种初步压采控制方案。经参数率定及校准，可给出高精度优化方案，为灌区规划设计、地表地下水联合配置提供参考。

应用范围及前景

适用于华北超采指定区域的灌溉耗水量预测，以及基于压采目标对灌区地表、地下双水源进行灌溉用水优化配置。

该技术为河北地下水超采区的农业灌溉水源置换工程（目前河北超采区主要通过引江、引黄、引卫及当地水库水来置换地下水）的规划设计及地表地下水的联合配置提供了一种便捷、高效、低成本的解决方案。通过该技术进行特定区域作物耗水及地下水耦合模拟与测算分析，可为种植大户以及水管理部门提供指定区域范围内的地表地下水联合配置的参考方案，以充分利用地表水，减少地下水的开采量。随着河北农业水源置换工程建设的持续推进，该技术的应用前景广阔。

持有单位：中国水利水电科学研究院
单位地址：北京市海淀区复兴路甲1号
联 系 人：于颖多
联系方式：13691485613、010-68786533
E-mail：yuyd@iwhr. com

43 小水电站生态流量调度及应用关键技术

技术来源

省部计划。

技术简介

该技术针对小水电生态流量下泄与供水、灌溉等综合利用功能需水的矛盾问题，根据“三生”用水的优先次序，明确调度原则，结合电站调节性能、开发方式、来水情况等明确小水电生态调度方案编制方法，将生态水量纳入年度水量调度，提前预存生态库容，采用水文逆时序法科学推求发电限制水位线和生态放水最低水位线。通过优化工程调度运行方式，合理安排泄放生态流量的过程，形成小水电生态流量调度主要技术。成果为水利部门监管生态流量下泄、指导水资源量合理分配、提高生态流量保障水平、避免发生生态流量与民争水、实现流域生态调度运行提供了科学便捷的方法。

技术指标

（1）提出了以水电站生态流量调节性能为基础的生态库容是否预留的判定条件。

（2）规范了水文资料的选取，典型枯水年的确定方法。

（3）明确了水电站各项用水优先次序，在服从防洪总体安排、保障城乡居民生活用水安全的前提下，协调生态流量泄放与防洪、供水、灌溉、发电、航运等任务的关系，明确优先次序。

（4）通过相关规范、定额，提出无明确用水量资料的“三生”需水量的确定方法。

（5）提出划定生态放水最低水位线和发电限制水位线是电站制定生态流量调度方案的前提，并提出了生态放水最低水位线和发电限制水位线计算方法。

应用范围及前景

该技术已被浙江省水利厅采纳，形成了《浙江省小水电站生态流量调度方案编制大纲》，在全省进行推广。适用于有生态流量泄放要求的水库、水电站编制生态流量调度方案，通过合理确定生活、生态、生产用水保障的优先次序，优化工程调度运行方式。浙江省在全国率先启动小水电生态流量调度工作，协调综合利用功能需水与生态用水的矛盾，提前预存生态库容提高生态流量保障水平。该技术可为其他省份开展生态流量调度运行提供参考，并在全国进行推广。

持有单位：水利部农村电气化研究所、杭州思绿能源科技有限公司
单位地址：浙江省杭州市西湖区学院路 122 号
联 系 人：肖妮
联系方式：18268860275、0571－56729250
E－mail：594213539@qq.com

44 河流冰期流量实时自动测量技术

技术来源

国家计划。

技术简介

该技术基于河道任意单宽流元上的流量和总流量比值与断面地形、水力半径参数有关的原理，融合爱因斯坦断面分区方法划分冰盖与河床影响区，建立了天然河渠冰盖下流量横向分布和单宽流元流量分布与断面面积、水力半径间的函数公式，提出了基于冰下流速-单宽流元的河流冰期流量实时自动测量方法并开发相关软件。通过测量1～2条测线上两点处流速，结合冰水情一体化雷达量测获取的水深及冰厚横向分布，再依据上述函数公式实时获得断面的总流量。该技术解决了传统方法测流效率偏低、测量人员安全风险高、对冰盖动态发展适应性差的难题，一定程度上突破了冰下测流技术瓶颈。

技术指标

（1）计算、测量1～2条冰孔垂线流速，结合单宽流元流量沿河宽分布图，可自动获得冰盖影响下的断面总流量，支撑河流冰期全部冰封、部分冰封断面流量的实时自动测量。

（2）经实验室试验、大型调水明渠和黄河宁蒙河段应用表明：该技术测量的流量、单宽流量和水深平均流速分布与传统打孔测量的平均误差不超过8.5%。

（3）不同河道形态、横断面地形变化和冰盖厚度下流量的测量精度总体在10%以内。满足SL 59—2015《河流冰情观测规范》和GB/T 22482—2008《水文情报预报规范》的相关要求。

应用范围及前景

未来需进一步拓展河流冰期测流技术对急变弯道环流、不同水体含沙量等条件的适应性研究，实现复杂水冰沙耦合条件下河流流量的在线监测与动态采集。

该技术可作为各水文站常备的流量采集系统，广泛应用于北方江河渠溪岸冰、部分冰封和完整冰封影响下流量的测量，能实现河道流量实时、自动、高效、安全的测量，具有较大的推广价值。

持有单位：中国水利水电科学研究院
单位地址：北京市海淀区复兴路甲1号
联 系 人：王涛
联系方式：13661289022、010-68781725
E-mail：taozy163@163.com

45 分布式水资源调配模拟技术

技术来源

国家计划。

技术简介

该技术通过分布式水文模型与水资源配置模型的双向耦合，实现了“自然-社会”水循环动态互馈与水资源实时配置一体化模拟，提高了水资源配置精度。采用嵌套式单元划分方法，拓展了水资源配置的时空尺度，宏观上能够提供区域的年尺度水循环转化及水资源配置结果；微观上能提供计算单元的日尺度行业用水过程和水源取水过程。

该技术包括“自然-社会”水循环分布式模拟和水资源配置模拟两个部分。一是“自然-社会”水循环分布式模拟原理：在SWAT模型的基础上嵌入水资源配置模块，以水文响应单元为基础划分计算单元，根据每个单元的需水量、水源类型、供用水规则等信息进行逐日水量分配，输出供水-用水-耗水-排水信息，传递给SWAT模型；SWAT模型模拟取用水对下一阶段的水文过程，为水资源配置模块提供实时水资源信息，从而实现分布式“自然-社会”水循环模拟。二是水资源配置模拟原理：水资源配置模块依托SWAT模型进行逐日运行，通过接收逐日水资源信息，在设定的规则下进行水量分配。所设定的配置规则主要包括水量分配规则、供水优先序规则、用水优先序规则等。以水源可利用水量、工程供水能力等为约束条件，按照设定的水源优先顺序依次计算各水源供水量，以计算单元的编号顺序，按照设定的用水优先级进行逐日计算。

技术指标

该技术在水资源评价、规划、调度等多需求条件下，通过分布式水文模型与水资源配置模型的双向耦合，进行分布式“自然-社会”水循环与水资源配置一体化模拟。

（1）计算单元划分个数≤15万。

（2）每个计算单元可设置供水部门个数≤8。

（3）每个用水部门可提供供水源个数≤30。

（4）水资源配置的时空尺度。宏观：全域、年尺度；中观：行政区、月尺度；微观：计算单元、日尺度。

应用范围及前景

适用于多水源互济供水地区的水资源配置领域。可以为区域水资源配置、水循环调控等提供技术支撑。

在模拟规则中增加分质供水条件，实现水量水质联合模拟与配置，进一步完善模型的综合性能与实用性能。还可以进一步结合优化算法，使其具有分布式水资源优化配置功能。该技术充分考虑了自然水循环与社会水循环之间的动态互馈作用，能够反映人类活动用水过程与天然水文过程之间的相互影响，使计算结果更加符合准确。因此，该技术还可为区域水资源评价、规划、调度等领域提供有效支撑。该技术在汉江流域水资源配置中得到成功应用。

持有单位：长江水利委员会长江科学院
单位地址：湖北省武汉市江岸区黄浦大街23号
联 系 人：杨明智
联系方式：18327081391
E-mail：1037995159@qq.com

46 煤矿开采对水资源影响评估技术

技术来源

国家计划。

技术简介

该技术以矿区水资源保护为目标，通过水文学、水文地质学原理为基础的多学科交叉融合，建立了煤矿开采对水资源影响评估技术并集成研发了模拟系统平台。由5个关键技术集成：一是基于概率积分法的地表沉陷模型评价沉陷对区域水资源的影响。二是利用导水裂隙带发育变参数驱动方法评价煤矿大面积综采对地下水的影响。三是建立矿井水开发利用评价及风险管控技术将矿井水纳入水资源统一配置格局。四是研发沉陷-地表水-地下水数值模拟方法和耦合技术，综合模拟评估煤炭开采前后地表沉陷、产汇流、地下水及涌水量变化情况。五是采用基于HTML5的客户端技术和JSON的数据格式交互构建了煤矿开采对水资源影响模拟系统平台。该技术提出了系统评估采煤对地表水和地下水循环演变的技术解决方案，形成了一套适用于井田、矿区、流域多尺度的综合模拟模型平台，可应用于黄河流域煤炭资源合理开发和能源基地高质量发展技术评估，为政府及企业实现矿产开发、水资源高效利用与生态保护和高质量发展提供决策依据。

技术指标

（1）可体现采煤全过程多要素驱动机制的地表水-地下水循环演变规律，实现复杂多要素影响程度和过程评估。

（2）实现对井田、矿区、行政区、水文地质单元、流域等多尺度评价。

（3）综合模拟平台采用松耦合多层体系结构，支持模型的输入输出，提供可视化的成果展示。

应用范围及前景

适用于西北生态脆弱区井田、矿区、流域多尺度评价范围，在煤矿企业及政府部门对采煤水资源保护治理中应用。

黄河流域能源基地布局与水资源分布极不匹配，科学评估采煤对水资源影响是破解矿产开发和水资源、生态环境保护矛盾制约的必经途径。未来，需在评估技术中纳入更多研究手段、融合更多研究方法定量评估复杂条件采煤扰动水资源影响程度。随着黄河流域生态保护和高质量发展战略实施，该技术在各级政府部门和煤矿企业生态环境保护、取水许可审批、保水采煤方案制定、绿色矿山修复等工作领域有更多技术需求和广阔应用前景。

持有单位：黄河水利委员会黄河水利科学研究院
单位地址：河南省郑州市金水区顺河路46号黄科院
联 系 人：郭欣伟
联系方式：18339985983、0371－66024433
E－mail：465969504@qq.com

47 一二维水动力模型云平台

技术来源

省部计划。

技术简介

该平台主要包括一二维水动力模型及以其为核心运算引擎的通用性建模云平台。自主研发了一维、二维、一二维耦合的水动力数学模型引擎，综合运用有限体积法、汊点水位预测-校正法、GPU高速并行技术实现了一二维水动力模型的高稳高速模拟计算。以一二维水动力数学模型为核心计算引擎，基于云服务架构对模型进行封装集成与建模业务模块研发。水动力模型云平台总体上分为5个页面：登录页面，工作空间与方案管理页面，标准化建模页面，计算方案配置页面，成果管理页面。

技术指标

（1）研发了模型云平台，实现了“云建模、云计算、云展示、云存储”的一体化业务流程。

（2）模型计算效率：基于云端部署的高速计算服务器，一维水动力模型可在3min内完成超过3000个断面、时长7d的复杂多汊河网水动力模拟分析；二维水动力模型可在30min内完成30万网格、时长7d的水动力模拟分析。

（3）云平台建模便捷性：可依托浏览器随时随地建模计算，无须安装任何软件或插件。

（4）国产化适配：经专业机构测试鉴定，建模云平台全面适配纯国产信创环境。

应用范围及前景

适用于任意河网或区域的一二维水动力云端建模、计算与展示，应用于涉水工程影响分析、洪涝预报模拟等领域。

该平台作为通用性一二维水动力模型云平台，可充分融合智慧水利建设标准，实现基于互联网的云建模、云计算与云展示。在水利高质量发展的时代背景下，数字孪生流域是实现智慧水利的关键路径。该平台夯实了数字孪生流域的智慧模拟，提高了精准决策能力。作为通用性的水动力水量模型及平台，将有力支撑各流域防洪“四预”及水资源调配业务，具有广阔的推广应用前景。

持有单位：珠江水利委员会珠江水利科学研究院
单位地址：广东省广州市天河区天寿路80号珠江水利大厦
联 系 人：陈高峰
联系方式：15920179188、020-87117188
E-mail：zkykjc@163.com

48 河湖水系连通格局优化与水网布局技术

技术来源

国家计划。

技术简介

该技术围绕我国河湖水系连通、水网构建与水安全保障需求，构建水资源、水生态、水灾害和水环境“四维风险”控制标准矩阵，以规避或降低负效应、稳固和扩大正效应为导向，构建多目标布局优化与风险防控体系；基于水流网、农业网、城镇网和生态网“四网”协同发展、深度融合，构建多线路协同、多过程耦合、多尺度时空均衡的跨流域多区域水网协同布局技术。

技术指标

该技术可有效优化和改善河湖水系连通格局和水网布局，最大限度提高防洪减灾能力、优化水资源配置、改善水生态环境、提升水工程质量和效益。

（1）建立多目标河湖水系连通优化和风险控制标准，最大限度减少洪涝灾害损失，为流域区域防洪能力提升提供标准依据。

（2）可优化和改善河湖水系连通格局和水网布局，示范区枯季水资源保障率提高10%、水系水体流动性提高10%，生态流量达标率整体提升10%以上。

（3）提出基于“四网协同”的全国流域区域水网布局战略，从战略层面更好地支撑和引导国家及重点区域经济发展布局，为经济高质量发展提供基础保障。

（4）提出基于“四网协同”的水网布局技术体系，实现水资源空间均衡，指导重大引调水工程建设及全国流域区域水网布局方案制定。

应用范围及前景

适用于河湖水系连通工程布局优化与风险控制、重大引调水工程前期论证及水网规划编制。

深化该技术研发，集成多功能协同、多尺度时空均衡的跨流域多区域联合调配与多线路互济精细化调控整套技术，开发相关模型应用接口，搭建全国跨流域联合调配模型与一体化管控平台，实现流域区域水网布局精准模拟、预演分析、决策支持。

研究成果将进一步在南水北调工程总体布局优化及后续工程方案论证、黄淮海流域水资源合理配置以及流域、省市县水网规划编制等工作中应用和推广，前景广阔。

持有单位：水利部水利水电规划设计总院
单位地址：北京市西城区六铺炕北小街2-1号
联 系 人：马睿
联系方式：18811370775、010-63206847
E-mail：marui@giwp.org.cn

49 水量调度关键技术与通用软件平台

技术来源

其他来源。

技术简介

该技术针对淮河流域跨省市河流“三生”争水矛盾突出、水量调度技术难度大、需求迫切等问题，以涡河、史灌河、沂河、沭河等河流为典型流域开展研究，基于多模型先验信息的中长期来水概率预报技术，建立了非均一时间、空间分辨率下需水预测模型，研发了“资源-工程-用户”动态互馈的调度计划滚动修正方法，构建了典型流域水量调度通用软件平台。预报调度一体化，建立了来水需水预报与水资源调度模拟协同互通耦合机制，实现了多形式预报与多目标调度的联动一体化。

技术指标

（1）软件平台功能：软件可提供调度河流设定、基础信息管理、边界条件设定、水量调度准备、水量调度计算、实时滚动调度 6 大类功能模块。

（2）水量调度计算模块提供了自动调算、人工调参两类操作方式。调度模块内置来水分析、需水分析、水库调度、闸坝调算、流域水量调度演算等专题模型共 34 个。

（3）较传统 BPNN、月径流模型等，来水预测精度 NSE 指标值提高 0～0.37，训练期平均提高 0.21，验证期提高 0.22。

应用范围及前景

适用于全国大中小流域中长期来水、需水预测，以及复杂水资源系统模拟与调度决策。

所研发软件平台已实现了模型、算法的模块化，未来可完成 C/S 端到 B/S 端的转换，更便捷地提供多部门、多专业信息与技术服务，同时推进技术成果与 AI、数字孪生等技术结合，提升智能化、多元化技术服务能力，为精准化水资源调度决策提供科学支撑。

软件平台可广泛应用于各流域和各省级水行政主管部门、水利工程调度管理部门等，在水文水资源监测预测、水电站和水库闸坝运行管理等方面，有较强的适应能力。

持有单位：安徽省（水利部淮河水利委员会）水利科学研究院（安徽省水利工程质量检测中心站）
联 系 人：刘开磊
单位地址：安徽省合肥市红枫路 55 号
联系方式：18505520850
E－mail：bbqx88@126.com

50 基于水质约束的中小河流水资源可利用量计算方法

技术来源

其他来源。

技术简介

该方法从河流水体纳污能力限制的角度，以每单位用水排放的污染物入河量为切入点，建立河流纳污能力与河流水资源最大可利用量的约束关系，将河流纳污能力指标转化为相应约束下的最大水资源可用水量指标，从根本上解决了常规方法对河流水质要求考虑不够全面的缺陷，使河流内在水质约束通过单位用水排污量转换为对河流水资源可利用量的限制，使得河流水资源可利用量指标的确定更加科学合理。技术特点：一是根据河流现状水文及水质条件、水质保护目标计算河流纳污能力指标。二是调查分析流域内每单位用水产生的污染物入河量指标及现状污染物入河总量，计算现状年到规划年河流污染物入河量可增长空间。三是预测规划年流域每单位用水产生的污染物入河量。四是根据现状年到规划年河流污染物入河量可增长空间以及规划年流域每单位用水产生的污染物入河量计算满足纳污能力条件下用水的最大可增长量，结合现状年用水量，即可计算出规划年基于水质约束的河流水资源最大可利用量指标值。

技术指标

（1）通用性。该方法将河流内在水质约束融入水资源可利用量的计算中，适用于各类河流水资源可利用量的计算或复核，所需数据资料易于获取，通用性强，尤其适用于流域面积 1000km^2 以下的中小河流水资源可利用量的计算。

（2）有效性。该技术确定的水资源可利用量计算方法有别于传统水量类方法，尤其在南方水量充沛地区，河流内在的水质约束才是限制水资源开发利用的刚性条件，该方法可与地区用水需求紧密结合，有效核定河流水资源可利用量，科学指导水资源的开发利用。

（3）创新性。该方法创造性地将河流的内在水质约束转换为相应的水资源可利用量指标，实现了从水质角度出发核定水资源开发利用合理水平的技术创新。兼顾水量及水质双指标，对河流水资源可利用量的判定合理性提高到 90%以上。

应用范围及前景

适用于水资源管理工作关于河流水资源可开发利用总量指标以及河流整体开发强度的核定。

该技术主要体现了河流水资源开发利用管理工作中河流水质要求对水资源开发利用的约束性，尤其适用于南方丰水地区河流水资源开发利用强度指标的核定方面，将河流水质要求科学转换为相应的河流水资源开发利用量指标，更加直观且有对比性及可评价性，对于科学指导河流水资源开发利用管理工作具有推动作用，可用于水资源管理涉及河流水资源开发利用、开发强度指标的确定中，具备良好的应用前景。

持有单位：水利部珠江水利委员会技术咨询（广州）有限公司
单位地址：广东省广州市天河区天寿路 80 号
联 系 人：李善综
联系方式：18613096817、020－87117914
E-mail：275871159@qq.com

51 吉林西部供水工程雨洪资源综合利用与调控关键技术

技术来源

其他来源。

技术简介

该技术基于多水源、多目标、多工程联合调度的水资源配置分析方法，系统研究吉林西部水资源供用耗排过程，分析洪水演变规律，提出了雨洪资源引用判别条件和指标；建立一、二维耦合水动力模型和流域尺度雨洪资源综合利用模型，实现常规水源与雨洪资源的综合协调利用；自主研发了需水预测、供需分析、多水源优化利用等模块及软件程序；提出了多水源、多工程协同调度和雨洪资源湿地群供水的调度规则。

技术指标

（1）建立雨洪资源综合利用模型。明确洪水资源利用时段和引水判别条件，提出可引洪量和引洪过程，以及吉林西部雨洪资源和常规水资源的优化配置方案。

（2）构建多水源多目标水资源配置方案。分析揭示吉林西部水资源利用状况及开发潜力。

（3）搭建多工程调度模型。在优先保障原工程任务的前提下，研究提出多工程调度规则集，通过联合调度运用有效释放工程供水能力，保障区域供水安全和生态安全。

该技术依托于吉林西部河湖连通工程开展研究，已成功应用于工程实践。

应用范围及前景

适用于干旱及半干旱地区，具备雨洪资源利用条件地区的多水源、多目标优化配置和供水工程协同联合调度。

该项技术成果为吉林西部洪水资源的综合开发利用提供了新技术、新方法，将大幅提高区域水资源利用效率和水资源可持续利用能力，有效恢复湖泡湿地水源涵养空间，回补地下水，改善区域生态环境，具有较高的技术成熟度和可移植性、可复制性。

我国干旱及半干旱地区长期存在着水资源总量贫乏，河川径流年内分配不均，该技术可以解决常水量小、洪水流量大、难以利用等问题，通过河湖连通建设生态水网，推广应用前景广阔。

持有单位：松辽水利委员会流域规划与政策研究中心
单位地址：吉林省长春市解放大路4188号
联 系 人：贺石良
联系方式：13943176682、0431-85607797
E-mail：heshiliang_1@163.com

52 基于多源信息融合的水资源监测预警技术

技术来源

其他来源。

技术简介

该技术利用先进的电源与网络管理技术，引入成熟的工业设计，实现了一种集供电、采集、传输、分析计算、预警为一体的水资源、环保等信息的遥测预警系统。可接入压力、液位、流速、流量、水质、气体等多源监测要素，并能将多要素多源信息按水资源、环保等行业要求进行融合计算、预警；为管网、窨井等湿热、高腐蚀、密闭等环境提供稳定可靠的边缘计算服务。技术特点：一是利用运维平台的消息队列机制及异步任务设计，通过终端运行模式的自动切换控制，实现低功耗休眠模式下的平台远程批量运维。二是通过对网络信号的分析判断及预测及时调整数据上报的策略，有效地防止通信不稳定导致的重报问题，从而大大降低了设备的整体工作功耗。三是通过对数据落盘存储策略的调整，降低 MCU 对 IO 操作的频率，在保障数据存储可靠性的前提下，进一步降低设备的整体工作功耗。

技术指标

（1）具备 IP68 防护等级，防腐、防爆等认证；可在－40～80℃的严苛环境稳定工作。

（2）超低功耗设计，平均工作电流＜60mA@DC7.2V；待机电流＜40μA@DC7.2V；内置多种规格高密度电池，配合传采策略可实现 2～6 年的无源工作。

（3）提供可控 12V@100mA 的输出电源。

（4）支持 4G、Cat 1、NB－IOT、LoRa 等无线网络连接、支持 RS485、模拟量、开关量等应用接口。

（5）RS485 接口内置 15kV ESD 保护、SIM/UIM 卡接口内置 15kV ESD 保护、电源接口内置反相保护和过压保护。

应用范围及前景

适用于雨水、污水排水窨井的液位、流量、水质、有害气体监测预警以及供水管网压力、流量及漏损监测预警。

该技术及产品在相关行业将进一步降低工作功耗、增强通信稳定性，进一步提升在极端条件下的工作保障，同时在技术的工程应用上（如安装固定、维护方式）进一步升级改造，降低工程实施难度及成本；得益于技术的先进性及工程设计的合理性，该技术和产品在水资源调度、城市防汛、供排水上做到开箱即用，在融合天气状况预测，在降水量较大的时节提早预测可能发生的洪涝灾害及其安全风险，科学制定有效预防措施。

持有单位：厦门四信物联网科技有限公司
单位地址：福建省厦门市集美区软件园三期 B14－5 层
联 系 人：张志坤
联系方式：18605975316、0592－6300320
E－mail：zhangzhikun@four－faith.com

53 气陆库水四维耦合的汉江流域长期水量预测关键技术

技术来源

国家计划。

技术简介

该技术研发了基于大数据、知识图谱、水量平衡、相似分析的长期天然水资源量预测技术，构建了多目标汉江流域月、季、年径流预测模型，实现了流域水量动态预测。技术特点：一是提出了气-陆-库-水四维耦合的长期径流预测方法，构建了预测模型，通过基于智能算法的气陆、陆库、库水耦合器对各模型进行耦合调节，实现了汉江流域水工程影响下的水量长期动态预测和调度计算。二是构建了基于大数据云计算框架、组件式空间拓扑拼接、标准化模型服务架构的汉江子流域水资源预报调度平台，实现汉江流域水资源管控断面的长期水量预测和调度模拟。三是解决了传统长期预测方法中雨水耦合不充分的问题，实现了水利工程调蓄对径流影响的客观化，可提升长期径流预测精度和不确定性溯源能力。

技术指标

（1）实现汉江流域天然和水工程影响下的径流动态预测和水资源调度模拟，包含月、季、年尺度水资源管控断面和相应流域的降水和流量定量预测，水资源预测精度整体达65%以上，预见期可达1年。

（2）构建了基于大数据云计算框架的汉江流域水资源预报调度平台，利用组件式空间拓扑拼接搭建了耦合11座控制性水库、5个引调水工程、13个主要水资源管控断面、29个重要节点的预测方案体系，实现了汉江流域水资源管控断面全覆盖。

（3）编制了《流域水资源量预测指南》，为流域水资源预测预警技术和规范提供科学依据。

（4）技术应用于汉江、牛栏江、乌江等多条跨省河流水量分配方案编制中，提升了流域水资源管理决策的科学性和准确性。

应用范围及前景

适用于大江大河、中小河流等的流域水资源预测预报。

该技术原理较为通用，能够切实服务于大、中、小流域长期水量预测预报，在长江流域多年的水旱灾害防御中取得了较好的应用效果。未来研究和应用方向主要聚焦在预测精度的提高和对预测不确定性的风险评估，可相应地开展对预测结果的智能订正和集合预报应用。目前构建的汉江子流域水资源预报调度平台为开展相关研究和应用提供了较好的平台，也使得该技术可快速推广至全国范围内大、中、小流域。

持有单位：长江水利委员会水文局
单位地址：湖北省武汉市江岸区解放大道1863号
联 系 人：陈瑜彬
联系方式：13554510897、027－82927539
E－mail：chenyb@cjh.com.cn

54 耦合大尺度环流气候信息的咸潮上溯预报系统和方法

技术来源

国家计划。

技术简介

河口区受全球升温海平面上升影响，咸潮上溯严重威胁供水及水生态安全，咸潮预报是咸潮上溯预判应对的关键。该技术通过获取河口区影响咸潮上溯的历史水文潮情、大尺度环流气候要素以及含氯度等数据，采用 Pearson 相关分析、随机森林重要度分析方法，分析不同时间尺度下各影响因素与含氯度之间的相关关系及其滞时，识别和筛选影响咸潮上溯的关键因子；由关键影响因子采用随机森林法构建日、月、年不同时间尺度的咸潮上溯预报模型，模型输出的含氯度即为咸潮上溯预报结果。

技术指标

（1）该技术采用随机森林法建构的耦合水文与大尺度环流双重影响的日、月、年尺度咸潮上溯预报模型，通过了中科院软件应用技术研究所先进软件测评实验室的系统测试，珠江河口区实用咸潮预报纳什效率系数分别达到 0.82、0.80 与 0.55，对于咸潮中长期预报而言达到了很高的实用化预报精度。

（2）该技术提出了 14 个大尺度环流气候因子和 5 个水文因子与珠江三角洲磨刀门水道咸潮上溯之间的遥相关关系及时滞，确定了磨刀门水道不同时间尺度下咸潮上溯的预报因子组合。耦合大尺度环流气候信息显著提高了模型的预报效果，验证期模型评估准则纳什效率系数和决定系数较基于单纯水文信息的预报分别提升 19%和 12%。

应用范围及前景

适用于咸潮上溯频发的河口地区，可为河口区“抗咸蓄淡”水资源调配及咸潮应急供水决策提供依据。

未来可进一步综合考虑气候变化、海平面上升、上游各类调水工程实施后的来水改变与河口区河床演变等多因素对咸潮上溯的影响，更深入地完善咸潮预报技术，进一步提高咸潮中长期预报精度。

该技术成果可直接服务于咸潮上溯频发的河口地区。该技术对于提前至月、年尺度预判河口区咸潮上溯影响供水的程度，预先优化水库调蓄库容和把握“避咸抢淡”时机，保障咸潮期区域供水安全和生态安全，具有重要支撑作用，推广应用前景广阔。

持有单位：中山大学/广州丰泽源水利科技有限公司
单位地址：广东省广州市海珠区新港西路 135 号
联 系 人：陈晓宏
联系方式：15243637872、020－84114575
E－mail：eescxh@mail. sysu. edu. cn

55 流域水系统模拟器 V1.0

技术来源

国家计划。

技术简介

该技术从自然与社会耦合的系统整体性出发，对流域水循环及其伴随过程进行多要素、多过程、多尺度的耦合模拟。该模拟器以流域为基本单元，考虑流域下垫面包括土壤、植被等的空间变异性，在单元内以植被生态与水文过程的相互作用为基础，提出生态水文双向耦合模拟方法，实现对大气-植被-地表-土壤-地下的水文过程、植被生长、碳氮循环等的模拟；在单元间考虑以水库调度为核心的水资源时空调配模拟对经济社会发展需水的支撑，提出流域汇流与水资源调配双向实时反馈的模拟方法，实现水文-经济相互作用的耦合模拟。通过流域水系统的综合模拟，能够有效地支撑以物理流域为单元的水文水资源模拟、评估、预警、调控等研究及应用工作。

该技术基于插件式开发框架的设计模式，开发了面向接口的水系统综合模拟框架，实现了基于动态链接库的模块动态加载，达到即插即用、便捷的参数率定、简便的并行化，能够有效地降低模型系统内部耦合度，增强系统的扩展性、便于模块的复用和维护。

技术指标

（1）能够更加有效地刻画流域水系统多过程的相互作用与反馈。该技术以流域综合管理的科学研究、规划设计等实际需求为导向，以提升对流域水系统的模拟精准能力为主要目标，基于流域内水循环联系的自然与社会过程，对复杂条件下流域生态过程、水文过程与经济社会发展用水进行耦合模拟，克服了传统单一的水文模型或水资源模型对流域水系统过程描述的不足，为实现数字孪生流域模拟过程的高保真提供更加坚实的基础。

（2）该技术基于插件式开发，模拟精度符合要求、通用性强、扩展性好。经过测试，该技术通过功能性、容错性、易用性和可移植性测试。

应用范围及前景

适用于流域生态水文模拟与预测、水资源评估、水资源优化调配等水利规划设计咨询研究、水利信息化工作。

未来研究将进一步通过插件式开发拓展流域水系统模型功能，应用于全国各级流域水系统的模拟、评估、调控。"十四五"期间，水利部将加快推动数字孪生流域建设，构建流域水资源管理调配等覆盖水利主要业务领域的智能化应用和管理体系，该技术提供了重要的算法基础，应用范围广、通用性强，具有较好的推广应用前景。

持有单位：中国科学院重庆绿色智能技术研究院
单位地址：重庆市北碚区方正大道266号
联 系 人：曾思栋
联系方式：17786361308、023-65935555
E-mail：zengsidong@cigit.ac.cn

56 梯级水库泥沙预报与分析平台

技术来源

其他来源。

技术简介

该平台融合了以水沙数学模型为主，集成区间产输沙模型、水文预报模型、水沙经验模型等的泥沙实时预报模型，并集合库区水沙整编数据、地形断面与实时水雨沙情多源数据，实现库区水沙和冲淤实时分析，以及库区含沙量和冲淤量过程的预测预报，为水库运行管理、泥沙调度和科学研究提供有力支撑。

技术指标

(1) 泥沙实时预报精度高、预见期长。构建了以水沙数学模型为主，集成区间产输沙模型、水文预报模型、水沙经验模型等的泥沙实时预报模型，实现了大范围河库交替河道的泥沙实时预报。至2021年，共发布三峡水库泥沙预报100余期，含沙量预报精度达到80%以上，预见期长达7d。

(2) 显著加大了水库沙峰过程的排沙比。基于洪峰和沙峰传播过程的预报，首次提出了“涨水面削峰拦洪、落水面加泄排沙”的沙峰排沙调度新模式，在2018年和2020年三峡水库排沙调度中成功应用。沙峰排沙调度期间水库排沙比最大达45%以上，较未实施沙峰排沙调度提高了12个百分点，仅2020年，排沙调度减少了库区泥沙淤积量近2000万t。

应用范围及前景

适用于水库、河道、湖泊等复杂水系的水文泥沙在线分析，尤其是梯级水库泥沙实时预报和水库泥沙调度决策。

该平台集成了数据分析、预测工具、应用服务、信息展示等多项功能，成熟可靠、通用性强，推广应用前景广阔。尤其是泥沙实时预报技术，创新性强，支持水文泥沙与河道冲淤计算、水库泥沙淤积分析与泥沙调度，可在河演分析、水库沙峰调度、库尾减淤调度、崩岸应急预警等方面广泛推广应用，可创造良好的经济、社会效益。该平台未来将结合机器学习、数字孪生技术，提供基于泥沙预报的河道冲淤预测与水库泥沙精细化调度技术。

持有单位：长江水利委员会水文局
单位地址：湖北省武汉市解放大道1863号
联 系 人：袁晶
联系方式：15927004506、027-82829676
E-mail：13471654@qq.com

57 地下水多层位水文监测系统

技术来源

省部计划。

技术简介

该技术可以在同一监测孔内，利用一个监测管多个监测通道准确监测各个含水层的水位与水质信息。该技术主要是通过聚乙烯材料，在同一监测管内设计多个监测通道（分为 3 通道和 7 通道），每个通道可以监测一个目标层的地下水。监测管在安装时需根据钻孔的含水层特点，划分目标含水层位置，在监测管与含水层对应的位置打孔，在隔水层进行封堵，利用分层止水技术对隔水层进行止水，防止含水层之间串层。

技术指标

（1）针对地下水含水层多层污染问题，研发了多层位连续多通道监测管，即单套监测管内设置多个监测通道，每个通道监测一个含水层，由此实现同一监测井可同时监测多个含水层的功能。应用时根据区域含水层分布及地下水污染情况，确定监测的层位和层数。

（2）连续多通道监测系统的单井三层位监测管，其中三个通道分别监测三个含水层的水位、水质，水文遥测设备安装在各个监测通道内，可实现单孔多层位监测数据的实时传输。

（3）研发的深井专用地下水的连续多层位监测系统装置，分为 3 通道和 7 通道两种类型，材料选用具有一定强度和韧性的聚乙烯材质，最多可以同时监测 7 个层位的含水层，监测深度超过 100m。

应用范围及前景

适用于第四系不同含水层、不同深度与岩性的岩溶水、基岩裂隙水水位水质的实时监测。

随着人类对深层地下水、地热水、石油、天然气的探索与开发利用，对地下的探索深度达到了 1000m 以上，在水资源方面对于深层地下水、地热水的补给来源、大气降水补给情况、不同含水层之间的水力联系、地下水的污染问题需要进一步地研究和探索，因此，无论在监测深度、监测层位、抑或是监测温度与水质等方面都有更高的精度要求，故该技术在层位、深度、水文、水质等方面尚需进一步研究，其应用前景广阔。

持有单位：山东省水利科学研究院
联 系 人：管清花
单位地址：山东省济南市历下区历山路 125 号
联系方式：15853105553、0531－55765377
E－mail：82817059@qq.com

58 地下水超采治理决策支持平台

技术来源

国家计划。

技术简介

该技术实现多角度区域地下水相关要素的数字化、全状态、实时展示，建立了地下水监测预警体系；优化集成多种模型和算法，提出高精度-高适配超采区地下水模拟技术体系。运用改进后的地下水有限差分数值模拟和随机算法等服务，模拟含水层结构和地下流场分布。构建典型超采区地下水多维信息预测决策平台，完整耦合多种模型，研发参数自动生成、模型快速响应、后台优化计算、多结果输出预测等智能应用。提出地下水回补效果评价体系，综合反映生态补水对受水区域的水资源、水环境改善效果。

技术指标

（1）基于流域3887个地下水自动监测站，实现流域多角度分区的地下水水位埋深、降落漏斗等信息动态实时监控和点线面多维分析。

（2）融合多要素信息，实现各类信息不同层级汇集、选择匹配、分析管理、对比反馈等智能化操作，实现流域平原区和重点区域地表地下信息一体化展示和地下水变化特征及影响因素分析。

（3）对典型超采区地下水含水层结构和水流状态进行了深度刻画，预测不同压采方案下地下水变化情势，从地下水系统整体水量收支平衡出发，评估水量-水位联动效果。

（4）应用“稳定+相对静态+动态”设计理念，构建典型超采区地下水预测决策平台，提供全方位、多维度、立体化的地质结构管理、地下水水位管理和地下水模拟预测等智能应用。

应用范围及前景

适用于地下水超采区治理、地下水资源量分析评价以及地下水监管等地下水资源开发利用和管理等业务领域。

该技术已服务于水利部水文司等多个部门，在地下水管理与研究中得到了充分应用，在加强地下水管理和河湖生态补水中创造了显著的生态效益、经济效益，填补了国内在地下水超采治理决策平台关键技术研究中的技术空白。该技术适合向各级水行政主管部门、涉水企事业单位、科研单位的管理及专业技术人员进行推广。

持有单位：水利部海河水利委水文局
单位地址：天津市河东区龙潭路15号
联 系 人：王哲
联系方式：15900389196、022-24103052
E-mail：wz2012@qq.com

59 遥测数据统一接收平台

技术来源

其他来源。

技术简介

该平台使用 MINA 框架实现数据采集服务，RTU 协议分布式部署服务，Redis 高效缓存报文数据，提高采集效率，解决因连接不释放导致的端口阻塞问题；集群部署接收服务，保证数据可靠性，高可用，防止报文丢失和因服务器故障导致整个系统瘫痪；中间数据库集群部署，提高写入和查询数据的性能，防止大数据量高并发造成的数据库崩塌；使用多台服务器集群部署查询平台，进行服务器压力分流，保证系统高可用。技术特点：一是实现前后端分离，使用 jQuery＋CSS＋HTML＋AJAX 构建前端应用，SpringBoot＋Mybatis 构建后端服务应用，所有的平台管理系统和配置工具确保使用 B/S 架构，使用浏览器进行访问控制，兼容手机端。二是使用 Nginx 中间件进行前后端服务负载均衡，提高系统性能，搭配 Nginx 插件进行后端集群健康检查，提高系统可用性。三是采用 SpringBoot、Java、Oracle 数据库、Ngnix 等通用技术工具开发，技术选型种类统一，支持 Linux 部署，保证安全可靠。

技术指标

（1）提供 Select 和 IOCP 两种高效的异步通信模式，确保服务器端能够同时与 500 个客户端可靠通信。

（2）能够 7×24h 不间断工作。

（3）提供对 Oracle 数据库的支持。

（4）对于每个监测站与前置机的数据传输平均通畅率应达 98%以上，对前置机发出的设置控制处理作业完成率应达到 98%以上。

应用范围及前景

适用于接收全省（自治区、直辖市）或全市范围内的所有遥测终端的数据，包括水质、水情、工情等监测设备。

实现全省（自治区、直辖市）各类遥测设备数据的接收、入库与查询，设备的统一管理和运行维护。形成业务和数据、音视频资源等统一管理的支撑平台，实现监测数据的高效利用和深度挖掘，有效杜绝水利数据一数多源、监管不足、标准各异、监测数据质量等问题。

持有单位：北京金水信息技术发展有限公司
单位地址：北京市海淀区车道沟 1 号院滨河大厦 B 座 3 层
联 系 人：唐繁
联系方式：15072119598、010－63203330
E－mail：1501258716@qq. com

60 JDZ 系列翻斗式雨量计（防风型）

技术来源

其他来源。

技术简介

该技术将经典翻斗式雨量计传感器与防风法兰底座相结合，以提高设备整体的强度，并通过设置在封闭式法兰底座的软管内陷式排水以减少底部风力对翻斗的干扰。排水首先通过两侧集水器底部特制的船型集水器形成汇流，再通过一定长度的软管延长排水路径，软管通过底部内嵌式槽将水排除，以上结构均设置在封闭的法兰底盘内，尽量减小风通过排水孔对翻斗传感器的计量产生干扰。

技术指标

（1）承雨口：内径 ϕ200mm±0.600mm，外刃口角度 40°～45°。

（2）雨量分辨力：0.2mm（JDZ02 系列），0.5mm（JDZ05 系列），1.0mm（JDZ10 系列）。

（3）降雨强度测量范围：≤4mm/min。

（4）翻斗计量误差 E：$|E|\leqslant 4\%$（室内人工模拟降雨条件下，以自身排水量为准进行考核）。

（5）输出信号：开关接点通断信号。

（6）出形式：接线端子。

（7）开关接点容量：$U\leqslant$24V，$I\leqslant$120mA。

（8）接点工作寿命：≥107 次。

（9）防风级别：风力等级≤九级。

（10）工作环境：温度－10～55℃，空气相对湿度不限。

（11）贮存环境：温度－40～60℃，湿度≤95%。

（12）外形尺寸：直径 ϕ210mm×高 555mm。

（13）净重：约 6.4kg。

应用范围及前景

适用于水文、气象、防汛部门等领域的降水量监测，特别适合在暴雨、台风频繁的地区使用。

目前在水文、气象、防汛部门等领域的降水量监测，普遍仍然使用常规翻斗式雨量传感器。防风雨量计既具有常规雨量传感器的优势，又增加了传感器本身强度和防风性能，而销售价格只是略有增加，因此在东南沿海台风频繁地区具有较大的推广前景。

持有单位：江苏南水水务科技有限公司、水利部南京水利水文自动化研究所
单位地址：江苏省南京市雨花台区龙西路 11 号
联 系 人：张亚
联系方式：15105192016、025－52898385
E－mail：1035005628@qq.com

61 一种基于多角度耦合探测技术的光学多向散射泥沙自动监测系统

技术来源

国家计划。

技术简介

该系统基于光散射及反射原理用于测量水体悬移质含量的一种传感器。其包含一个能发出860nm 红外线的 LED，红外线进入被测溶液后溶液中的固体颗粒会对光线有散射作用，在一定范围内固体颗粒的数量越多散射光强度越大，基于这一原理，在与光入射方向成 90°的位置上设置一个光电二极管，用于测量散射光的强度，经过换算即可测得溶液的浊度值，浊度值与人工采集泥沙的实际值建立关系线，实现自动测沙的目的。

技术指标

（1）测量范围：浊度 0～100NTU，500NTU，4000NTU，8000NTU。

（2）分辨率：0.001NTU，0.001mg/L。

（3）精度：重复性误差在标准允许的±5%误差范围内。

（4）量程漂移：在标准允许的±5%误差范围内。

（5）响应速度：≤12s。

（6）气候环境适应性：工作温度为 0～55℃。

（7）防护等级：IP68。

应用范围及前景

适用于溪流、河流及入海口等水域的悬移质浓度监测，需要断面有较好的单断沙关系。

光学法测沙具备检出限低、体积小、安装维护方便、无流速限制、成本低等特点，产品通过多角度耦合技术，降低了泥沙粒径形状等对光学反射的影响，能满足河口港口以及泥沙含量小于 $10kg/m^3$ 的河流的泥沙监测，解决南方区域大部分河流的泥沙测验问题，经济效益明显，应用领域广泛。该系统也存在明显的局限性——光学信号受泥沙颗粒物的粒径、形状和颜色影响较大。未来需要升级完善核心传感器的性能参数，提高设备的稳定性，降低率定难度，同时拓展其应用场景及应用领域范围，实现系统在更多场合的应用。

持有单位：广州和时通电子科技有限公司

单位地址：广东省广州市番禺区石楼镇创启路 63 号创智 26 号楼

联 系 人：潘海萍

联系方式：13332864447、020-82102671

E-mail：support@hestoon.com

62 国产河流泥沙激光粒度分析仪及技术服务体系

技术来源

其他来源。

技术简介

该技术依据光学夫琅霍夫衍射理论，由平行激光照射在群体颗粒上产生的散射、衍射角度不同，来识别并计算颗粒的大小及占比。采用正反傅里叶结合光路，提升了测量范围及精度；采用遮光率多水位调节技术，提高了测试精度和作业效率；独创水文专业标准粒子，实现了对批量仪器台间差的质量控制；输出结果的多样性满足了水文专业需求。技术光学中的夫琅霍夫衍射理论和米氏散射理论指出，当光照射粒子时，光的衍射和散射方向能力与光的波长和粒子尺度有关。当用单色性很强的固定波长的激光作为光源时，波长的影响即可消除，从而完全由粒子尺度确定光的衍射、散射方向能力。也就是当激光照射在颗粒上，粒子越大，产生的散射、衍射角度越小，粒子越小，产生的散射、衍射角度越大，从而区别并计算不同颗粒的大小及占比。

技术指标

(1) 测试范围：0.02～2800μm。

(2) 进样方式：湿法自动循环分散系统。

(3) 重复性误差：≤0.5%（D50 偏差）。

(4) 准确性误差：≤0.5%（D50 偏差）。

(5) 双峰分辨力：A 级（符合国家标准）。

(6) 进样器水位：可人工分级亦可自动调节。

(7) 进样器容积规格：600mL 和 1000mL。

(8) 接口方式：USB2.0 或 3.0。

(9) 光电探测器：92 个。

(10) 超声波功率：50W。

(11) 电压：AC220V、50/60Hz。

(12) 使用环境：温度 10～30℃，相对湿度＜70%。环境整洁无烟尘，周围没有机械振动源和电磁干扰源。

应用范围及前景

适用于河流泥沙颗粒分析。

该设备是一款针对河流泥沙激光粒度分析的专用仪器，其准确性、稳定性和可操作性均可以和进口仪器相媲美，多项指标优于进口仪器，得到了用户的认可和赞誉，取得了很好的社会效益和经济效益，具有很好的推广应用前景。

持有单位：河南黄河水文科技有限公司

联 系 人：李丹丹

单位地址：河南省郑州市管城回族区商城东路 12 号 1 号楼

联系方式：15136178032、0371-66024100-870

E-mail：280512806@qq.com

63 NSY. WTZ－V1型视频水位计

技术来源

其他来源。

技术简介

该装备是一款基于图像处理技术和深度学习算法的内置嵌入式现场水位识别与传输一体化终端，边缘计算终端控制摄像机抓取图片，对抓取的图片进行图片识别并本地保存，通信模块将识别的水位数据及图片传输到中心站。支持单台摄像机完成对单根水尺、阶梯水尺和叠加水尺的水位跟踪与测量，有效解决了夜晚、雨雪天、波浪、建筑物投影、耀光及倒影等复杂环境对水位识别的影响。内置数据传输功能，通过TCP/IP协议完成4G无线或有线传输，并按水文/水资源规约执行对测量数据、图像（字符叠加）等的定时上传和增量自报。技术特点：一是设备内置存储与数据传输功能。二是基于4G无线通信技术、TCP/IP协议及信息传输安全加密算法，直接将水位、图片等水文信息传输至中心站，并实现远程程序升级及参数配置的功能。三是利用机器视觉技术解决了在嵌入式终端进行图像识别水位关键技术难题。

技术指标

（1）支持4G及有线接入。

（2）图像质量：分辨率1920×1080dpi。

（3）接口：RS485/RS232，RJ45。

（4）支持分立式和叠加式水尺的水位识别。

（5）水位识别分辨率：1mm。

（6）水位识别准确度：±1cm。

（7）支持远程升级。

应用范围及前景

该装备适用于河流、湖泊、水库、人工河渠、灌区、海滨、感潮河段、城市积水等水域的水位或积水深度监测。

该装备以数字化、网络化、智能化为主线，加快构建智慧水利体系，研发图像与视频智能识别模型，实现汛情监测、预警，智能分析、预测汛情发展，为防汛指挥调度的科学决策提供关键支撑。未来将基于视频图像处理技术应用到更多水文要素的监测，实现单一要素到多要素一体化监测的研发。

该设备基于嵌入式Linux操作系统边缘计算终端的视频水位识别，具备远程参数配置、故障诊断和升级等功能，实现“零接触”，减少了维护成本，应用前景广泛。

持有单位：水利部南京水利水文自动化研究所、江苏南水科技有限公司
单位地址：江苏省南京市雨花台区铁心桥大街95号
联 系 人：郭丽丽
联系方式：15295512335、025－52898408
E－mail：guolili@nsy.com.cn

64 H5110－DY 型一体化压力式水位计

技术来源

其他来源。

技术简介

该设备使用 SILICON LABS 公司的 EFM32 芯片，以高性能、低功耗的控制器为核心。功能包括 12 位的 A/D、D/A 转换器，32 位的 RTC 定时器，低功耗通用异步收发器，I2C 接口及一个硬件 AES 加密模块等，产品整体采用一体化设计，两端带有大气压强传感器、压力式水位计、天线等，同时支持水位、水温及电压等数据采集，可存储至少 10 年的数据，支持单中心与多中心两种模式，支持通过串口或通过平台对设备进行管理，可完成参数查询、配置等操作，具有本地日志记录存储功能，并支持本地和远程平台提取。

技术指标

（1）压力式水位计。水位量程：0～10m、0～40m、0～50m、0～80m；温度：0～70℃；尺寸：直径 ϕ26mm，长度 197.5mm；电源：4.8～30V；精度：水位精度 0.05%F·S，分辨率 1mm；温度精度：±0.2℃，分辨率 0.1℃；外壳材质：316L 不锈钢外壳；防护等级：IP68。

（2）遥测传输终端。尺寸：长×宽×高，90mm×85mm×190mm；电源：5.0～32V；静态工作电流：≤5μA@DC12V；工作温度：－40～85℃；防护等级：压铸铝合金，防腐蚀材料，防护等级 IP68；无线模块：4G 通信模块；天线：标准 SMA 阴头天线；设计寿命：≥6 年。

应用范围及前景

适用于地下水水文数据监测、水库及地表径流水位、罐体内液位实时监测等。

该设备是一款具备水位水温监测、数据采集和无线传输功能的监测仪器。它综合实现了水位、水温等数据的实时监测记录，以其独有的高精度、多功能、微功耗等特点被广泛应用在地下水等液位监测现场。

该一体化压力式水位计未来研究将着重于设备的提升，包含数据传输稳定性、数据存储优化等技术。深圳市宏电技术股份有限公司以沉淀多年的物联网通信终端产业链优势为基础，拓展延伸“水位传感器＋通信网关＋云平台＋应用解决方案”的端到端物联网全线产品研发，赋能水利行业不同层面客户便捷更迅速地架构各自的物联网业务部署，努力为提升水利智联效率而奋斗，具有较好的应用前景。

持有单位：深圳市宏电技术股份有限公司
单位地址：广东省深圳市龙岗区平湖街道山厦社区华宝路 100 号宏电大厦 A 座
联 系 人：王涛
联系方式：13316893575、0755－88864288
E－mail：twang@hongdian.com

65 智能动静目标识别高精度雷达水位计

技术来源

其他来源。

技术简介

该设备采用多目标背景下的水位测量方法，包括通过若干周期的测量，得到目标的四元组属性值，将目标分类，并根据预设规则选择类内的目标类为待定目标类，将距离均值最小的目标类判定为水面目标。雷达水位计可准确识别出水体目标，排除干扰目标的影响，提高水位测量的准确性，降低对雷达水位计的安装要求。设备采用平面微带阵列天线。与传统喇叭天线相比，具有体积小、重量轻等优点，方便与PCB板集成，产品一体化程度高，防水防尘性能可达到IP68以上；天线增益高，辐射能量集中，抗干扰能力强，有利于提高测量精度和可靠性；微带天线阵列的波束角为4°，可有效降低周围非目标回波的干扰（如井壁、渠岸等），所测水位更准确。设备具有智能姿态感应及补偿功能。雷达水位计内置姿态感应传感器，能辅助安装调试并自动补偿安装误差；另外，雷达水位计在测量过程中智能感知立杆晃动、桥面抖动引起的测量平台不稳定情况，并自动进行优化补偿。

技术指标

（1）中心频率：60GHz。

（2）波束角：4°。

（3）天线：平面微带阵列天线。

（4）量程：10/30/60m。

（5）测距精度：±1mm。

（6）分辨率：1mm。

（7）工作电压：DC6～30V（建议DC12V）。

（8）功耗：≤5mA，@DC12V。

（9）通信方式：一路RS485接口，Modbus协议。

（10）工作温度：－40～85℃。

（11）防护等级：IP68。

（12）重量：约0.3kg。

（13）尺寸：ϕ96mm×88mm。

应用范围及前景

适用于灌区量测水、智慧水利、生态流量、排水信息化、低洼易涝点等监测场景。

地下排水管网水环境具有潮湿、满管溢流、腐蚀、淤泥、漂浮物、水流速度较快、浑浊且有油污等特点。井下方管道空间比较狭小、结构复杂，现场设备安装维护困难较大，雷达水位计更适合安装应用。该设备是一款针对复杂应用场景开发的非接触式液位测量产品，采用60GHz调频连续波（FMCW）技术，不受温度、湿度、水中污染物、漂浮物等影响。测量精度高、功耗极低、体积小、安装便捷、免维护，便于液位测量场景推广应用。

持有单位：上海航征仪器设备有限公司

单位地址：上海市徐汇区田州路99号9号楼708室

联 系 人：李卿

联系方式：15850116131、021－54652966

E-mail：qinglee@shhzmc.com

66 一种水位测量探头及水位电测仪

技术来源

其他来源。

技术简介

该设备解决了测量钻孔内水位难题。相关传统技术中，测量钻孔内的水位过程中，当测线的正极与钻孔内的水面接触时，测线的正极和负极构成回路，万用表的指针摆动，测线的数值就是水位参数对应的值。但是当水位埋深较大、大地介质较差时，测线的正极和负极之间的电阻较高，万用表的指针变化不明显，较难读取精确的水位参数。该设备提高了测量水位参数的精度，弥补了以上不足。该设备包括第一导线、第二导线和金属管，第一、第二导线表面相互绝缘，第一导线与金属管电连接，第二导线固定连接于金属管内部，与金属管之间绝缘。通过采用上述技术方案，进行钻孔内的水位测量时，先将万用表的正极和第一导线电连接，万用表的负极和第二导线电连接，沿钻孔的长度方向放入金属管，金属管的下端和钻孔内的水面接触，水流入金属管内壁和第二导线之间，金属管和第二导线连通，第一导线和第二导线之间构成通路，万用表指针摆动，读取金属管下放的深度，钻孔的水位参数测量完毕。

技术指标

（1）具有减少由于大地介质较差导致万用表的指针变化不明显的可能性，提高水位参数测量的精度的效果。

（2）可将水位量测精度控制在±2mm 范围内。

（3）第一导线与金属管固定连接，第二导线和金属管之间设置绝缘带，方便金属管伸入钻孔内的水面时，第一导线和第二导线连通，减少由于大地介质较差导致万用表的指针变化不明显的可能性，方便测量水位埋深较大的钻孔内的水位参数，提高水位参数测量的精度。

（4）第一导线与金属管焊接，第二导线的端部距离金属管的管口的间距小于 1cm，方便将钻孔内的水位参数误差设置在 1cm 之内，方便将探头伸入钻孔中，提高测量的水位参数的精度。

（5）金属管内径设置为 1～1.5cm 的任一值，金属管的上端外壁设置倒角，方便金属管伸入钻孔内部，方便金属管对钻孔内部的水位参数进行测量，方便从钻孔中取出金属管。

应用范围及前景

适用于工程勘探、水井等的孔内水位测量。

未来研究方向为提高孔内多层水的测量精度，推广应用前景较好。

持有单位：陕西省水利电力勘测设计研究院
单位地址：陕西省西安市东大街 57 号
联 系 人：陈雯
联系方式：15891409293、029 - 32066185
E - mail：2545532131@qq. com

67 三断面能量守恒渠道流量计

技术来源

其他来源。

技术简介

该技术基于能量守恒原理，通过耦合三断面的水流连续方程和运动方程，推导监测断面的瞬时流量与上下断面水位差、三断面过流面积的函数关系。创新了测流原理，提出的三断面能量守恒明渠测流方法，克服了多普勒法、超声波法、电磁法等测流方法由于换能带来的信号传输、波动等系统性误差。设备一体化设计，受现场环境影响小，能够实现 0.15m 以上水位和 0.01m/s 以上流速的流量测量，破解了常用仪器设备在遭遇水流顶托、极低流速情况下无法测量的问题。

技术指标

（1）工作温度：－28～60℃；水位计量范围：0.2～6m；适用渠道宽度：0.4～15m。

（2）流量测量精度：流量$<1m^3/s$时，测流误差允许范围为±5%；流量$\geqslant 1m^3/s$时，测流误差允许范围为±3%（水利部水文仪器及岩土工程仪器质量监督检验测试中心在灌区实际应用环境中对设备与转子流速仪进行的野外比测结果显示，相对误差允许范围为±2.5%）。

（3）可全天候、实时自动监测渠道水位、流量、累积流量。

（4）云端数据服务、手机 App 远程控制监测、信息查询。

应用范围及前景

适用于任意规则渠道（矩形、梯形、U 形）测流，场景主要为国家各级水网和大中型灌区的输水明渠流量监测。

该技术研发响应国家和地方的相关政策，针对水网和灌区等明渠测流进行技术革新，在全国 3000 余处大中型灌区的现代化改造和各级水网建设中普遍适用，具备极大的市场潜力。

持有单位：黄河勘测规划设计研究院有限公司
单位地址：河南省郑州市金水路 109 号
联 系 人：王文成
联系方式：18337108286、0371-66023579
E-mail：88256063@qq.com

68 CQS. LJX－10 型便携式流速流量仪

技术来源

其他来源。

技术简介

该仪器依据水力学中的流速面积法原理而设计，以测量流速为基础，用平均流速乘以水的截面积即得流量。在测流中，根据水流分布状况，将旋桨流速仪置于平均流速的区域，将渠道断面积 S 置入仪器进行测量即可直接得到秒流量和累计流量。该仪器采用低功耗、高性能、低电压芯片设计，内置智能算法模型，智能识别流速传感器抖动干扰信号，流速测量准确可靠。结构简单，功能齐全，自动化程度高，功耗低，测量稳定性高。仪器测量数据存储 5 年以上，中文液晶显示，数据查询方便，单人即可完成流速流量测量。全套仪器由 LS10 型旋桨式流速仪，低功耗便携式流速流量仪、1.4m 测杆（四节）和安装支架组成，全部置于一小型仪器箱内，便于野外人员携带使用。

技术指标

（1）测量范围：0.1～4m/s。

（2）测量误差：≤3%。

（3）流速仪每两次信号间旋桨的转数：20rad。

（4）中文液晶显示，三个操作按键，操作简单。

（5）电源：3.7V/2000mA 锂电池组。

应用范围及前景

适用于各地环保监测站、厂矿企业、水利水文监测、农田排灌、水文地质调查等部门测量明渠水的流速和流量。

我国的大小灌区数以万计，具有排污监测任务的厂矿企业更是遍布全国，许多灌区和环保监测站都使用转子式流速仪进行排放口巡测流速流量。该产品能自动剔除抖动干扰信号，确保了流速测量的准确、可靠。一般人员即可完成该产品流速发信机构关键件接触丝的更换整理，无需专业人员处理，市场前景广阔。

持有单位：重庆华正水文仪器有限公司
单位地址：重庆市北碚区龙凤三村 200 号
联 系 人：邹建林
联系方式：15923064247、023－68346892
E－mail：272604999@qq.com

69 投入式超声波流量监测仪

技术来源

其他来源。

技术简介

该设备利用多普勒频移和相关模型测算监测范围内若干点流速，系统集成陀螺仪对流速进行校正；流量计算采用标准的流速-面积法，根据各测量点的点流速，利用垂向流速算法推演得到每个垂线平均流速及其对应的水深，结合水深横向积分即得到断面瞬时流量。技术特点：一是投入式超声波流量监测系统创新了仪器检测原理，集超声波多普勒技术、压力液位计、陀螺仪技术等多种技术于一体，通过改变传感器在水体中的悬浮姿态，实现不固定传感器完成流速流量的实时在线测量，实现流速测量零盲区。二是可自动适应流速方向，无论流体方向如何改变，均可通过两两呈设定角度的超声波流速传感探头测量的数据计算出准确流速，流体方向不会影响仪器测量精度。三是解析水中颗粒物反射，降低泥沙等颗粒物对流速流量影响。四是因为仪器无须固定安装，无水体异物在仪器上堆积，可大大降低维护周期。

技术指标

（1）首次实现悬浮无须固定安装测量、零盲区测量。

（2）流速 0.02～5m/s，流速精度 1.0%F·S，流速分辨率 1mm/s，水位 0.15～30m，水位精度±1cm，分辨率 0.1cm。

应用范围及前景

适用于水文、水务、排水、海绵、环保等水系统信息化领域中对渠道、雨水排水管网、海绵城市水流量监测。

通过不同应用场景配套各种水位计等进行水位测量，在城市管网及水文站点得到更广泛的应用。

持有单位：武汉新烽光电股份有限公司
联 系 人：余梦
单位地址：湖北省武汉市东湖新技术开发区光谷大道 303 号
联系方式：13277978477、027-51895835
E-mail：yumeng@chinhangroup.com

70 DY－LXCK 型超声波流量计

技术来源

其他来源。

技术简介

该设备通过检测穿过流体的超声波信号换算所测流体的流速信息，再根据相应原理换算成流量。被测管道内无任何运动、阻流部件，压力损失小；灵敏度高，可检测到流速的微小变化；具有极宽的量程比，且结构简单、便于维护。技术特点：一是采用一体式结构设计，结构紧凑、节约空间，可以水平或者垂直安装，适合狭小的管道井等恶劣工作环境。二是采用 TI 公司的 MSP430F449IPZR 控制芯片和 Acam 公司的 TDC－GP22 时间控制芯片，测量范围宽，量程比大，始动流量小，灵敏度高，计量更准确。三是采用超声波流量传感器，可防堵、防金属杂质干扰，对管网系统的阻力小，计量精度高。

技术指标

（1）公称直径：DN50mm；常用流量 Q_3：$25m^3/h$；长度：200mm；压力损失等级：ΔP25。

（2）量程比 Q_3/Q_1：80∶1；准确度等级：2 级；最大允许工作压力：1.6MPa；温度等级：T30。

（3）使用高性能锂亚电池和超低功耗设计，工作寿命 2 年以上，供电电源：3.6V 锂电池；安装方式：H/V；环境等级：B 级；电磁环境等级：E1 级。

（4）通信方式：RS485 通信接口，实现数据远传、集中控制。

（5）液晶显示屏显示累计流量、瞬时流量、工作模式、空管提醒、外部电源供电等多种参数，清晰直观。

（6）非易失性存储器存储数据，即使断电数据也不会丢失，恢复电源时可自动恢复计量功能，可储存过去 18 个月的历史数据。

（7）具有断电数据保护功能，当超声波水表偶然出现故障时，自动保存当前数据。

产品技术特性符合执行标准符合国家标准 GB/T 778—2018《饮用冷水水表和热水水表》，行业标准 CJ/T 434—2013《超声波水表》。

应用范围及前景

适用于农业节水灌溉领域、高标准农田工程建设、农村饮水计量等其他水利计量设施项目。

国家要求加强用水计量统计，提高农业灌溉、工业和市政用水计量率；完善农业用水计量设施，配备工业及服务业取用水计量器具，全面实施城镇居民“一户一表”改造；加强对农业、工业、生活、生态环境补水四类用水户涉水信息管理；对全国规模以上工业企业用水情况进行统计监测。超声波水表流量测量范围广，传感器和计量部分没有机械元件，人为破坏因素较少，计量的水量比较真实地反映用户的用水量，具有较高的推广价值。

持有单位：大禹节水（天津）有限公司
联 系 人：祁彬
单位地址：天津市武清区京滨工业园民旺道 10 号
联系方式：13910033062
E－mail：371195450@qq.com

71 WML－Ⅲ型明渠双探头智能流量计

技术来源

其他来源。

技术简介

该仪器将水力学测流技术、超声波技术、单片机技术有机结合在一起，采用水力学测流法，建立量水槽，双探头超声波液位传感器测量水槽上下游水位，单片机采集数据，自动识别水流流态，根据不同的水流流态按不同的数学模型计算累加流量，准确计算在复杂环境下的水体流量。技术特点：一是采用非接触式测量，避免仪器长期放入污水中易被腐蚀而造成仪器寿命短，后期维护简单方便。二是该仪器在渠道水流不畅，含泥沙量高造成水流淤堵的地方更能体现优势，在普通水流环境下也表现出色。三是可实现长期无人测量，且测量数据可自动保存上传互联网。

技术指标

（1）流量误差：±5%（淹没比 90%）。

（2）流量计时误差：±2.5min/a（在 25℃±1℃下）。

（3）仪器自动识别渠道水流自由流态，淹没流态，倒流流态。

（4）分辨率：流量 0.01m/h，水位 0.001m，气温 1℃。

（5）测量范围：0.6～15100m^3/h。

（6）数据存储容量：存储 2 年以上数据。

（7）电源 AC220V/DC12V（太阳能供电，配 1V/31Ah 蓄电池）。

（8）监测数据无线传输到中心站，通过连接互联网的计算机就可下载查看实时的流量数据。

应用范围及前景

适用于农田灌溉、企业污水排放，城市供排水等明渠监测点的流量实时监测。

我国的灌区需要流量计量的渠道数以万计，具有排污监测任务的厂矿企业更是遍布全国。但是由于渠道使用一段时间后，渠道淤堵和水流不畅通现象突出，因此造成常规的明渠流量计流量测量误差很大，只有应用了自动识别渠道水流流态的智能流量计，才能较好实现渠道流量的准确测量和实时在线监测。该仪器为水管理部门实时掌握水资源状况并合理调配水资源提供了技术保障，应用前景广阔。

持有单位：重庆华正水文仪器有限公司
联 系 人：邹建林
单位地址：重庆市北碚区龙凤三村 200 号
联系方式：15923064247
E－mail：272604999@qq.com

72 箱式超声波明渠流量计

技术来源

国家计划。

技术简介

该设备采用流速面积法原理。其中流速采用超声波时差法，通过多对换能器分层进行测量；测流断面面积中的宽为箱体内部宽度，水深（即高）通过电子水尺、超声波水位计以及超声波换能器测量并优化后得出。测箱经过精密加工而成，内部尺寸参数精确，大大减少了现场渠道等外部因素对计量准确度的影响。

技术指标

（1）换能器工作频率：1MHz、500kHz 或 250kHz。

（2）宽度范围：200～3000mm；高度范围：200～2000mm。

（3）最大流速误差：±1%。

（4）水位测量方式：超声波水位计＋电子水尺＋换能器。

（5）超声波水位计盲区：＜3cm；最大误差：±2mm。

（6）电子水尺最大误差：±2.5mm。

（7）淤积检测最大误差：±2.5cm。

（8）防护等级：IP68。

应用范围及前景

适用于灌区（特别是多泥沙地区）干渠直开口、支斗渠渠道、取水口城镇排水及污水排放口的流量精准计量。

产品标准化程度高、安装便捷、维护简单，适合大批量安装使用，在灌区现代化改造和农业水价改革等项目中，具有极强的推广价值。

持有单位：北京华水仪表有限公司
联 系 人：宋岩
单位地址：北京市朝阳区百子湾路 15 号东侧 3 号楼 2 层
联系方式：13911589970
E-mail：651059915@qq.com

73 MQC型超声波时差法明渠流量计

技术来源

其他来源。

技术简介

该技术利用多组超声波换能器分层（每层一对）安装于灌渠两侧。采用多层结构，通过测量不同水深的层流速，并多次取值，通过数据建模方式用数学的方法求得平均流速，具有极高的准确性；多层流速仪和水位计均以嵌入式安装在渠道两侧，不阻水，减少水草、漂浮物等附着，大大减少了维护工作量。

技术指标

(1) 测量声道：16声道（根据用户需求）。

(2) 测量渠宽：0.410m。

(3) 测量分辨力：1cm/s（瞬时流速）、0.1m^3/s（瞬时流量）。

(4) 测量误差：±3.0%（现场标定后）。

(5) 流速范围：0.01～5m/s。

(6) 渠深范围：0.2～5m。

(7) 工作温度：0～50℃；供电电压：DC12V，电流≤500mA。

(8) 数据显示：LCD四行中文液晶显示。

(9) 显示内容：瞬时流量、累积流量、瞬时流速、液位等。

(10) 防护等级：IP68，采集仪防护等级IP65。

(11) 输出接口：RS485、MODBUS协议。

应用范围及前景

适用于灌区节水配套改造、高标准农田灌排、防汛抗旱、污水处理等。灌区信息化建设是现代节水型灌区的核心，是建成“防灾抗灾有力、灌排设施完备、工程运行可靠、灌溉服务高效、生态环境健康”的灌区的必要基础。而计量是其中的重中之重，计量的准确可极大增强灌区水资源科学调度和优化配置的能力。“十四五”期间国家对大中型灌区信息化建设投资巨大，有很好的推广应用前景。

持有单位：中灌智水科技发展（衡水）有限公司
联 系 人：李永清
单位地址：河北省衡水市枣强县肖张镇创新路1号B座205
联系方式：18911072765
E-mail：429582602@qq.com

74 LDM-51 智能化明渠流量测量系统（全渠宽箱式电磁明渠流量计）

技术来源

其他来源。

技术简介

该系统是专门为农业节水灌溉、明渠引水、市政给排水、污水处理等行业研发的经济实用型仪表。可结合闸门、太阳能控制系统、无线通信远程控制等实现精准流量控制功能，是闸门联动控制和灌区信息化解决方案的基础。技术特点：一是该系统由全渠宽电磁流速传感器、液位传感器及智能化转换器组成，可测量实时水位、平均流速和累积流量。二是多对电极自动跟踪测量，可精准测量不同形式的断面平均流速。三是双向流量测量，不受水中漂浮物、泥沙含量、水位变化、温度的影响。四是流速传感器安装方便，对水流不产生阻力，标准断面不需要改造即可直接安装，施工难度小、费用低。五是配套闸门使用可实现精准的明渠流量，可测量闸前及闸后水位、闸门开启度等。

技术指标

（1）测量范围：流速：0.02～10m/s；渠宽：0.4～2m；渠深：0.4～2m。

（2）仪表显示功能：可同时显示实时水位、断面平均流速、断面瞬时流量、累计流量等。

（3）测量精度：流速±1.5%；水位±2mm；系统±2.0%。

（4）功耗：＜5VA；电源：DC12V/24V、AC220V。

应用范围及前景

适用于灌区干渠、支渠、斗渠、农渠出水口、分水口精准计量，环保部门污水排水口计量以及信息化工程等项目的水流量精准计量。

该系统有着计量精度高、安装方便、维护成本低、适应能力强等几大特点，在国内各大灌区的应用上有着成熟的应用案例及良好的推广前景。

持有单位：开封开流仪表有限公司
单位地址：河南省开封市东郊工业园区皮屯桥南
联 系 人：靳永锋
联系方式：18937821131
E-mail：1181189056@qq.com

75 基于雷视与声学多普勒流速剖面仪智能融合测流技术

技术来源

其他来源。

技术简介

该技术是一种基于雷达、视觉和声学多普勒流速剖面仪的智能融合测流技术，解决了现有非接触式测流雷达部署成本高、视频测流容易受到环境影响而导致测流数据不稳定和流量测速精度低等问题，通过技术智能融合表面流速和流量的精准化、自动化测量，全面提高水文监测效率。

技术指标

该装备由实验室水槽验证和水文站测试与验证。

（1）通过与转子流速仪对表面流速（入水 10cm）测量结果为标准进行对比，侧装雷达单点流速测量允许误差±5%，视频单点流速测量允许误差±10%。

（2）流量测量结果与同时段同水位下的转子流速仪实测流量进行误差分析和关系线检验，流量允许误差在±5%范围内，且符号检验合格，适线检验合格，偏离数值检验，标准差 S_e（%）=3.755，系统误差 0.151%，随机不确定度：67.510%。

（3）声学多普勒流速剖面仪测速范围：±5m/s（典型），±20m/s（最大）；测流精度：±0.25%（相对于 ADCP 的流速），±2mm/s。

应用范围及前景

适用于水文站、河道、渠道等区域流场测验。

基于雷视与声学多普勒流速剖面仪智能融合测流技术未来将面向更远探测距离、更高精度以及更便携的安装部署方向进行发展。从摄像机及雷达底层硬件出发，深度融合声学多普勒流速剖面仪，提升传感器对流体表面特征的识别动态范围和灵敏度，解决现有雷达部署成本高、视频测流易受环境影响而导致测流数据不稳定和流量测速精度低等问题。同时实现便携式、无人船载式安装部署，即装即用，从而更广泛地应用于防洪排涝等应急监测场景。

持有单位：江苏中海达海洋信息技术有限公司、华为技术有限公司、北京东华合创科技有限公司、云南省水文水资源局
单位地址：江苏省南京市浦口区高新技术开发区北斗大厦 16 楼
联 系 人：周正朝
联系方式：18613098608
E-mail：373879708@qq.com

76 S3 SVR 型定点雷达波在线测流系统

技术来源

其他来源。

技术简介

该系统采用非接触测流方式，由太阳能板、蓄电池供电，可全天候在无人值守的状态下自动采集流速数据，并现场计算流量，同时发送到远程流量测验平台，生产符合水文规范。不受高流速、大量漂浮物、高含沙量影响。夜间、雨天可正常测流。测流精度为5%～10%。该系统主要针对桥梁安装，至少安装三个雷达波测速传感器，一般沿桥面均匀布设。整个测流系统通过流量测验平台软件管理。技术特点：一是系统中的电波流速传感器专门为水面流速测量而开发，采用多普勒效应原理，通过发射和接收的电磁波频率改变来获得流速。传感器采用频谱分析技术，排除降雨干扰，全天候输出稳定的水面流速数据，适合非接触式水面流速测量应用。二是电波流速传感器由测速雷达升级改造，增加了水平角和垂直角改正、流速平均、信号强度检测、串口通信控制等功能，且全天候，大、中、小以及暴雨天均可正常测流。传感器适合水面流速自动遥测应用，可与采集器、无线传输设备集成，组成自动流量测量系统。

技术指标

（1）技术参数。测速范围：0.20～18.00m/s；测速精度：±0.03m/s；测速历时：0～99.9s；波束宽度：12°；发射功率：50mW；微波频率：Ka 波段（34.7GHz）；最大测程：100m；工作温度：－30～70℃；防护等级：IP67。

（2）支持四种测流模式。预设时间定时测流、预设水位变幅测流、远程监控、现场可手动操作。

（3）软件设置功能。可设置站号、大断面、测速垂线、测速历时、表面流速系数加测水位变幅、低水停测等。

应用范围及前景

适用于河流、渠道、污水排放出水口的流速监测。

目前雷达波测流主要应用于高洪测流，未来针对生态流量监测等低枯水进一步研发，拓展应用场景，解决低流速下的雷达测流问题。此外，结合传统水文测验应用经验，雷达波测流可向灌区测流、城市水务监测、环保监测等领域推广。

持有单位：北京美科华仪科技有限公司
联 系 人：赵雪洋
单位地址：北京市丰台区诺德中心二期11号楼36层
联系方式：13910336194
E-mail：634007589@qq.com

77 河流封冻期流量在线自动监测声层析技术

技术来源

其他来源。

技术简介

该技术由海洋声层析技术发展而来，通过在观测水域冰下布放多点声基站，经各声基站相互间声波信号传播时间测量，获取沿声测线上每点流速的积分信息，利用数理分析反演计算沿测线的平均流速，实现对封冻期河流全断面流量在线监测。

技术指标

(1) 工作频率：25kHz，125kHz。

(2) 工作温度：−50～45℃。

(3) 通信模式：GSM/GPRS/4G。

(4) 电源电压：6～12V 或 220VAC。

(5) 功耗：待机<1W，连续测量<15W。

(6) 适用河宽：50～5000m。

(7) 适用水深：0.1～100m。

(8) 流速范围：±20m/s。

(9) 流速分辨率：1mm/s。

(10) 流速准确率：±0.1%。

(11) 流量准确率：±1%。

应用范围及前景

适用于寒区江河湖泊，冬季封冻期天数在30d以上的地区，用以监测封冻期河流流量。

我国寒区尚未实现封冻期流量在线自动监测，该技术经过推广之后，具有广阔的使用前景，包括内蒙古、黑龙江、吉林、辽宁、新疆、甘肃等地区。

持有单位：松辽水利委员会水文局黑龙江上游水文水资源中心、欧声呐斯（上海）科技有限公司、上海遨拓深水装备技术开发有限公司

单位地址：黑龙江省黑河市通江路43号

联 系 人：曲志强

联系方式：15145678263

E-mail：571962860@qq.com

78 T3－1 系列智能超声波水表

技术来源

其他来源。

技术简介

该技术采用高速模数转换器对接收信号直接进行数字化，然后通过对数字信号做相关运算等进而求出传播时间差的方法进行测量的。这种方法能够实现大约 10ps 时间测量分辨率，相当于常规方法的 10 倍左右的测量精度。该技术由于是直接对接收的回波信号做数字化处理，省掉了接收信号的整形脉冲过程，大幅度减少了噪声对测量结果的干扰，使该设备具有较高的抗干扰性。该技术应用于产品化上，研发了多种不同的线路板，推出了多款适用不同场景的智能水表。

技术指标

（1）线性度优于 0.5%。

（2）30dB 信号接收动态范围。

（3）具有 MODBUS、MBUS、HART、CJ188、ASCII 码等多种协议。

（4）两行段码液晶可同屏显示累积量和瞬时流量以及各类状态。

（5）电容触摸按键可以进行简单参数设置，具有立方米、立方英尺、加仑等多种显示单位。

（6）可供用户选择红外通信接口；可连接 NB－IOT/SPI 压力传感器的通用通信接口（AUX-port）。

（7）可具有双路两线接口的 PT1000 温度传感器接线端，具有热量计量功能。

（8）具有 2 路脉冲开关量输出（OCT1，OCT2）。

（9）可电池工作，寿命 10 年。

应用范围及前景

适用于灌溉、供排水等多种场合。

该系列智能超声波水表具有测量精度高、超低耗电、工作稳定可靠等优点，并且水表的每一个零部件都是按照 IP68 标准设计的，可适用于各种恶劣的工作环境，广泛应用于城市供水、水资源管理、农业灌溉、园林管理、工业生产工业自动控制等行业，是用水管理技术的一次重大革新。该技术具有数字化处理、线路简单、线路板尺寸小、使用器件数目少等特点。

持有单位：大连道盛仪表有限公司
单位地址：辽宁省大连经济技术开发区辽河西路 139C－9 号
联 系 人：闫俊
联系方式：18098888175
E－mail：35525218@qq.com

79 NDCP 系列固定式声学多普勒流速剖面仪

技术来源

其他来源。

技术简介

该设备是一种快速、经济、有效的高精度测流仪器，利用多普勒效应原理进行流速测量。可解决各种天然河道、人工渠道、大型无压管道的自动流量监测问题，有效替代人工流量测验工作。常规太阳能供电系统即可支撑正常运行；接口友好、易用，RS485 输出，标准 Modbus 协议；自研产品，主要元器件均实现国产化。

技术指标

（1）系统频率：1000kHz/600kHz/2000kHz。

（2）剖面范围：0.5～25m/0.5～290m/0.5～18m。

（3）流速范围：±20m/s。

（4）测量精度：±0.5%或±0.002m/s。

（5）分辨率：1mm/s。

（6）声束角：2.2°/1.3°/1.4°。

（7）防护等级：IP68。

（8）工作温度：－5～45℃。

（9）贮存温度：－30～55℃。

应用范围及前景

适用于水利、市政、发电、交通等行业，水文水资源监测、防汛抗旱、农水灌溉、排污监测等场景。

未来研究及应用的发展方向是研究通航河道行船等复杂环境下的流量监测数据预处理方法以及测流模型，进一步提升产品适用范围，使其在原有基础上广泛适用于通航河道的自动流量监测。

持有单位：南瑞水利水电科技有限公司
单位地址：江苏省南京市江宁经济技术开发区诚信大道 19 号
联 系 人：王震
联系方式：13505163347
E-mail：wangzhen3@sgeprisgcc.com.cn

80 水文巡测车

技术来源

国家计划。

技术简介

该设备由水文绞车与运载车辆组装而成。以运载车辆携带测流设备到达测流断面，通过运载车辆提供的动力来驱动绞车液压系统或由汽车发电机提供的电能直接驱动全电动水文绞车，控制系统控制各动作，将测流设备投放到测流位置进行测流。具有性能稳定、操作灵活方便、自动化程度高、机动性好、安全可靠等特点。

技术指标

（1）车型配置：配套尼桑、庆铃、长城等。

（2）皮卡型车型动力方式：汽车发电机输出电能驱动动力单元。

（3）监测方式：开放式。

（4）绞车旋转角：$<360°$。

（5）吊臂最大仰角：$\leqslant 75°$。

（6）配套铅鱼：$\leqslant$75kg。

（7）测速范围：$\leqslant$4m/s。

（8）最大起吊额定载荷：$\leqslant$100kg。

（9）吊臂伸出车外最大长度：2.4m。

（10）铅鱼测量最大行程：$<$40m。

（11）吊臂伸缩速度：$\leqslant$0.2m/s。

（12）液压系统：$<$10MPa。

（13）铅鱼升降速度：$<$0.35m/s。

（14）装备重量（不含铅鱼）：325kg。

（15）操作方式：无线遥控或手动操作。

（16）信号传输方式：水下信号无线传输。

应用范围及前景

适用于监视河流、湖泊、水库的水利运行情况，及时反映各水域的水文特征，有效预防洪涝灾害事故的发生。

该设备目前有5款大、中、小型可供选择，各系统功能的合理配置及电控系统的合理设计，保证了该巡测车具有良好的性能特点，满足水文防汛测洪、防汛减灾监测及信息处理要求。该设备的研制成功，填补了我国水文巡测设备一项空白，为日常监测情况提供了准确的流量、水位等水文信息数据，得到了用户的认可，应用前景广阔。

持有单位：潍坊河海水文科技有限公司

单位地址：山东省潍坊市寒亭区民主街2009号（寒亭高新技术产业园）内15号楼B座

联 系 人：王玉莹

联系方式：17853687825

E-mail：wangyy@shuifadata.com

81 国家地下水监测工程（水利部分）关键技术与应用技术

技术来源

国家计划。

技术简介

该技术建成了目前世界范围内覆盖面积最大、地下水类型最全、监测要素齐全、技术领先的国家级地下水自动监测系统；首次构建了国家级地下水监测系统全链条技术架构，创新提出了地下水测站建设、数据交换与存储、数据治理、产品与应用服务四个技术体系，实现了“建设-管理-应用”整体技术创新；构建了国家、行业、团体、项目标准和技术文件成套完整的技术标准体系。

技术指标

(1) 建设的10298个站全部实现了自动监测，实现了全国四级中心共享交换，信息月均到报率、完整率、交换率均在95%以上，90%以上监测站信息能在30min内传输至国家中心。

(2) 监测仪器设备全部采用国产的一体化自动监测仪器设备，包括压力式水位计、浮子式水位计。其稳定性、可靠性和监测精度等主要技术指标达到或超过国外进口的同类产品，平均无故障时间≥25000h，水位埋深人工比测误差符合≤2cm要求；信息传输采用了统一规定的通信规约和低功耗技术，电池更换周期一般≥18个月；监测频次为每天8时、12时、16时、20时、24时、4时自动采集地下水动态要素，8时通过遥测终端机定时报送。

(3) 井深设计、成井工艺符合有关规范和本工程技术要求，成井寿命不低于20年。成井管材主要采用无缝钢管（ϕ146mm×7.5mm、ϕ219mm×9mm）或PVC-U形管（ϕ200mm×9.6mm）。井口保护主要采用一体化保护装置，包括筒式和箱式，占地面积不到1.0m^2，采用专用锁具，保障野外设施设备安全；通信窗口设计可固定天线的装置，通信无衰减。

(4) 地下水资料整编和数据治理全部实现自动处理，效率提高3～6个月，图件制作速度由人工计算出图数天提高至自动计算分钟级出图。应用软件开发功能强、界面友好，基本满足当前全国地下水管理应用需要。

(5) 结合我国水文地质条件，系统提出了不同地质条件环境下物探方法；卫星定位测量应达到E级以上精度要求，水准测量达到四等水准测量精度要求等。

应用范围及前景

适用于全国地下水自动监测。

该成果已在水利部、自然资源部、生态环境部等多个部委和地方得到广泛应用，为全国地下水双控指标确定、地下水超采区划定与治理、京杭大运河及华北地区河湖生态环境复苏补水、南水北调生态环境评价、水资源科学调度与优化配置、土地沙化盐渍化、湿地退化、地面沉降、岩溶塌陷和海水入侵、以水“四定”和城市发展规划等提供重要依据。

持有单位：水利部信息中心、河南黄河水文勘测规划设计有限公司、水利部南京水利水文自动化研究所、北京金水信息技术发展有限公司、山东昊润自动化技术有限公司、北京中科光大自动化技术有限公司

单位地址：北京市西城区白广路二条2号

联 系 人：訾友让

联系方式：010-63203312

E-mail：yqlin@nhri.cn

三、水环境与水生态

82 中小河流岸滩自嵌框架式生态守护技术

技术来源

国家计划。

技术简介

该技术针对中小河流河道岸滩生态治理的实际需求，以兼顾生态性和稳定性兼顾为目标，根据南方、北方不同区域中小河流地貌、水力和植物分布特征，提出了组合生态材料框架结构型技术用以恢复岸坡生态环境，研发了可预制的生态护坡单元和自嵌施工工艺，对常水位、平滩水位和高水位采用分带分区的结构型式，有效降低了工程造价，综合满足了中小河流防洪、护岸、生态、景观、控污以及快速施工和整体稳定等需求。

该技术产品具有密度好、强度高、抗冲击能力强、抗冻、抗腐蚀等优势，护坡整体稳定性强，持久耐用、可重复使用。

技术指标

（1）混凝土抗压强度：≥C30。

（2）抗冻融性：F150。

（3）含水率：≤6%。

（4）厚度：≥12cm（河道）。

（5）拉折强度：≥Cf3.5。

（6）空洞率：22.5%。

应用范围及前景

适用于中小河流防洪、生态修复、水环境改善、水景观提升、防污控污，以及快速施工和整体稳定的规划设计。

中小河流治理作为一项重要的民生水利任务，近年来随着防洪治理的投入取得了显著成效，但仍存在不同程度的功能单一化、治理片段化和河流渠道化，综合考虑生态、环境、亲水、景观和水文化的系统性治理不够等问题。在新时期、新形势下，该技术的应用及推广将在中小河流防洪安全、水生态改善、水环境提升、水景观塑造等方面发挥积极作用，其社会和生态环境效益巨大，前景广阔。

持有单位：长江水利委员会长江科学院、广饶县水利局
单位地址：湖北省武汉市黄浦大街23号长江科学院
联 系 人：代娟
联系方式：13971392022、027-82927861
E-mail：841602471@qq.com

83 深大水库生态环境智能化多要素剖面监测浮标系统

技术来源

国家计划。

技术简介

该技术针对国内外在深大水库剖面水环境自动监测技术方面的缺位，设计并建立了防水库风浪侵蚀损害的浮标体，集成并优化多参数剖面测量、涡度相关等技术，实现了300m深大水库剖面厘米级精度的水环境参数实时在线监测；基于角动量守恒和数据自动校准系统，实现了水库水气界面水碳通量和环境气象的高分辨实时在线监测；并采用太阳能供电和无线传输功能，达到了系统实时数据采集和可视化交互展示。该技术形成了基于深大水库水质剖面-水汽界面-大气环境一体的同步环境监测，到数据采集传输，再到动态展示和安全预警的全流程水环境管理体系。

技术指标

（1）浮标站系统同步监测指标：实现气象-水文-水质-水生态等21项参数的在线实时监测。

（2）剖面监测深度：0～300m。

（3）剖面监测精度：2～5cm。

（4）气象监测时间精度：<1s。

（5）水汽界面碳通量、水汽通量监测时间精度：30s。

应用范围及前景

适用于深大水库剖面的水生态环境指标和碳通量的监测，可应用于智慧水电建设和水库碳中和方面的评估。

该技术针对国际国内在深大水库剖面水环境监测技术方面的空白和缺位，以澜沧江糯扎渡水库为对象开展关键技术研发和集成示范研究，通过对超大型水库水环境监测技术的原创性突破，提升了梯级水电开发条件下澜沧江流域水环境实时动态监控能力，为澜沧江流域管理及支持“澜-湄”国际河流事务多边协作机制构建提供技术支撑，也可为我国大型水库的剖面监测和智慧预警提供可以借鉴的案例。

持有单位：中国水利水电科学研究院
单位地址：北京市海淀区复兴路甲1号
联 系 人：王雨春
联系方式：13691286209
E-mail：wangyc@iwhr.com

84 水环境主被动遥感联合监测关键技术

技术来源

国家计划。

技术简介

该技术基于“空天地”主被动遥感手段、遥感数字图像处理方法、水体辐射传输模拟、生物光学模型等，研发了一套监测精度高、实时性强、监测范围大且易于推广应用的水环境主被动遥感联合监测技术，构建了多时空尺度表层-垂向水质立体监测体系，突破了传统卫星遥感依赖太阳光源的局限以及仅能探测水体表层信息的瓶颈，攻克了传统水质检测方法耗时长、效率低的问题，实现了大区域水体垂向水环境要素的快速、便捷、高频监测。

技术指标

（1）实现了水体水质的垂向立体监测，叶绿素、悬浮物、有色可溶有机物、高锰酸盐指数、总磷、浊度等水质指标监测精度达到80%以上。

（2）垂向探测深度增强至3倍的水体透明度距离，垂向分辨率提升为20cm。

（3）秒级实时提交监测成果。

应用范围及前景

适用于我国河湖水体水环境的实时、快速、大范围、垂向监测及相关科学研究。

我国河湖水体普遍存在水质不达标、富营养化以及生态功能退化等问题，严重影响了城乡人居环境和河湖生态平衡，制约了当地社会经济发展。该技术具有实时、高效、低成本的水环境立体监测能力，主要应用于大范围、常态化河湖水质监测以及相关科学研究，可为流域水环境监测治理、生态文明建设等奠定数据基础，推动水利、生态环境行业高质量发展，具有广阔的应用前景和显著的社会、经济和生态效益。

持有单位：水利部交通运输部国家能源局南京水利科学研究院
单位地址：江苏省南京市广州路223号
联 系 人：雷少华
联系方式：18801599663
E-mail：shaohualei@nhri.cn

85 水位变化影响下湖泊湿地生境适宜性预测与调控技术

技术来源

国家计划。

技术简介

该技术是在水利工程不同调度运行情景下，通过机理判别、物理干扰试验、时空间分异-敏感性量化等识别影响保护目标特征的主控因子，基于综合评估指标体系选取最大熵模型来耦合保护目标及其下垫面特征、水位、食性、人为干扰等主控因子，预测不同水位变化下湖泊湿地的生境适宜性时空分布，定量评估对湖泊湿地适宜生境的影响，从水位优化调控角度提出水利工程调度运行对策措施，解决了引江济淮工程调度运行影响下菜子湖湿地适宜生境影响预测与调控的技术性难题，有效减缓水文节律变化对湖泊湿地生境的影响。

技术指标

(1) 湖泊湿地适宜性评估模型典型精度评估指标ROC曲线下面积及拟合优度分别提升25%～40%、3%～21%。

(2) 依据本技术，菜子湖区引江济淮工程航道总体西移约1km，冬候鸟期设计水位降低1～2m，减少湿地生境损失。

应用范围及前景

适用于预测与调控水位变化对湿地生境适宜性影响工作，尤其是缓解引调水工程对调蓄湖泊湿地生态影响。

该技术通过耦合“理论分析-样点调查-现场实验-模型预测”等方法，识别湿地适宜生境主控因子，采用最大熵模型定量预测水位变化影响下湖泊湿地生境适宜性，提出调控对策措施。从应用区域来看，目前主要聚焦于长江中下游湿地生态系统，湿地生态系统主要以湖泊生态系统为主，未来应围绕全国更大尺度和范围的不同类型湿地生态系统开展应用。从应用范围来看，目前主要应用于优化水利工程调度运行来减缓对湿地生态系统影响，未来将直接服务于湿地生态系统保护修复。总体来看，该技术成果具有广阔推广应用前景，为协调水资源开发利用和生态保护之间的关系提供技术支撑。

持有单位：长江水资源保护科学研究所
单位地址：湖北省武汉市汉阳区琴台大道515号
联 系 人：徐建锋
联系方式：13212724762
E-mail：584870687@qq.com

86 基于 BIM+VR 的生态河湖工程高效设计关键技术

技术来源

省部计划。

技术简介

该技术以 BIM+VR 为核心，综合地形数据处理、BIM 详细设计、场景渲染等，形成了生态水利工程特有的数字化设计体系，集成了地形、河道、建筑物及景观等 BIM 模型和虚拟现实的融合应用。利用该技术可形成一套集可视化协同设计、自动批量出图算量为一体的生态河湖工程高效设计体系，打破了传统设计的局限性，解决了传统设计、方案决策校审效率低、设计成果不直观、方案变更导致的图纸修改量大等难题。

技术指标

（1）建立了一套高效的全流程设计、方案决策体系。

（2）发明了提高三维地形生成精度方法。

（3）在 MFC 框架下，制定了数据标准化规则，开发了一套数字化设计软件。

（4）构建了数字生态数据与现状环境的孪生互联体系。

应用范围及场景

适用于水利水电工程、生态河湖综合治理工程，尤其是长距离河道综合治理，且对景观要求较高的项目。

未来逐步将 BIM+VR 技术应用于生态水系规划、河湖综合治理、景观园林、水环境治理、区域引调水、市政供排水等方向，开发数字化平台、集成化管理系统对传统工程设计和生产管理赋能，加强数字化能力建设，提高工程设计和生产管理的效率。

在生态河湖工程中，通过该技术应用，可将工作效率提升 75%，为整体方案优化、决策提供技术支持，可满足各阶段、各参与方的沉浸式体验需求，使整个设计过程更加切合实际和高效，有很好的推广应用前景。

持有单位：黄河勘测规划设计研究院有限公司

单位地址：河南省郑州市金水区金水路 109 号

联 系 人：王文成

联系方式：18337108286

E-mail：38256063@qq.com

87 水工金属结构油液油脂环保与健康监测技术

技术来源

其他来源。

技术简介

该技术是专门为水利工程开发的专用食品级油液油脂及健康监测技术。油液油脂采用美国FDA认可的食品级稠化剂，所用的基础油和添加剂等均属于食品级。油液油脂健康监测技术是通过研发制造出一个集全部参数采集、数据通信、数据分析处理的系统，同时对油液油脂进行健康度分析。在水源地、引水工程等水利工程中通过采用油脂油液环保与健康监测技术，可有效避免油液油脂导致的水源污染和安全危害，保证水质安全。该技术研究成果已在依托工程中成功应用，在提高饮用水质安全、保障设备安全运行上有创新性突破，显著降低了对水源的污染。

技术指标

（1）具有高低温特性、抗水性、防锈性以及防护性能，通过理化性能、盐雾实验、重金属检测、毒理学、涉水试验等测试。

（2）可以有效减少设备出现重大质量问题的概率，并且一旦出现问题，可以及时预警，提前采取相应措施，解决问题。

（3）减少备件存量，降低维修改造的人工费用。

应用范围及前景

适用于水利水电工程启闭机、闸门、阀门、泵站和清污机等水工金属结构用环保型油液油脂及健康监测。

紧密结合推动新阶段水利高质量发展需求加大力度开发水工金属结构用环保型油液油脂及健康监测技术，改进制造工艺，降低运维成本，加大推广力度和范围，为加快水环境治理和水生态文明建设提供技术支持。并为南水北调、引汉济渭、滇中引水等重点工程金属结构设备安全运行提供技术支撑和产品服务，为精细化管理提供必要的技术手段，具有广阔的推广应用前景。

持有单位：水利部水工金属结构质量检验测试中心
单位地址：河南省郑州市惠济区迎宾路34号
联 系 人：方超群
联系方式：15838161519
E-mail：fangchaoqun@163.com

88 饮用水水源地智慧监管方法及装置

技术来源

省部计划。

技术简介

该技术通过利用基于深度学习的目标检测算法，对卫星遥感影像或飞行器航拍影像信息数据进行图像理解，提取和识别地表饮用水源保护区内的植被、水体、构筑物、人为活动等地物信息，实现水源地潜在风险源初筛。该技术采用人机交互模式对潜在风险源设定自动巡航取证线路，搭载取证挂载装置的飞行器根据指定航线获取高精度影像后实时传输至分析系统，利用判断算法模型智能判定风险源类型及风险等级，构建集成风险源宏观判别与自动巡航精细化分析的饮用水水源地智慧监管体系。该技术可定期自动更新数据，形成风险源动态管控台账，为水利、环保、卫健等供水水源监管部门提供技术支撑。

技术指标

（1）重合度：水源地保护区潜在风险源判定的图斑边界与人工现场判别的图斑边界重合率高于90%。

（2）正确率：以人工现场判别的结果为基准，水源地保护区潜在风险源区域判定正确率达到95%。

（3）效率：完成更新一处饮用水水源地风险源管控台账时间小于1d。

（4）安全性：项目运行流程相对封闭，输入输出信息全过程备份。

（5）装置性能：配置飞行器具备专用挂载结构接口；飞行器悬停精度水平方向±1m，垂直方向±0.2m，最大上升速度2.5m/s，最大下降速度1.5m/s，最大水平飞行速度40km/h；影像传感器镜头光圈F2.8，定焦93%，1200万像素，ISO（感光度）范围100～3200，拍摄模式MOV/JPG；通信蓝牙+Wi-Fi+2.4GHz无线数据传输；机载内存64GB；待机时间1.5h；机身底部红外传感器避障。

应用范围及前景

适用于地表型饮用水水源地日常监管，可为监管部门后续进行问题认定、执法整改等工作提供技术支撑。

该技术与传统水源地监管手段相比更高效、全面、精确，可大幅减少人力成本、显著提高水源地监管效能，不仅可应用于水利部门行业监管，在环保、卫健等多个有饮用水水源监管职能的部门也具有广泛应用前景。

随着技术不断发展，相关设备成本不断降低，数据分析算法越来越成熟，该技术的推广应用将更加普及。随着水利数字孪生平台搭建，还可将该项技术整合到数字孪生模型中，实现水源地全方位监管，形成更精细、更全面、更高效的管理体系。

持有单位：水利部珠江水利委员会水文局
单位地址：广东省广州市天河区天寿路珠江水利大厦
联 系 人：张舒
联系方式：13360565825
E-mail：2506695858@qq.com

89 河湖生态流量核算-保障-评估全过程管理技术

技术来源

国家计划。

技术简介

该技术针对新时期我国河湖生态流量确定与保障的需求，综合运用水文学、生态学、地理信息系统等多学科交叉理论，构建了基于生态水文空间分异特征的河湖生态流量“基础台账-问题识别-目标核算-调度保障-评估考核”全过程技术体系。

构建了全国尺度“自然地理-水文水资源-水生态-水工程”全要素的河湖生态流量基础台账，完成了全国尺度的河湖生态流量动态演变规律解析，完善了河湖生态流量指标体系及其要求，提出了与我国生态流量管理需求相适应的河湖生态流量分区体系。建立了涵盖科学计算、均衡协调、综合确定的河湖生态流量核算方法，明确了全国不同分区不同类型河湖生态流量目标推荐阈值体系，建立了“断面-水系-流域”不同层次河湖生态用水配置模型。研发了全国重点河湖生态流量监测预警与调控保障系统，实现了生态流量保障的日检测、月报告；提出了基于多种评价方法对比寻优的生态流量考核评价“优良-合格-不达标”三级考评体系；建立了根据水资源管理权限划分重点河湖生态流量保障权责体系。

该技术解决了河湖生态流量理论研究基础零散、科研成果与实践应用需求脱节等问题，统一规范了生态流量理论体系，推动相关研究成果的转移转化水平。

技术指标

（1）采用“自上而下”划分与“自下而上”聚合相统筹的方法提出了包括东北寒区、黄淮海半湿润区、东部湿润区、青藏高原区西北内陆区等河湖生态流量分区体系和分类体系。

（2）从河湖空间分布、河流类型、水资源开发利用程度等多维度提出河流生态流量不同指标确定推荐阈值体系，并明确了基本、目标生态流量设计保证率不小于75%和50%。

（3）建立了不同时间尺度要求的基于设计保障率的生态流量考核评估“优良-合格-不达标”三级考评体系，及以流域为单元基于上下游断面的拓扑关系的生态流量保障权责确定方法。

（4）相关技术指标具有覆盖范围广泛、通用性强、可操作性强的特点。

应用范围及前景

适用于全国不同分区不同等级河湖的生态流量目标确定、监测预警、调度管控、保障评估、考核定责等。

该项技术已开展广泛应用实践，技术成熟性和适用性强，产生了重大的社会、经济和生态环境效益，具有较强的示范推动作用和广阔的推广应用前景。

持有单位：水利部水利水电规划设计总院、中国水利水电科学研究院
联 系 人：邢子强
单位地址：北京市西城区六铺炕北小街2-1号
联系方式：15911065364
E-mail：xingziqiang@giwp.org.cn

90 基于河湖复苏的河流生态需水核算及区域水资源优化配置技术

技术来源

其他来源。

技术简介

该技术针对北方河流天然水资源衰减引发河流生态系统退化的问题，按照“天然水资源条件解析-生态需水精细化核算-多水源优化配置”的思路，提出基于河湖复苏的河流生态需水核算及区域水资源优化配置技术。

技术指标

（1）实现了基于物理机制的流域尺度长系列天然径流过程的还原模拟。

（2）提出了满足河流廊道恢复目标的生态流量计算方法。

（3）构建了基于区域用水公平、河流生态效益、水流补偿收益为目标的水资源配置模型，实现了上下游区域间效益的最大化。

应用范围及前景

该技术适用于河流生态需水核算及区域水资源优化配置。

该技术是近年来河流生态环境保护和修复的新方向，也是新时期复苏河湖生态环境的重要方向，可应用于河流廊道生态水量核算与区域水资源优化配置，应用前景广阔。

持有单位：水利部海河水利委员会水资源保护科学研究所
单位地址：北京市海淀区玉渊潭南路1号
联 系 人：缪萍萍
联系方式：15822013205
E-mail：317814138@qq.com

91 河湖生态流量监管关键技术

技术来源

其他来源。

技术简介

该技术采用组态化设计，研发业务规则库及可更新和可管理的可视化组件，构建了专题应用场景，实现了生态流量的监测预警及响应处置功能，并利用微信及时将预警及其关联信息推送至一线人员，每月定期自动生成生态流量保障目标落实情况的通报，监督考核跨省河流省界断面、重要控制断面的生态流量达标情况。具有较强的通用性和扩展性，实现桌面端到移动端的同步应用。该技术提升了河湖生态流量保障能力，推进河道生态廊道功能的维持与改善。

技术指标

（1）构建生态流量监管业务规则库，及时预判发现生态流量未达标的断面，实现预警的响应处置。

（2）研发生态流量监管平台，基于L1、L2级数据底板，构建生态流量监管应用场景，实现监测预警、响应处置、考核通报等可视化应用，自动生成考核通报，提升生态流量保障能力。

（3）研发生态流量预警微信推送功能，及时将预警信息传达至一线人员。

（4）利用Web与即时通信相结合，实现桌面端到移动端应用的“一数一源”，保障数据的同根同源、同步更新，提升数据效力。

应用范围及前景

适用于流域、区域重要河湖生态流量水量保障工作，应用单位包括流域机构、各级政府水管单位等。

该技术按照水资管〔2020〕67号文件要求，以落实保障措施、完善监管体系为目标，提早发现未达标断面、快速采取响应措施，及时掌握生态流量保障目标落实情况，具有很强的实用性。未来继续研发水资源数字孪生技术，将河湖生态流量保障目标作为刚性约束，支撑保障措施的进一步落实，提升预报、预警能力，针对可能发生的突发事件进行模拟预演，实现多方案比选，提高应急响应能力。将水电站、取水口等工程纳入监管体系，统筹“三生”用水需求，支撑水量调度方案的科学编制。

该技术于2020年在黄河流域生态流量监管工作中应用，经历3年实践检验不断升级完善，形成可推广的成熟应用。该技术可推广至流域机构、各级政府水管单位、水库枢纽管理单位等，严控河湖水资源开发强度，严控控制性工程下泄流量，促进河湖健康发展。

持有单位：黄河水利委员会信息中心、河南黄河信息技术有限公司、黄河水利委员会移民局
联 系 人：刘鹏
单位地址：河南省郑州市金水区城东路112号
联系方式：13613864126、0371-66022514
E-mail：liupeng@yrcc.gov.cn

92 河湖生态流量监测分析评价系统

技术来源

省部计划。

技术简介

该系统从全国重点河湖生态流量监测预警管理的需求角度出发，依据水利部批复确定的主要跨省河湖生态流量目标，采用水位、流量等实时监测水文数据和整编汇交水文数据摸清主要跨省河湖生态流量保障情况，制定重点河湖控制断面的调度、监测、预警方案，能够有效支撑目前生态流量监管在评估、监测、考核、保障等方面的工作，落实水利部生态流量管控工作部署。

该系统主要功能包括监测数据整理汇交、生态流量分析评价和预警保障三大模块，可以自动化智能化统计分析年月报表，便于管理层决策，基本实现了全国重点河湖生态流量监测分析评价工作智能化。在长江流域，率先实现河湖生态流量监测分析评价系统与流域重点河湖监测断面实时水文监测数据的连接，有效支撑了重点河湖控制断面生态流量监测分析预警实时化。

技术指标

（1）系统实现了数据报送、任务管理、信息维护、分析评价、预警保障等与过程质量控制人机交互智能化、一体化，为全国河湖生态流量监测分析预警工作提供可靠、规范、高效的技术支撑。

（2）该平台为一个基于 B/S 结构的大型专业化信息系统，平台客户端的硬件平台适用于普通微机，Windows 操作系统，普通商用工作站可担任服务器。

（3）系统通过了第三方测试。经湖北华仲软件测评服务有限公司验收测试，平台整体通过功能性、容错性、易用性和可移植性测试。

应用范围及前景

适用于水利部推动（拟推动）的跨省（自治区、直辖市）河湖目标控制断面生态流量的智能化监测分析评价及实时预警工作。

该技术可应用于全国各流域重点河湖目标控制断面生态流量的智能化监测分析评价工作，应用该技术 3 年以来，全国七大流域机构以及各省（自治区、直辖市）水文局按照水利部要求，采用该系统填报水文监测数据，开展流域、省（自治区、直辖市）生态流量监测分析预警工作。“十四五”期间，水利部拟推动跨地市级江河流域生态流量管控断面监测分析预警工作，该系统提供了手段和典型范例，应用范围广、通用性强，推广应用前景广阔。

持有单位：长江水利委员会水文局
单位地址：湖北省武汉市解放大道 1863 号
联 系 人：陈玺
联系方式：18627726216、027－82829843
E－mail：951514815@qq.com

93 北方城市河湖生态流量保障关键技术

技术来源

国家计划。

技术简介

我国北方城市降水普遍较少，城市河湖难以靠自身产水形成持续的生态水量，大部分城市河湖需要进行生态补水维持景观水面。保障城市河湖生态流量需要解决两大痛点：一是精准确定城市河湖的生态需水量，既要满足城市河湖生态功能，又要节约水量提高保障能力；二是要保障水质良好，城市河湖与市民伴生共存，对水质要求高于市外河道。该技术基于城市河湖水循环原理，提出分段链式城市河湖生态补水确定关键技术体系，一方面基于GIS地理信息系统构建城市河湖拓扑关系，分段确定河湖生态需水量，并采用链式衔接方式，考虑水体的流动，通过水力公式精准确定城市河湖生态水量；另一方面根据城市气候、水源水质确定补水适宜流速，避免发生蓝藻等污染事件，并合理设置泵站，实现循环用水、一水多用，同时保障水量和水质达标。

技术指标

（1）该技术通过城市河湖拓扑关系对河湖进行分段，确定的生态补水量较原调度规则，生态补水量平均减少了11%，确定的流速适宜，未发生蓝藻现象，并且增加泵站循环水体后，水草等阻水水生植物明显减少。

（2）该技术配套研发了软件系统，基于高分遥感影像技术和QGIS地理信息系统，用户可根据河底高程自动或手动设置汇流关系，采用水力学方法分段计算流速下的河湖生态补水量。

（3）迭代计算，一般城市模拟计算时间不超过1h。

（4）软件为模块化组装，可根据实际需求修改相应代码，操作简单、鲁棒性强。

应用范围及前景

适用于我国北方降雨量小于500mm城市，包括新疆、青海、宁夏、甘肃、陕西、内蒙古、河北等省份均可推广。

该技术可以有效核定城市河湖生态流量，被海河水利委员会应用于统筹协调流域生活、生产、生态用水相关工作。该技术契合国家生态战略、面向地方具体需求、解决民生关心问题，技术发展引领前沿，推广应用前景广阔。

持有单位：水利部节约用水促进中心、中国水利水电科学研究院
单位地址：北京市海淀区玉渊潭南路3号D座
联 系 人：姜珊
联系方式：15011222379、010－68781360
E－mail：jiangs@iwhr.com

94 滨海地下水污染防控关键技术

技术来源

国家计划。

技术简介

该成果针对山东滨海地下水污染问题，开展了防控机理、海水入侵生态防控关键技术、地下水硝酸盐污染原位去除关键技术和滨海地下水分层止水与多层位监测技术研究，形成了集防控机理、关键技术、示范应用、动态监测等环节于一体的滨海地下水污染防控关键技术体系，对于提升滨海地区水安全保障水平，改善水生态环境，促进区域协调发展具有十分重要的意义，也为同类地区地下水污染防控、超采区治理、地下水监测等多领域工作提供了有益借鉴。技术特点：一是在滨海地下水污染防控机理研究的基础上，改进提出了径流调节型地下水库闸门井控制系统，提出了统筹“上游水库调度-中游河道拦蓄-下游淡水湿地-地下坝体联合防治”的创新理念。二是研发了井-桩相间的可渗透反应井墙（PRWB）技术，将地下水污染物原位去除技术应用范围从浅层地下水拓展至埋深较大的深层地下水。三是研发了二重井原位去除技术，有效延长了污染水体在修复材料中的渗流路径与停留时间，提高了去除效率；同时还提出了工程膨胀剂分层止水、深层承压水减压分层止水等多项技术。

技术指标

（1）提出了柔性与刚性措施相结合的防控思路和布局方案，形成了梯级综合防控集成技术体系。

（2）可渗透反应井墙（PRWB）技术将地下水污染物原位去除技术应用范围从浅层地下水拓展至埋深较大的深层地下水，去除深度增加至100m以上。

（3）地下水硝酸盐污染物去除率达到90%以上，硝酸盐氮浓度降低至20mg/L以下。

应用范围及前景

在水资源保护、地下水资源管理、地下水污染防控、海水入侵防治、水安全保障等方面进行推广应用。

该技术针对滨海地下水污染防控技术难题，聚焦海水入侵、地下水硝酸盐污染问题，今后随着自动化技术的进一步发展，地下坝闸门井可根据坝体上下游水位差实现自动化控制管理。随着氮在水体中转化问题研究的不断深入，硝酸盐去除材料将得到进一步开发，涵盖源头防控、过程治理、污染修复等全过程，极大地提高了地下水污染治理效果，为进一步保障滨海区供水安全提供有力技术支撑。该技术成果在烟台市、潍坊市、威海市等进行了有效应用，建立示范工程6处，应用前景广阔。

持有单位：山东省水利科学研究院
单位地址：山东省济南市历下区历山路125号
联 系 人：陈学群
联系方式：13583112043、0531-55765801
E-mail：cxq1115@126.com

95 湖（库）突发水污染事故快速模拟技术

技术来源

国家计划。

技术简介

该技术基于Godunov型有限体积方法分别构建河湖（库）平面二维水动力数学模型和污染物对流扩散数学模型，耦合高精度水动力数学模型实现对易溶于水污染物输移扩散过程的准确模拟；采用拉格朗日粒子追踪方法构建“油粒子”模型，实现对难溶于水（溢油）污染物随流迁移扩散的准确模拟；研发OpenMP和GPU并行技术大幅提高模型计算速度和效率，实现突发水污染事故污染物输移扩散过程模拟仿真预演。

技术指标

（1）该技术算法在空间和时间上均达到二阶精度，河湖（库）水位模拟绝对误差＜0.06m，流量模拟相对误差＜5%，易溶于水污染物模拟相对误差＜20%，油膜面积模拟相对误差＜4%，油膜厚度模拟相对误差＜3%。

（2）突发水污染事故模拟：例如2021年11月丹江口水库入库支流老灌河发生锑污染事故，利用该技术模拟的丹江口库区曹湾、马蹬、八仙洞、大观苑、兰沟、宋岗码头、杜湾、北坡和陶岔等采样点浓度与实测浓度相对误差在20%以内。

应用范围及前景

适用于河流、湖泊和水库突发水污染事故应急处置和水质安全管理工作。

随着我国工业化和城镇化进程的加快，河湖（库）周边新增众多的大中型化工企业，部分河湖（库）船舶数量和船舶运力上都有了大幅度提高，发生突发性水污染事故的概率与日俱增。该技术具备模拟指标多、计算精度高和速度快等特点，可以为流域机构和地方水行政主管部门开展突发水污染事故应急处置提供技术支撑；该技术在河流、湖泊和水库突发水污染事故应急处置和水质安全管理工作中具有广阔的应用前景。

持有单位：长江水资源保护科学研究所、南水北调中线水源有限责任公司
单位地址：湖北省武汉市汉阳区琴台大道515号
联 系 人：徐建锋
联系方式：13212724762、027-84872078
E-mail：584870687@qq.com

96 构建河道堤岸生态修复系统关键技术

技术来源

国家计划。

技术简介

该技术从河道淤泥的资源化处理出发，提出内源污染削减与外源污染控制相结合、底泥原位快速脱水固化技术、底泥构建生态护坡和生态浮岛技术，四者相互联系结合形成系统的河道堤岸生态系统修复技术体系。水质治理剂生物友好，将水中污染物稳定化无害化转化的同时，沉淀于底泥中，并通过生态清淤控制水体的内源污染问题；开发一系列淋洗剂、脱水剂、固化剂、土壤改良剂，将资源化的固废应用于生态岸坡的构建，保持了生态的连续性；生态边坡和生态浮岛的植被又能有效地对地表径流微污染水质进行截留净化等作用。

技术指标

（1）新型友好水处理技术使河道水体中微生物和有机物的去除率达到85%和96%，使河道水体中重金属去除率达到80%。

（2）淤泥快速减量化技术使淤泥固化土 3d 抗压强度相对于传统硅酸盐水泥固结土提高286.5%，淤泥高效稳定化技术使受污染的淤泥中重金属浸出率下降 80.4%～99.9%，淤泥中微生物总量降低了 86.4%，经淤泥土壤化技术处置后的废弃淤泥使植物发芽率提升了 13%，株高增加了 3.5cm。

（3）新型渠道复合防渗、抗污材料的阻渗性能达到 2.95×10^{-11} cm/s。

（4）在同等条件下相较于其他生态土质护坡，新型淤泥质护坡稳定性边坡稳定安全系数为3.567，提高了 1.19 倍。

应用范围及前景

适用于河湖整治、水环境与水生态领域，尤其涉及河道堤岸生态修复系统的构建技术。

未来将进一步研究河道岸堤生态修复相关性能改善的机理，并形成更完善的边坡生态安全风险评估体系。将各种研究应用到构建生态边坡中，实现河道内源污染控制，河道水质提升，边坡面源污染控制以及生态岸线修复。该技术开发出了符合我国城市河流污染特征、经济、科学系统的水体净化及生态修复技术，有效解决底泥处置与土地利用及河湖生态环境要求的矛盾，对江河湖泊、水库、城市河道以及湖滨带的生态修复具有较强的应用前景。

持有单位：河海大学、广东大禹水利建设有限公司
单位地址：江苏省南京市鼓楼区西康路 1 号
联 系 人：高鹏
联系方式：15195950153、025－83786331
E－mail：kyc@hhu.edu.cn

97 河流廊道立体式自然化生态修复技术工具箱

技术来源

国家计划。

技术简介

在河流生态系统结构功能整体性概念模型和三流四维连通性模型理论基础上，遵循生态系统自设计、自修复原则、生态系统完整性原则、自然化原则，以构建具有蜿蜒地貌形态的自然平原河流廊道为主线，包括河流纵向、横向、垂向的河流生态修复三维措施体系，形成“河流廊道全覆盖、纵向-横向-垂向三维立体式”成套技术。主要技术内容包括河流生态廊道平面形态布局与适宜宽度确定技术、土工材料复合生态护岸技术、植生式挡土墙生态护岸技术、硬化河床基质条件重构技术、仿生式多组合生态净水堰技术和多单元岸坡型湿地水质净化系统等。

技术指标

（1）削减率。高效多单元岸坡型湿地水质净化系统、仿生式多组合生态净水堰技术可将水体水质 NH_3-N 等浓度下降 20%左右，总磷浓度下降 40%左右。

（2）稳定性。生态护岸技术有助于提升岸坡浅层土体的凝聚力、抗剪强度，提高岸坡整体稳定性，生态岸坡与素土岸坡相比，其稳定安全系数最高可提升 7.87%。

（3）渗透系数。通过重构底质减渗层，渗透系数达到 1×10^{-6}cm/s。

应用范围及前景

适用于由于人类活动引起中小河流渠道化、河流水系阻隔等问题需要进行生态修复的中小河流。

基于生态水工学理论方法，遵循“协调发展、生态完整、顺应自然、适度引导”的原则，在充分发挥生态系统自修复功能基础上，在河流地貌形态、岸坡防护、水质净化及生态文化景观等方面采取适宜的工程措施，提升河湖系生态系统质量和稳定性，同时使已经人工化、渠道化的河流廊道恢复原有的自然特征。该技术在生态水网建设、河湖生态复苏、中小河流治理和健康美丽河湖建设中具有重要的推广应用前景。

持有单位：中国水利水电科学研究院
单位地址：北京市复兴路甲 1 号
联 系 人：张晶
联系方式：13520421291、010－68781880
E－mail：zhangjing@iwhr.com

98 大型水库次级支流沿岸带栖息地生境修复技术

技术来源

其他来源。

技术简介

该技术针对大型水库次级支流在人类活动干扰下沿岸带栖息地生境简化和均质化，导致河库生态系统退化、生物多样性降低问题，在河流近岸带通过流态调整，漫滩、深潭和沙洲生境恢复，底质改造，植被恢复等措施，营造鱼类产卵场，基于鱼类繁衍、栖息需求，建设具备空腔结构、近水壁面有开孔的鱼巢式生态护岸，构建多孔、通透的物理生境，同时针对传统硬质护岸实施生态化改造，诱导支流利用其自我恢复能力，还原河流健康自然的生态环境。

技术指标

（1）实施修复河段栖息地综合指数提升1个等级。

（2）河岸结构稳定性指标：植被覆盖度≥80%，岸坡稳定性达到A（稳定）。

（3）生态健康性指标：栖境复杂度增加1个等级，种群生物量增加≥10%、物种多样性指数增加≥10%，污染防控能力有所增加。

应用范围及前景

适用于大型水库次级治理岸线环境综合治理、生态功能恢复。

在社会认可方面，其目标是促进河库生态过程的自我维持和水体、沿岸带、沿岸带毗邻高地之间的有机联系，具备美观、环保、和谐的生态工程更易被民众认可；在技术优势方面，弥补了传统岸线环境整治技术对生态系统造成胁迫以及对鱼类等水生生物保护力度不足的缺陷，改善了入库支流生境多样性，具备较好的生态效益。在水生态文明日益受到重视的当下，集岸坡稳定、生态等功能于一体的支流沿岸带栖息地生境修复技术具有广阔的应用前景。

持有单位：水利部中国科学院水工程生态研究所
联 系 人：张原圆
单位地址：湖北省武汉市洪山区雄楚大街578号
联系方式：15327197228、027-82927823
E-mail：54231622@qq.com

99 无栽培基质的混凝土植被生态护坡技术

技术来源

其他来源。

技术简介

该技术克服生态混凝土强度与连通孔隙率均衡的矛盾，通过特殊的植物配套栽培管理技术将植物直接种植在无土覆盖的生态混凝土上，植物根系穿透生态混凝土并扎根于混凝土下层土壤，实现植物与生态混凝土的一体化建植，最终实现植物长期持续生长与边坡防护的双重功能。技术特点：一是构建建筑材料与植物材料穿透融合型一体化的技术体系，实现了生态混凝土设计、制作工艺与植物设计、种植技术的集成。二是筛选了适生生态混凝土的耐水淹、耐干旱、耐瘠薄等植物，满足了不同应用需求对植物多样性的要求。三是创新了水域消落带生态治理技术，有效解决了建筑固坡与植被建植融合的技术难点。

技术指标

（1）抗压强度：≥15MPa。

（2）抗折强度：≥5MPa。

（3）透水系数：≥1cm/s。

（4）连通孔隙率：≥25%。

（5）抗冲流速：≤30m/s。

（6）饱和冻融循环：冻融循环50次后质量损失≤5%。

应用范围及前景

适用于消落带、道路边坡、山体切坡等边坡的生态修复治理；河流、湖泊护岸的构筑；停车场、大型广场等。

无栽培基质的混凝土植被生态护坡技术突破传统生态混凝土植物种植依赖栽培基质的瓶颈，实现了生态混凝土的无栽培基质绿化，具有广阔的应用前景。

持有单位：中国科学院武汉植物园
单位地址：湖北武汉市东湖新技术开发区九峰一路201号
联 系 人：刘宏涛
联系方式：13986103776
E-mail：lhongtao@wbgcas.cn

100 生态防护工程一体化关键技术

技术来源

其他来源。

技术简介

该技术主要包括性能优良混凝土配合比技术、高效成熟的降碱技术及植生技术。以一定厚度的抗冻植被混凝土为骨架，混凝土板上层覆盖土层，铺设草皮，根系穿过混凝土板，扎入下层土壤，使植被、混凝土板及下层土连为整体，从而起到固土护坡的作用。该技术在空间上以正常蓄水位为界，水上部分由抗冻植被混凝土层及植被层组成岸坡基本防护，水下部分由钢丝绳网兜抛石组成基础护底，构成混凝土、生态植被、坡脚护底、水体及鱼虾组成的立体生态体系，既具备混凝土浆砌石边坡安全防护，又具备植被护坡的生态绿色效果。

技术指标

（1）抗冻植被混凝土抗压强度 10MPa，透水系数 22mm/s，抗冻等级指标达到 F200。

（2）采用复合降碱溶液降碱后，混凝土孔隙液 pH 值稳定在 8.2～8.5，适宜于植被生长。

（3）选育了适于抗冻植被混凝土护坡的植被种类，并经工程应用，植被生长良好。植被混凝土植被生长 1 月后，植被覆盖率 95%以上；降雨纵向无冲沟冲刷，抗河流侧向水流冲刷流速 2m/s。

应用范围及前景

适用于河道、湖泊、渠道及水库边坡护坡，亦可应用公路、桥梁及城市绿化边坡护砌等工程。

生态防护工程一体化依托抗冻植被混凝土技术，体系创新性强，技术成熟先进，市场需求前景广阔，单位面积工程造价较普通混凝土和砌石护坡造价基本持平，具备产业化和快速推广能力，推广后可产生较大的经济效益和生态效益，为生态水利保护治理，河道、湖泊、渠道及水库边坡，公路、桥梁及城市绿化边坡防护等工程应用提供科技支撑。

持有单位：山东沂沭河水利工程有限公司、山东农业大学
单位地址：山东省临沂市金坛路 4 号
联 系 人：魏绪武
联系方式：15588196998
E-mail：79972613@qq.com

101 数字孪生水库水质安全模型平台与“四预”关键技术

技术来源

省部计划。

技术简介

该技术研发了水库三维水动力水质模型，采用基于Sigma/Z坐标模型的新垂直分层方法，集成了2.5阶紊流模型，结合水库磷等关键污染物迁移转化机理及水温对污染降解的影响，改进水质模型反应动力学模块，可有效模拟河道-水库急缓流交替、坝前深水区垂向流等复杂流场及其影响下的污染扩散演进、吸附沉降、界面交换等过程。通过接入实时水文水质监测数据，可在线模拟库区水体污染浓度场时空推进过程，研发具有水质监测分析、在线推演、预警分析、态势预演、预案管理的水质“四预”体系，实现库区水质“回溯历史、展示当下、预见未来”。该技术实现实时数据接入、模型自动调用与在线推演、预测预警分析等多业务协同，掌握水库全域水质变化趋势，实现库区总氮、总磷等关键指标浓度场三维动态模拟及滚动预测预警，并提供突发污染情景设置，实现库区和入库支流任意位置突发污染场景快速模拟，辅助制定针对性的应对方案。

技术指标

（1）水动力模拟精度平均相对误差＜5％。

（2）典型常规水质指标的模拟精度平均相对误差＜20％。

（3）水动力水质机理模型在5min内完成8万个计算单元、6个模拟参数（水位、流速、总磷、总氮、高锰酸盐指数、氨氮）的库区水动力水质快速模拟。

（4）具有独立低耦合、高可配的模型驱动接口，支持水动力水质模型在线模拟演算。

应用范围及前景

适用于数字孪生水库水质“四预”建设及水库水源地供水水质安全保障。

该技术采用模块化设计、标准化建设，具有通用化程度高、可移植性强、运行维护成本低等特点，通过实时接入水文水质监测数据，自动调用高精度模型进行在线推演。根据不同工况，可灵活调整模型参数，实现水质安全管理由人工向智能转变，降低水质安全管理人工成本，提高水质安全精准化及智慧化管理水平，具有较好经济和社会效益，适用于国内类似水库水质数字孪生建设及水库水源地水质安全管理，推广应用前景良好。

持有单位：长江水利委员会长江科学院、南水北调中线水源有限责任公司
单位地址：湖北省武汉市江岸区黄浦大街23号长江科学院
联 系 人：曹慧群
联系方式：15927268812、027－82926680
E－mail：673844316@qq.com

102 非接触式高光谱水质监测技术

技术来源

其他来源。

技术简介

水体中物质组成和浓度差异影响着水体光谱吸收、散射及离水辐射信号和水面遥感反射比，不同水质参数和不同浓度的水体具备不同的光谱特征。该技术通过高分辨光谱成像技术制成的两个探测器，接收太阳辐射光谱及水体反射的太阳光谱，由此获得水面光谱遥感反射率。收集光谱时同步开展实验室人工检测（化学法）。使用 BP 神经网络/随机森林/高斯模型等 AI 智能算法对大量标注数据（遥感反射率数据集与人工检测数据集）进行学习训练，形成适用于该水域的高光谱水质反演算法。将算法植入设备，通过获取的反射率反演出相应区域水质参数浓度值，实现实时水质监测。支持算法自主训练、优化迭代，以不断提高监测精度及适应不同水域监测需求。解决了野外水质监测站建设及运维成本高、监测指标有限问题。

技术指标

（1）支持 400～1000nm 光谱波段；光谱分辨率 1nm。

（2）监测指标包括：叶绿素：1～500μg/L；浊度 TUR：1.2～500NTU；透明度：0.1～10m；悬浮物浓度：0.1～500mg/L；COD_{Mn}：0.5～20mg/L；总氮：0.2～10mg/L；总磷：0.04～1mg/L；氨氮：0.1～8mg/L；精度是半量程的 10%（可通过迭代优化反演算法不断提高精度）。

（3）具有 600 个光谱通道，可识别细微变化的水质指纹特征。

（4）内置 2TB GPU 算力，可实时原位处理大量光谱数据。

（5）具备秒级高频高效多指标监测能力，适用范围广、数据连续、趋势可靠；集成能力强，具备现场视频图像传输、水位监测等功能。

（6）支持 4G/5G 等多种通信方式。

应用范围及前景

适用于各类河道、湖泊、水库、池塘、海洋等水域关键水质参数的高频高效实时反演监测。

基于该技术正在研发面阵式和浸入式设备，可实现大面积水域及底层水体实时水质监测，便于全面了解河湖健康状况。基于光谱分析的原理，使用升级算法后的产品应用领域将会不断增加，例如植物的病虫害监测、海面浒苔的爆发预警等。

由该技术制成的水质监测仪属国产原创技术产品，高频高效多指标监测能力及低运行成本的优势具有良好的推广前景。随着反演算法的不断优化，监测精度不断提高，产品的适用性、普及率也将进一步提升，推广应用前景良好。

持有单位：杭州海康威视数字技术股份有限公司、太湖流域水文水资源监测中心（太湖流域水环境监测中心）

单位地址：浙江省杭州市滨江区阡陌路 555 号

联 系 人：钦照明

联系方式：18867120279、0571－88075998

E－mail：qinzhaoming@hikvision.com

103 城镇缓滞河湖多级水质提升关键技术

技术来源

国家计划。

技术简介

项目研发了河湖多级水质提升关键技术，主要包括三大核心技术：外源全流程截纳技术、水岸协同水质保障技术和水体强化净化技术。技术特点：一是从面源产排全过程出发，集成多项自主研发的污染截留技术，从结构、材料和单元组合改进传统灰色、绿色基础设施，构建了旱天雨天精准截流的外源全流程截纳技术。二是改变传统护岸设计方式，挖掘岸带横、纵向立体空间，研发了面源水体双源净化的水岸协同水质保障技术。三是利用低碳环保原料，研发了基于环境友好型净水剂和植物生态修复的环境友好型水体强化净化技术。

技术指标

(1) 外源全流程截纳技术：颗粒态污染物去除效率达85%以上，对主要污染物的去除率提升到60%～80%。

(2) 水岸协同水质保障技术：增氧潮汐流除臭技术对GSM的去除率超过20%；模块化梯级生态护岸建设成本降低15%以上。

(3) 水体强化净化技术：环境友好净化剂对有机污染物和磷去除率均达90%以上，铁碳纤维人工填料对水体中高锰酸盐指数、氨氮和总磷的去除率均达到60%以上；沉水植物存活率超过90%，透明度≥100cm。

(4) 同等治理效果下，可节省投资8%以上，运维费用可降低10%以上。

应用范围及前景

适用于城镇缓滞河湖多级水质维护、黑臭水体治理、水环境综合治理和生态修复。

该技术攻克了入河（湖）外源全天候截纳、治理技术装备多尺度协同应用、治理技术低成本长效运维等难题，在传统治理技术基础上实现了缓滞河湖多级水质保护和提升的技术突破。该技术与国家水生态文明建设要求高度契合，服务于国家发展战略，是国家政策支持的重点方向之一，随着水生态文明建设持续推进，市场需求量大，推广应用前景广阔。

持有单位：长江水利委员会长江科学院、河海大学、水利部水利水电规划设计总院、武汉长江科创科技发展有限公司
单位地址：湖北省武汉市江岸区黄浦大街289号
联 系 人：何淑芳
联系方式：13971573403、027-82926068
E-mail：He_shufang@126.com

104 黄河三角洲湿地水质改善高效复合絮凝材料

技术来源

其他来源。

技术简介

该技术是于黄河调水调沙期间对黄河三角洲湿地水体进行了取样和重金属检测，确定了铬、镉、COD、石油类为黄河三角洲湿地水体重点污染物。根据污染物特征，合成了聚丙烯酰胺基淀粉黄原酸钠（CSAX）-聚合硅酸铝铁（PSAF）-纳米 SiO_2 的复合絮凝材料。该技术充分展现有机高分子絮凝剂的吸附架桥、网捕卷扫能力，在降低成本的同时处理效果更佳，能够更好地适应不同的水质改良要求。该技术在去除重金属铬、镉、石油类、COD 等方面效果显著，成本经济且绿色环保，对水体自身生态平衡无恶性破坏，靶向污染物经絮凝后重力沉于底部，无对外扩散，可作为应对突发水体污染的战略储备物资。

技术指标

（1）对铬的最大去除率为 92.7%，最佳浓度为 10mg/L。

（2）对镉的最大去除率为 93.7%，最佳浓度为 15mg/L。

（3）对石油类的最大去除率为 95.59%，最佳浓度为 30mg/L。

（4）对 COD 的最大去除率为 98.5%，最佳浓度为 40mg/L。

（5）进行了复合絮凝剂和 PASiC 絮凝剂去除湿地水样矿化度的对比实验，表明复合絮凝剂的去除效果明显优于 PASiC 絮凝剂。复合絮凝剂对矿化度的最大去除率为 29.03%，最佳浓度为 10mg/L。

应用范围及前景

适用于湿地、河道、水库的水质改良，该复合絮凝材料可对重金属、石油类、COD 等常见水体污染物进行清理。

持有单位：山东乾元工程集团有限公司
单位地址：山东省东营市府前大街 83 号
联 系 人：宫晓东
联系方式：18654666664、0546－8322197
E－mail：247393723@qq. com

105 湖库富营养化精准评估与协同调控关键技术

技术来源

国家计划。

技术简介

该项技术针对湖库富营养化治理中科学定标难、水陆统筹弱、多目标兼容差的问题，采用理论分析、现场监测与室内实验、大数据分析与机理模型模拟等多种手段，开展了保障湖库生态安全的富营养化恢复路径识别、靶向精准施策、补水优化调控等技术研究。技术特点：一是提出了湖库富营养化恢复的路径和轨线模式，建立了一套湖库控藻水质目标适应性管理的技术方法，解决了变化环境下湖库富营养化调控中科学定标的难题。二是揭示了湖库生态安全的空间马尔科夫链风险因子迁移转化规律，系统构建了以湖库生态安全保障为目标的多要素全过程靶向治理识别技术，突破了复杂湖库流域生态安全保障精准治理的瓶颈。三是建立了量-质-生态耦合的跨流域多目标补水增容调控方法，破解了复杂湖库流域生态补水多目标兼容差的难题，实现了跨流域补水工程与湖库生态系统可持续发展的联控联调。

技术指标

（1）提出了湖库控藻的营养物目标评估技术，科学确定湖库营养物目标浓度。

（2）构建了流域营养物三级溯源技术，精准识别污染治理目标。

（3）研发了量质生多目标补水调控技术，高效优化补水工程运行。

应用范围及前景

适用于湖库生态安全保障、河湖生态环境复苏和区域水污染防治等工作。

该技术已在三峡水库、程海、太湖等湖库生态安全保障、河湖生态环境复苏和区域水污染防治中得到了广泛应用，推广应用前景广阔。

持有单位：中国水利水电科学研究院、中国环境科学研究院、水利部节约用水促进中心

单位地址：北京市复兴路甲1号

联 系 人：刘晓波

联系方式：13811120218、010－68781897

E－mail：xbliu@iwhr.com

106 基于深度学习智能图谱库的水华藻类快速监测预警技术

技术来源

国家计划。

技术简介

该技术由深度学习的属地化智能图谱库及水华藻类智能监测预警技术构成。智能图谱库采用深度学习技术构建国内各类水域属地化的藻类、浮游动物智能分析图谱库，并用野外样品不断提升深度学习精度和泛化能力；水华藻类智能监测预警技术由显微图像采集、基于图像的生物量计算模型、远程监测技术组成。该技术特征显著，突破常规沿用的人工采样、显微镜鉴定为主的传统水生态监测手段，将基于深度学习的智能分类图谱库、显微图像采集等前沿技术应用到水源地的藻类、浮游动物快速监测中，开展水华智能预警，实现了水生态监测的信息化和智能化。

技术指标

（1）基于深度学习的高效、属地化的藻类、浮游动物图谱库，开展浮游生物的快速智能监测分析。

（2）实时监测水华藻类密度、生物量、粒径分布，开展水华预警报警，搭建远程水生态智能监测体系。

（3）30min内完成人工藻类鉴定法2d的工作。

应用范围及前景

适用于江河库湖等各类水体中粒径大于5μm的常见水华藻类快速智能监测，水华藻类密度、生物量、粒径等重要生态数据快速分析。

水源地水华实时智能监测预警是绿色发展和长江大保护的重要问题，该技术推广将快速填补国内该领域技术空白，相关藻类水华实时智能监测设备在水利、水务、环保、科研等领域需求量大，按藻类智能监测技术与设备价格估算，预期经济效益相当可观，同时确保国家掌握该项绿色低碳产业的发展主导权，具有较大经济价值、社会价值和生态价值。

持有单位：水利部中国科学院水工程生态研究所
单位地址：湖北省武汉市雄楚大街578号
联 系 人：张原圆
联系方式：15327197228、027－82926587
E-mail：54231622@qq.com

107 城市河流低水位运行污染底泥修复技术

技术来源

其他来源。

技术简介

该技术针对城市河道底泥污染严重和水生态恢复困难的问题，通过改善河底光照强度、溶解氧、温度等环境条件，激活底泥中硝化-反硝化微生物的协同作用，促进了底泥中 C/N/S 污染物的去除，同时营造洲-滩-槽多元生境，构建完整食物链，恢复生物多样性，实现底泥自然修复和浅水型生态系统重构，解决了河涌“返黑返臭、久治不清、水生态不完整”和底泥难处理的问题。技术特点：一是低水位运行改善泥水界面的溶解氧、光照、温度等，实现了“硝化反硝化协同”修复底泥，促进碳氮硫污染物同步去除。二是污水处理厂尾水排放强化了低水位运行河涌的底泥修复效果，实现了尾水资源的变废为宝及有效利用。三是基于“先泥后水”模式，实现底泥由“源”到“汇”的转变，成为实现上覆水污染净化的“天然污水处理厂”。

技术指标

（1）河涌上游水位保持在 0.3～0.5m，下游保持在 0.5～1.0m，最高水位不超过雨水口。

（2）低水位运行 3 个月，底泥中 NH_4^+ - N、TN、还原性硫化物去除率分别＞80％、60％和 85％。

（3）上层底泥 ORP 由－180mV 提升至 40mV 以上，持续稳定地维持底泥好氧环境。

（4）尾水强化低水位处理后，30d 后底泥 AVS 去除率 73％，氨氮去除率 85％。

（5）低水位运行后，河涌水生植物和鱼虾恢复率分别为 90％和 60％以上，鸟类等回归，形成完整的食物链。

应用范围及前景

适用于具有生态基流、污水处理厂尾水补水且能够实现低水位运行的河道污染底泥的低碳修复。

该技术在低水位运行河涌修复方面具有重要的作用。成果已在广州市 100 多条河涌进行了推广应用。目前，该技术在山区性或者可实现低水位运行的河涌方面具有良好的应用效果，在后期河涌水生态系统自然恢复方面具有良好的推广应用前景。

持有单位：珠江水利委员会珠江水利科学研究院
单位地址：广东省广州市天河区天寿路 80 号珠江水利大厦
联 系 人：陈高峰
联系方式：15920179188、020－87117188
E-mail：zkykjc@163.com

108 河湖疏浚淤泥原位固化及资源化综合利用技术

技术来源

其他来源。

技术简介

该技术基于固化稳定化技术理论，将河湖疏浚淤泥原位固化及资源化综合利用，形成疏浚淤泥原位生态修复制备生态护岸、河湖滩涂原位固化、软土路基加固、管网沟槽流态固化土回填等成套技术。采用工程化手段、专业化设备以及原位搅拌处理成型工艺，将河道底泥吸入搅拌机并添加淤泥调理剂、靶向修复材料、淤泥固化剂，充分搅拌形成具有流动性的淤泥浆液，通过泵送浇筑入模成型或者应用水下不分散处理剂直接水下浇筑施工，制备河湖生态护岸结构体，满足护岸结构体抗冲刷性并兼顾生态护岸植生性，实现水陆之间物质、能量交换，具备涵养水源、净化水质的生态效益，最终实现河湖缓冲带生态修复与生态护岸近自然重构。

技术指标

（1）护岸结构设计时需考虑自身结构体强度、抗滑移性、抗侵蚀性等力学性能，重金属浸出毒性等化学指标，以及孔隙率、植生性等生态指标。

（2）研发利用工业废渣调配成的生态修复环保型淤泥固化剂，将清淤底泥原位搅拌施工并形成固化海绵土生态护岸，其28d无侧限抗压强度为2.5MPa，孔隙率25%，水稳系数>0.85，重金属浸出毒性符合GB 3838—2002《地表水环境质量标准》中Ⅲ类水质要求，抗流水冲刷≥2m/s。

（3）满足护岸结构体的相关标准要求，同时大幅降低清淤底泥污染物析出，多孔护坡兼具植生性，满足河道景观优化和生态环境恢复的功能。

应用范围及前景

适用于河湖流域综合治理及疏浚泥资源化制备生态护岸、滩涂及软土路基加固、管网沟槽回填等领域。

形成基于疏浚淤泥原位生态修复及资源化制备生态护岸的成套技术，实现以疏浚淤泥等固体废弃物为主要原材料的新型河湖生态护岸结构形式和技术体系并制订工程建设规范、定额。在上海市水务局“十四五”规划清洁小流域治理中得到了推广应用，有效解决城乡中小型河道疏浚淤泥处置消纳与资源化利用困难、处理成本高、岸坡坍塌水土流失严重、河床淤积、底泥重金属污染等难题，为实现疏浚淤泥低成本、高效率利用与流域水环境综合治理提供新的技术解决方案，具有较好的推广应用前景和市场潜力。

持有单位：堡森（上海）新材料科技有限公司
单位地址：上海市宝山区逸仙路3000号6号楼301
联 系 人：田旭
联系方式：17316586356、021-66760296
E-mail：tx10026@163.com

109 干泥法清淤整装成套技术（潜床袋式集泥器）

技术来源

国家计划。

技术简介

该技术根据水动力学及底泥沉积、分布规律，在河湖易淤积的地方布设集泥器，辅助刮泥器将底泥推送至集泥器中。集泥器中布设衬袋，进入集泥器中的底泥在重力作用下逐步固结，水分通过衬袋排出，降低了底泥的含水率，一般情况下底泥的含水率可以降低至60%。衬袋内的泥满后，将衬袋取出，实现了干泥法清淤。底泥在集泥器衬袋内通过原位重力沉降，实现了上岸淤泥含水率低，无须设置堆场进行脱水处理，也不需要进行尾水处理，减少对河湖基底的扰动破坏。技术特点：一是减少清淤中的环境影响。减少清淤工程的作业面积，避免对航运、旅游等功能的影响，减少清淤中因对底泥的扰动产生的二次污染。二是减少底泥处理处置成本。依靠重力浓缩，可以最大限度降低底泥的含水率；将原来短时间内需要处理完成的数万甚至上百万立方米的底泥，化整为零，极大地减少了底泥处置的压力，减少了后续的处置成本。三是减少清淤能耗。底泥自然沉积在集泥器中，无须使用清淤船等机械设备，大大降低了清淤中的设备能耗。四是减少对河湖基底的扰动破坏。该技术可以减少常规清淤工程中对基地的破坏或污染底泥清除不彻底的问题，为河湖生态复苏提供良好基底条件。

技术指标

（1）高精度淤泥分布测绘：精度>80%，误差小于3cm。

（2）套筒衬袋式集泥器：容量10t。

（3）倒簸箕刮泥器：单次刮泥量1m^3。

（4）清除淤泥含水率：<60%。

应用范围及前景

适合于无堆场、对尾水排放、底泥含水率及清淤扰动要求高的清淤工程。

干泥法清淤整装成套技术能够将传统工程化的清淤转化为日常河湖运维管养模式，将临时性的清淤设备转化为日常水利工程，符合“双碳”发展模式及水利设施智慧化运营的要求。能够解决传统河湖清淤技术和工程中存在的基底扰动大、二次污染严重、能耗高、底泥处置难等瓶颈问题，具有广阔的应用前景。

持有单位：河海大学、南京河海科技有限公司、无锡德林海环保科技股份有限公司
单位地址：江苏省南京市鼓楼区西康路1号
联 系 人：高鹏
联系方式：15195950153、025-83786331
E-mail：kyc@hhu.edu.cn

110 河湖淤泥高效脱水及资源化成套关键技术研究与应用

技术来源

其他来源。

技术简介

该技术以高效脱水固化药剂为核心，以隔膜式板框压滤机、双变频行星搅拌机为主机设备。河湖淤泥经环保清淤、分级分离、调节浓缩、均质均化、脱水固结等一系列过程，形成含水率≤40%的脱水泥饼，再根据应用需求加入不同的改良剂制成园林种植土、工程土或蒸压砌块，可应用于水环境综合治理项目或对外销售。该技术相比于河湖淤泥传统处理工艺，具有占地面积小、脱水效率高、减量化程度高、二次污染小、泥饼资源化程度高等优点。

技术指标

（1）单台套成套设备日处理能力：500m^3/d（含水率80%水下自然方淤泥）。

（2）单台套系统占地面积：5000m^2。

（3）单台套系统供电增容：300kVA。

（4）泥饼含水率：≤40%；出水尾水SS≤70mg/L。

（5）资源化工程土成品土质量优于CJJ 194—2013《城市道路路基设计规范》中次干路的限值要求。

（6）资源化种植土成品达到CJ/T 340—2016《绿化种植土壤》中主控指标要求；资源化砌块成品达到GB 28635—2012《混凝土路面砖》中要求。

应用范围及前景

适用于水环境综合治理项目或水利清淤疏浚项目中清淤淤泥的脱水固化稳定化以及脱水泥饼的资源化利用。该技术不仅能实现河湖淤泥的高效减量化和无害化，还能根据淤泥性质和市场情况，因地制宜地选择相应资源化利用路线，实现脱水泥饼的综合利用。

采用高浓度环保清淤技术，清理河湖污染底泥，为水质修复和改善提供了基础；淤泥高效脱水工艺，二次污染小，避免了淤泥堆场处置带来的施工现场形象差、占地面积大、臭气影响严重等不良环境影响；实现脱水泥饼的资源化再利用，大幅度节约了填埋费用，减少了填埋用地。全国各地尤其是沿海发达地区对淤泥高效脱水及资源化需求很大，河湖淤泥高效脱水及资源化成套关键技术社会前景广阔，市场体量较大。

持有单位：中建三局绿色产业投资有限公司
单位地址：湖北省武汉市经济技术开发区创业路7号
联 系 人：邱震寰
联系方式：13505530142
E-mail：qiuzhenhuan01@163.com

111 小型湖库及沉沙池环保高效水上清淤技术

技术来源

国家计划。

技术简介

该技术的基本原理是利用射流和有齿绞刀作为清淤底泥的起动外力，外设环保护罩作为防止底泥扩散装置，泥浆泵结合柔性管道作为输送动力与通道，岸边定位桩、平台上拖缆及GPS-RTK作为定位装置，淤积三维地形结合GPS定位作为清淤路线规划依据，排沙浓度监测、水下可视化反馈结合清淤前后地形自动复核作为清淤效果判定指标，可拼装式浮箱整合以上所有装置。清淤前，先将水下地形输入到自动化控制系统中，按照清淤要求将区域离散为单元清淤网格，设置平台移动路线及各单元清淤高程，之后通过控制系统即可控制平台水上自动定位、射流绞扰装置的上下移动和泥浆输送，实现自动化清淤作业。技术特点：将平台定位与自航路径规划、吸泥头射流与绞刀联合作业、清淤方量复核与在线监测等统一整合为自动化操作系统平台，增加了自动化控制组件，实现了水上平台自走式移动、水下吸泥头升降自动化作业及池底淤积物清淤工作状态的实时监测。实现了射流清淤和绞吸清淤的结合，可单独使用也可联合使用，装备制造及运行成本较低、安装移动灵活、自动化程度高，适合不同淤积泥沙特性和水下地形，特别适用于小型湖库及沉沙池的清淤作业。

技术指标

（1）排沙管道：管径100～1000mm；吸盘：直径1000～10000mm。

（2）水面工作平台：长为4～50m、宽为4～20m。

（3）水沙在线监测设备：监测管道流速、含沙量、水下地形等。

（4）适用湖库及沉沙池作用水头：3～100m。

（5）作业范围：水库坝前或河湖岸边20～20000m。

（6）清淤产能：50～1500m^3/h。

应用范围及前景

适用于淤积地形复杂、清淤区域小不利于大型设备开展、环保要求高不能有二次污染的小型湖库或沉沙池。根据全国小型湖库或沉沙池不同特性，设计多种型号的配套清淤装备。针对小型湖库或沉沙池，制定环保高效水上清淤实施技术的团体标准或行业标准，指导水上清淤工作。

我国建设有水库近10万座，其中90%以上的为中小型水库，而且很多湖库地处偏远或山区，大型清淤设备难以运输抵达且适用性差；黄河流域引黄灌区由于引水含沙量高，数百座沉沙池每年的清淤工作量也非常大，因此该项清淤技术推广应用前景广阔。

持有单位：黄河水利委员会黄河水利科学研究院
单位地址：河南省郑州市顺河路45号 450003
联 系 人：许龙飞
联系方式：13937182188、0371-66023988
E-mail：301097659@qq.com

112 基于图像解析的泥沙特征参数提取与分析技术

技术来源

省部计划。

技术简介

该技术采用高倍摄像与激光粒度仪结合使用的方法对泥沙及其携带污染物质特性进行分析，高倍摄像系统记录颗粒沉降过程，基于试验浓度的大小对光源位置便捷地进行调节，以实现最佳的观测效果，采用数字图像分析的手段对记录的图像进行解析，得到颗粒粒径、形状以及沉降速度等关键参数；激光粒度仪实时快捷获取水体中颗粒体积浓度和颗粒组成信息，观测泥沙颗粒级配。通过两种方式的结合，能够更加全面、连续、真实、准确地得到不同水文泥沙环境中的微颗粒粒径组成、形状和沉降特性。技术特点：一是综合高倍摄像的图像处理和激光粒度测量的优点，设备比较完善，工作效率高，成果更加准确。二是可以根据研究需要进行不同水动力和浓度的模拟试验，基于试验浓度的大小对光源位置便捷地进行调节，以实现最佳的观测效果。三是解决了目前在泥沙及其携带物质的观测分析中关键参数获取存在不足、效率较低且准确性不够的问题，以及在泥沙输运转移研究中对水动力条件考虑不足和受到颗粒浓度制约的问题。

技术指标

（1）通过图像解析能够获取的参数4个：颗粒面积、长轴、短轴、沉降速度。

（2）基于图像直接获取的参数，可以进一步计算得到的参数7个：当量直径、等效圆直径、圆度、椭圆离心率、分形维数、凸出度、有效密度。

（3）观测颗粒粒径范围：5μm～8mm。

（4）观测颗粒沉降速度范围：0.01～45mm/s。

（5）工作浓度范围：1～2000mg/L。

应用范围及前景

适用于泥沙及其携带重金属和污染物等的输运转移和沉降过程观测分析研究。

细颗粒泥沙絮凝一直是泥沙基本理论和运动规律研究的重点，也是河流工程泥沙研究中普遍面临的难点课题。特别是近年来，在人类活动的影响下，大量有机物随着工农业生产生活污废水进入河流、湖泊、水库及河口海岸等天然水体，并且与细颗粒泥沙之间会发生相互作用和影响。因此，利用本技术开展细颗粒泥沙及携带物质输运和沉降的基础研究是十分必要和迫切的，可进一步推广应用于其他水沙运动及水污染治理等相关技术研究，前景广阔。

持有单位：长江水利委员会长江科学院
单位地址：湖北省武汉市黄浦大街23号长江科学院
联 系 人：郭超
联系方式：15827361730、027-82927240
E-mail：603110642@qq.com

113 水利水电工程过鱼设施鱼类智能识别技术

技术来源

其他来源。

技术简介

该技术基于深度学习神经网络算法、水下图像采集技术等手段，研发了一种实时获取过鱼设施中鱼类通过数量和种类信息的监测方法，实现鱼道工程现场高浑浊度水体、高速游动状态下鱼类的细粒度动态识别。同时自主研发了与算法匹配的硬件设备，实现了水下视频图像与人工智能算法匹配。在此基础上开发了覆盖过鱼信息和水文、水质等多源监测数据的过鱼设施鱼类智能监测系统，实现多源数据智能耦合分析、统计、可视化展示、智能预警等功能，大幅提升了过鱼设施管理的便捷性和高效性。

技术指标

(1) 在浊度<100NTU时，鱼类种类智能识别和数量自动统计准确率大于90%。

(2) 实时采集并处理浑浊水体中的鱼类声学和光学图像，响应时间小于3s。

(3) 实时分析水文、水质等监测数据，智能评估过鱼效果。

应用范围及前景

适用于水利水电工程领域，如鱼道、集运鱼工程等，还可应用于水生态资源调查、水产养殖等领域。

成果已应用于水利水电鱼道工程的过鱼效果监测工作中。目前，该技术正在开展河流和库区断面鱼类资源监测方法研究，未来还可广泛应用于水生态资源调查、水产养殖监测等领域。

持有单位：中国水利水电科学研究院
单位地址：北京市海淀区复兴路甲1号
联 系 人：柳春娜
联系方式：15811043560、010-68781990
E-mail：liucn@iwhr.com

114 生物通道低坝过鱼技术

技术来源

其他来源。

技术简介

该技术通过测试不同种类的鱼类游泳能力指标，并测试水温、流速、运动疲劳、鱼鳍缺损等因素对鱼类游泳能力的影响，分析并计算得到便于动态调整的过鱼设施流速设计数据图，用“生存曲线”的方式精细化指导设计过鱼设施水流速度。

技术指标

（1）在进行过鱼设施流速设计时，考虑鱼类生态行为数据的个体差异性，基于不少于3种鱼类游泳能力指标（如鱼类感应流速、临界游泳速度、爆发游泳速度等），建立便于动态调整的过鱼设施流速设计数据图的技术方法，利用“生存曲线”的方式精细化指导设计过鱼设施水流速度。

（2）在获取鱼类感应流速、临界游泳速度、爆发游泳速度等游泳能力指标时，考虑不少于4种因素对鱼类行为的影响（如水温和流速等环境因素、运动疲劳和鱼鳍缺损等个体因素），并将其影响程度在过鱼设施水流速度设计中有所反映。

应用范围及前景

适用于全国各地低水头水利水电工程。成果已应用于大藤峡水利枢纽、霍口水库、马岭水库等多项国家重大水利工程的过鱼设施项目。

据水利发展统计公报的闸坝数据，我国有20余万个闸坝阻断了鱼类自由通行。目前我国仅约200座过鱼设施。《中华人民共和国长江保护法》《中华人民共和国水法》《中华人民共和国渔业法》均对水利水电工程配建过鱼设施做出了明确要求，随着生态保护形势日益趋严，99.9%的闸坝还需配建（补建）过鱼设施，目前市场仅开发0.1%，推广前景较大。

持有单位：水利部中国科学院水工程生态研究所
单位地址：湖北省武汉市雄楚大道578号
联 系 人：张原圆
联系方式：15327197228、027-82927823
E-mail：54231622@qq.com

115 水生生物智能化 PIT 射频芯片跟踪技术

技术来源

国家计划。

技术简介

该技术通过将微型的玻璃管 PIT 芯片植入生物体后进行放流，在其通过布设的特定天线线圈时，识别芯片编码，从而掌握其迁移运动的信息，达到跟踪监测的目标。该技术围绕水利工程过鱼设施过鱼效果监测评估及生物多样性保护需要，构建 PIT 射频芯片跟踪监测水生生物个体的系统，可以掌握到鱼类（水生生物）在鱼道中的游泳特性，如上溯时间、上溯速度、昼夜分布等。成果为跟踪鱼道中的鱼类提供了技术手段，可深入掌握鱼道的可通过性，也可作为其他小型水体水生生物标志跟踪监测的工具。解决了鱼类通过鱼道所需时间、不同种类上溯能力差异性比较、鱼道过鱼效果充分评估以及不可实时读取数据，且不可远程获得数据的问题。

技术指标

（1）工作频率为 134.2kHz，穿透性强，可应用于水下；工作电压 12V 或 220V。

（2）支持 FDX－B、EMID 及其他兼容 RFID 射频的芯片，符合 ISO 11784/85 国际标准协议。

（3）2mm×12mm 规格的玻璃管 PIT 芯片感应距离达 40cm，可应用国内大半部分鱼道监测。

（4）带存储模块、远程数据传输模块及蓝牙模块，可实时保存数据及通过蓝牙发送数据到手机终端 App，通过远程数据传输模块（物联网）可将数据远程发送。

（5）带显示模块（显示屏），实时显示检测的芯片编码。

（6）UART 通信接口，TTL 电平输出，操作简单，波特率 9600bit/s。

应用范围及前景

适用于水工程鱼道方案设计与优化、鱼道过鱼效果调查评估研究和小河及溪流的野外环境下水生生物跟踪监测。

可广泛应用于各规模水工程鱼道监测，目前该技术构建的系统已应用于国内 20 余座鱼道，其良好的性能已被广泛认可，具有推广应用前景。

持有单位：水利部珠江水利委员会水文局
单位地址：广东省广州市天河区天寿路 80 号
联 系 人：赵钰浩
联系方式：13247698647、020－85116338
E－mail：1157771977@qq.com

116 JS 牌 BW 型数字化一体式净水设备

技术来源

其他来源。

技术简介

该设备主要由梯形涡旋式反应絮凝区、斜管沉淀区、过滤区及加药消毒设备组成。原水在管道混合器内与混凝药剂充分混合后进入反应絮凝区在梯形涡旋式反应絮凝装置内通过不断改变水流的流态、流线及流速，使水中的胶体、杂质颗粒不断地凝聚变大，带有大颗粒矾花絮体的水进入斜管沉淀区，矾花通过斜管自然滑落至底部集泥区，清水通过出水槽经分水箱均匀流入过滤区，经石英砂过滤后的清水消毒后再流入清水池。设备排泥与反冲洗所产生的污水在回流装置内经过初沉后，上层清液自动回流至反应区重新净化，提高了水资源的利用率。技术特点：一是设备配套全套数字化自动监测控制系统，在线监测数据包括但不限于浊度、余氯、pH、温度、TDS、COD、溶解氧、氨氮、总磷、总氮等水质常规指标。二是配套药剂自动投加模块可通过浊度、余氯、水量等参数自动调节药剂的投加量。三是系统数据在上传后可通过电脑及手机 App 远程实时控制。

技术指标

（1）反应时间：15.0～25.0min；稳流区上升流速：<2.0mm/s。

（2）滤速：6.0～8.0m/h；冲洗强度：14～16L/(m^2·s)。

（3）冲洗时间：4.0～6.0min；最小进水水头：8.0m。

（4）原水浊度不大于 100NTU，经 JS 牌 BW 型数字化一体式净水设备处理后出水水质所测试指标均符合 GB 5749—2022《生活饮用水卫生标准》、《生活饮用水水质处理器卫生安全与功能评价规范——一般水质处理器》（2001）中的有关规定的要求。

（5）设备采用先进的数字化自控系统，可自动监测各项水质指标，并根据水质检测数据自动控制调节进水流量、加药量等来确保出水水质稳定。并配套数据远传功能，可进行远程实时操作。

应用范围及前景

适用于县（市）以下镇（乡）村的饮用水供水工程和城镇集中供水，工程原水为水库、山泉、溪流等水质的净化。

该设备结合农村水厂的实际管理运行情况，能够更好地为农村饮用水的卫生安全提供保障。

持有单位：绍兴金生水处理设备有限公司
单位地址：浙江省绍兴市上虞区东关街道凌江村
联 系 人：殷国海
联系方式：13806760515、0575-82560000
E-mail：1747744040@qq.com

117 集成膜一体化净水装置

技术来源

省部计划。

技术简介

该装置采用全流程超滤膜净水工艺，主要利用了涡旋反应、斜管沉淀、浸没式超滤工艺，将水体内的杂质去除，使浊度、色度、细菌等指标符合GB 5749—2022《生活饮用水卫生标准》的相关要求，尤其出水浊度确保≤0.1NTU。源水经管道流入水站内，经闸阀、电动阀、电磁流量计、原水浊度传感器、絮凝剂投加后经集成膜一体化净水装置进行净化处理，之后投加消毒剂、出水浊度和余氯指标监测，进入到清水池内，由清水池向用户供水。

技术指标

集成膜一体化净水装置由反应沉淀、浸没式膜池、加药、消毒、在线仪表、智能LCU控制系统及物联网云平台集成，充分利用适用的净水技术、现代化信息技术，实现全要素涉水感知、净水环节万物互联。原水经自动投加前消毒、絮凝剂后经微阻混合，利用反应沉淀工艺去除杂质、稳定水质，浸没式超滤去除微小杂质、菌落，出水经消毒后达到生活饮用水要求。浸没式膜通量控制在20～25L/(m^2·h)，虹吸无动力产水，气水洗周期为4～8h，次钠洗周期7～14d，大大提高超滤膜技术应用效果。集成膜产水浊度指标≤0.1NTU，将农村水站打造成数字化水站单台集成膜一体化净水装置日产水100～500t，适用于日供水1000t以内的农村饮水安全工程供水站。

(1) 单台设备处理量：5～25m^3/h。

(2) 原水浊度指标：不大于3000NTU。

(3) 出水浊度指标：≤0.1NTU。

(4) 反应时间：10～15min。

(5) 沉淀表面负荷：5～7m^3/(m^2·h)。

(6) 膜通量：20～25L/(m^2·h)。

(7) 膜反洗：气水洗周期4～8h，次钠洗周期7～14d。

(8) 产水率：≥90%。

(9) 产水耗电：≤0.1kW·h/t。

应用范围及前景

适用于山区农村供水保障工程，尤其万人千吨以内的小规模供水站。

该装置出水稳定，水质达标，融合浸没式超滤膜技术和涡旋网格、斜管沉淀技术，延长了膜的使用寿命、增加了膜通量，超滤膜使用寿命可达5年以上，换膜成本较低，更换方便，不锈钢净水装置主机保用30年无须更换，降低了管护成本。

持有单位：浙江华晨环保有限公司
单位地址：浙江省绍兴市上虞区东关街道傅张村
联 系 人：叶开良
联系方式：13705859196
E-mail：450044321@qq.com

118 集成式智能一体化净水设备

技术来源

其他来源。

技术简介

该集成式智能一体化净水设备是将混合、反应、沉淀、过滤等集成为一体，以优质钢构造集成的净水系统。其加药、混合、消毒、沉淀、反冲洗和排泥等全部实行自动化控制运行。技术特点：一是自动化程度高，能够减少工艺改造所需的时间，减少了人工带来的不便性。二是系统模块化，可依照居民水力对运行模块进行调整。三是工艺运行成本低，在整个工艺操作流程中完全通过自动化技术进行控制，减少了人力资源及工艺运行成本。四是占地面积小，构建速度较快，拆装方便。

技术指标

（1）源水进水浊度≤1000NTU，出水浊度≤0.5NTU。

（2）集成式智能一体化净水设备处理量：5～8000t/h。规格型号不同，处理量不同。

（3）以杭州某水厂智能一体化净水设备为例：2020 年 7—11 月进水量为 2703389m^3，供水量为 2453446m^3，而 2021 年同期的进水量及供水量分别为 3735399m^3、3550218m^3。经创造条件后，多次监测对比反冲洗期间电耗情况，集成式智能一体化净水设备水耗下降 86%，电耗下降 60.7%。

应用范围及前景

适用于大型水厂新扩建及乡镇小规模城镇水厂供水。

设备自动化程度高、运维成本低，既为供水企业增加了经济效益，又为区域经济社会发展做出实际服务，产生了良好的社会效益。随着城乡供水一体化进程加快，农村饮水安全作为民生大工程，在政策扶持下走向更高水平，净水装置广泛应用于城镇、乡村居民供水，为其饮水安全提供保证。城镇化、工业发展及人口不断膨胀，该设备也为解决区域应急供水紧张的问题提供了新导向，可有效解决高峰应急供水问题，也可用于水厂扩能改造，具有良好的应用前景。

持有单位：浙江南源智慧水务有限公司

单位地址：浙江省湖州市德清县雷甸镇通用航空产业园启航路 18 号（莫干山国家高新区）

联 系 人：江尧娟

联系方式：13511253921、400－999－3206

E－mail：sales@nywater.cn

119 浸没式超滤集成设备

技术来源

其他来源。

技术简介

该设备将膜组件直接放在膜池或反应器中操作，组件膜纤维直接裸露在外，与待处理液体直接接触。设备采用电气自动控制或气压罐结合压力开关控制设备恒压供水，既便于管理，又能使系统优化运行，更大限度地降低能耗。采用无塔供水，产水水质、水量稳定，受进水波动影响小，流程短，设备安装方便，不需投加化学药剂，不会产生三氯甲烷等消毒副产物，饮水安全性有保障。设备中的超滤是以压力为推动力，利用超滤膜微孔对液体进行分离的物理过程，超滤膜的分离孔径一般为0.01～0.1μm，能够去除细菌和藻类微生物、胶体、淤泥等，产水浊度一般小于0.1NTU。

技术指标

检测项目和指标如下：

(1) 检验项目：色度、浑浊度、臭和味、肉眼可见物、pH、总硬度、铝、铁、锰、铜、锌、挥发酚类、硫酸盐、氯化物、溶解性总固体、耗氧量、砷、镉、铬（六价）、氰化物、氟化物、铅、汞、硝酸盐、氮、硒、四氯化碳、三氯甲烷、细菌总数、总大肠菌群、耐热大肠菌群。

(2) 检测结果：该大型水质处理器在产水量第1个工作日（1.2m^3）和第14个工作日（114.6m^3）时，其出水水质符合《生活饮用水水质处理器卫生安全与功能评价规范——一般水质处理器》(2001) 的要求。

应用范围及前景

适用于一体化城乡供水、边远山区农村供水，场景为：水库水、山泉水、黄泥水（雨季）、地下水，进水水质未达到城市自来水标准的场所。

该技术未来一方面将继续加大对核心膜组件的研发，创新膜组件材料，提高使用稳定性；另一方面将继续加大对智能化升级的投入，更全面地实现“智慧运维”。除目前在城乡供水中的成熟应用，未来还可以向家用全屋净水、商用及公共直饮水、工业污水处理、医疗污水处理等领域推广延伸。

持有单位：北京资顺晨化科技有限公司、山东招金膜天股份有限公司
单位地址：北京市昌平区英才北一街5号院5号楼中孵融创大厦B座506
联 系 人：张进慧
联系方式：18501358682、010－62712875
E－mail：sales@zishun.com

120 低温低浊水高效絮凝净化技术

技术来源

其他来源。

技术简介

该技术基于硅基无机高分子无机盐骨架优化、盐基度精准调整，以及铁含量和状态控制机理，通过对多种有机、无机材料开展科学复配研究，并辅以精细化生产、施工工艺，形成一种适合于低温（10℃以下）、低浊（20NTU以下）等特殊水力条件下高效絮凝净化。技术特点：可显著改善药剂的水解性能、原水黏度、絮凝体碰撞脱稳性能。与传统饮用级聚合氯化铝絮凝剂相比，具有绿色环保、价格低廉、低混水比、快速出矾花及矾花密实度高等特性。该技术的应用高效地解决了市政水厂低温低浊条件下药剂难水解、水质黏度高、整体Zeta电位低等特性引起的絮凝速度慢、矾花沉降不彻底、絮凝剂残留、絮凝底泥难固化等问题；消除了絮凝剂残留铝离子对深度处理工艺的影响，实现了絮凝出水的低负荷，大大降低了深度处理阶段的运营成本及出水铝离子等重金属指标，是实现碳达峰、碳中和的关键绿色技术。

技术指标

（1）外观：透明微黄色均匀液体。

（2）氧化铝的质量分数：≥10.0％。

（3）盐基度：45.0％～90.0％。

（4）硅含量：≤1.5％。

（5）絮凝沉降时间：≤80min。

（6）铝离子残留量：≤0.0001％。

应用范围及前景

适用于低温（10℃以下）、低浊（20NTU以下）原水条件下快速絮凝沉降水处理，以及河湖水环境治理等相关领域。

该技术绿色环保、投加方便、残留物少、经济性优，在水务工程推广中得到广泛认可，但目前应用在其他工况条件下的综合成本优势还不明显，难以满足水务行业全面推广的应用要求，未来研发新型复合配方调控机制，使其适应多种工况条件，可大大提高该技术的应用质量和效率。目前，原水条件逐渐呈现低浊化趋势，该技术应用对推动水务事业高质量、绿色循环发展具有重大经济和社会意义。

持有单位：南京瑞迪高新技术有限公司、安徽瑞和新材料有限公司

单位地址：江苏省南京市鼓楼区虎踞关34号

联 系 人：王达道

联系方式：15150550329、025－85829723

E－mail：ddwang@nhri.cn

121 基于自由端结构超滤膜及水质可视化技术的智慧净水设备

技术来源

其他来源。

技术简介

该设备以超滤为核心工艺，采用多要素同步感知传感技术，可自适应优化水处理工艺，实现水处理过程的可视化管理。设备整体集成度高，集成全新自由端结构中空纤维超滤膜组件、脉冲曝气装置及水质可视化监控闭环系统；设备抗污染性能好，脉冲曝气装置可显著提升超滤膜丝抖动幅度，进而提高超滤膜的抗污染性能；设备自适应性强，多要素同步感知传感器贯穿于水处理工艺全过程。

技术指标

（1）超滤膜平均断裂拉伸强力≥100N。

（2）超滤膜纯水通量≥1.5m^3/（m^2·h）。

（3）设备产水浑浊度<0.1NTU。

（4）设备产水菌落总数及总大肠菌群数满足 GB 5749—2022《生活饮用水卫生标准》。

（5）虹吸产水条件下产水能耗<0.1kW·h/m^3。

（6）设备根据制水规模采用系列化设计，产水量为50～5000m^3/d。根据水质状况可加纳滤/反渗透等深度处理模块。

应用范围及前景

适用于农村供水工程和城镇集中供水工程，原水为水库水、山泉水、溪流水等水质净化。

该项目开发的设备用于村镇饮用水水质提升工程，是国家共同富裕背景下，城乡供水一体化工程的重要组成部分。主要应用于偏远地区、山区等市政管网无法延伸到的地区，确保同质供水，保障农村饮用水健康。基于自由端结构超滤膜及水质可视化技术的智慧净水设备产水成本低、易维护，可满足偏远、分散村落用水需求。

持有单位：浙江开创环保科技股份有限公司、中国水利水电科学研究院、北京时电科技有限公司、浙江长兴求是膜技术有限公司

单位地址：浙江省杭州市余杭区仓前街道余杭塘路2961号2号楼3楼

联 系 人：董飞

联系方式：15811056495

E-mail：dongfei@iwhr.com

122 现役堤防长效健康服役与生态整治关键技术及应用

技术来源

其他来源。

技术简介

研发了基于关联规则的堤防岸坡监测数据时空挖掘方法、基于CPIMA的水下混凝土裂缝主动监测系统、顾及风险及社会支付意愿的长效服役决策模型等水岸边坡安全管控成套方法；研发了现役堤防生态防护与坝顶道路升级结构及施工方法，并结合加筋土排水生态袋复合式护坡、水下精确爆破挤淤抛石护岸与垫地填高防护技术，提出了复杂工况下现役堤防生态治理关键技术；结合已研制的废弃挡墙生态拆除施工工法、硬路肩施工工法、重型路缘石施工工法以及大树移植与养护技术，提出了废弃挡墙生态拆除与景观修复关键技术；研发了改性水泥基防水砂浆与混合浆液及制备方法。

技术指标

(1) 与传统的堤防岸坡监测技术相比，该项目研发的基于关联规则的现役堤防岸坡监测数据时空挖掘方法能够获取有效判别监测信息，现役堤防边坡运行的安全预警提供方向性指导，有效防止了工程灾害的发生。

(2) 与传统的水下混凝土裂缝监测系统相比，该项目研发的基于CPIMA的混凝土梁水下裂缝主动监测系统可有效发现水下混凝土的裂缝发展情况，突破了现有技术的不足。

(3) 在制定现役堤防长效服役决策时，该项目综合考量与兼顾了风险、效益及支付意愿等多个影响因素，提升了现役堤防长期服役的性能与经济性。

(4) 与传统病害堤防治理技术相比，该项目研发的生态整治关键技术不仅可以降低工程造价为5%～10%、工期缩短了8%～16%，还能兼顾堤防的质量、耐久性以及欣赏性，达到了与周边环境融为一体的效果。

应用范围及前景

适用于现役堤防长效健康服役与生态整治工程。

该项目整体技术在推动现役堤防绿色治理与景观修复技术进步、节约资源能源、保护环境与自然资源、提高施工效率、降低工后沉降以及延长现役堤防使用寿命等方面发挥了重要作用，所编制的各类工法已在我国多个省份指导具体工程施工，技术成果已在福建、四川、安徽等多项工程中得到了推广应用。工程实践表明该项目总体研究成果具有较好的技术效益、经济效益和社会效益，因此具有广阔的推广应用前景。

持有单位：福建汇达建筑工程有限公司、河海大学、福建泉润建设工程有限公司、安徽水利开发有限公司、四川港航建设工程有限公司、神州建设集团有限公司

地　　址：福建省龙岩市新罗区东肖镇龙腾南路14号珠江大厦7层701

联 系 人：李油生

联系方式：18105976780

E-mail：83383850@qq.com

123 复杂环境堤坡灾变机理与生态景观防护关键技术

技术来源

省部计划。

技术简介

该技术针对堤坡在复杂地形、地质、临水等环境下存在的稳定性、渗流控制及生态防护难题，开展了控制理论、材料与设备及生态防护技术等方面的系统研究。技术特点：一是揭示了复杂环境考虑渗流形态及时空效应的堤坡渗流规律和变形灾变机理，构建了考虑三维土拱效应的预制装配式护岸侧土压力分布模型，创建了考虑冲刷特性、水位频变、渗流特性、加卸荷效应、固废效应、生态效应、劣化演变等相互耦合的堤坡变形与稳定性分析理论。二是发明了钻喷一体化堤坡防渗施工装备及技术。三是创新了堤坡生态景观防护与修复装备及技术。

技术指标

（1）采用本项目研究成果中的求解边坡系统失事概率数学模型，安全警戒值建模拟合精度大于90%，预警指标可靠性高于95%。

（2）研发的钻喷一体高压喷射灌浆、透水性抛石坝闭气土等堤坡防渗技术，堤防地基渗透系数小于8×10^{-6}cm/s，工程质量优良。

（3）研发的大型河渠弱膨胀土水泥改性换填、高边坡防护衬砌砂石垫层自动化布料、混凝土护坡机械衬砌施工等渠坡换填改良技术，减少填料的超填量，实现混凝土护坡施工的大规模机械化应用，砂石垫层布料产量30m^3/h，布料面积250m^2/h，单工位布料宽度1m。衬砌运输速度0.25m/s，摆放产量150块/h，摆放面积55m^2/h，用工量降低50%、费用降低15%、工效提高15%以上。

（4）研发的河道预制装配式预应力组合板桩护岸、预制装配式可绿化生态挡墙等景观防护技术，改善了河涌生态平衡，有效阻止土体和营养流失，减少了资源投入，提升了岸坡景观效应。

（5）研发的预制装配式波浪桩生态护岸、深厚淤泥覆盖层河道堤防生态整治施工等生态修复技术，实现了资源再利用，整体工程造价节约15%以上，同时大幅提高了边坡植被成活率，3年内植被成活率大于90%。

应用范围及前景

适用于渠坡、岸坡、堤防、边坡、临水护岸等设计和建造技术领域，尤其适用于生态景观要求高、需兼顾水陆两栖生态防护与修复的临水堤坡工程。

持有单位：安徽水利开发有限公司、浙大城市学院、河南交投大别山明鸡高速公路有限公司、安徽省新路建设工程集团有限责任公司、安徽天晟建设工程有限公司、浙江正方交通建设有限公司、河南省公路工程局集团有限公司、浙江世润建创科技发展有限公司、杭州江润科技有限公司
单位地址：安徽省蚌埠市东海大道5183号
联 系 人：李枭
联系方式：15588200011
E-mail：lixiao415@163.com

四、农村水利

124 水利水电工程数字化地质测绘技术

技术来源

其他来源。

技术简介

该技术按照“先内业—后外业—再内业”的工作思路，通过倾斜摄影地质扫描图的高精度校正、高陡边坡贴地标绘、边坡产状三维高精度测量与分析、数据采集及处理、快速建模、模型动态更新等关键手段，实现了三维数字化采集及测绘成果三维可视化展示，为地质勘察全过程信息化提供了切实可行的解决方案，总结提炼出“数字化地质测绘技术”，纳入水利行业标准SL/T 299—2020《水利水电工程地质测绘规程》。

技术指标

（1）基于三维实景场景的数字化地质测绘技术，支持毫米级倾斜摄影的数据采集，使得勘察总体设计效率提升至少50%。

（2）通过建立高维函数对线性校准后的图像进行二次纠偏，从而实现地质扫描图的高精度矫正。

应用范围及前景

适用于水利水电工程，并可拓展到市政、交通、水运、新能源等行业的工程地质测绘工作中。

中水北方勘测设计研究有限责任公司研发应用三维数字化采集系统，实现了基于三维实景场景的地质测绘，该技术已在该公司全面推广应用，同时在多家设计、施工等单位30余项工程中应用，提升了勘察的生产效率与产品质量，推广前景广阔。

持有单位：中水北方勘测设计研究有限责任公司
单位地址：天津市河西区洞庭路60号
联 系 人：汤慧卿
联系方式：18622416283、022-28702802
E-mail：tanghq@bidr.ac.cn

125 村镇智慧膜法安全供水技术

技术来源

其他来源。

技术简介

该技术以超滤膜为核心净水工艺，根据人口分布、水源条件，建立以“设施装备化＋全自动运行＋物联网管理＋专业化服务”的现代化供水系统，供水水质符合国家现行的生活饮用水卫生标准的要求。技术特点：出水水质不受原水波动的影响，抗冲击负荷强；标准化、装备化建设，占地面积小，施工建设简单；全自动化运行，物联网远程监控管理。

技术指标

（1）进水方式：高位水头。

（2）产水方式：重力流或虹吸产水。

（3）供电：220V/380V，根据规模确定。

（4）工作水温：0～40℃。

（5）进水浊度：可适应雨季浊度超过1000NTU的原水。

（6）出水浊度：出水水质稳定，适应性强，出水浊度稳定低于0.1NTU。

应用范围及前景

适用于各类村镇供水项目，解决各类水源水质问题，保证居民饮用水安全。

传统的村镇供水处理方式（絮凝—沉淀—砂滤—消毒），雨季汛期原水波动大时，水质无法完全保证。该村镇智慧膜法安全供水技术能从根本上保障饮水水质安全，设备全自动化运行，无须人员值守管理。通过标准化装备化建设、现代化的运营管理、合理规划水厂覆盖范围，项目综合投资运营成本可以比传统供水方式更低，经济效益和社会效益较高。

持有单位：海南立昇净水科技实业有限公司

单位地址：海南省海口国家高新区云龙产业园横三路13号 571137

联 系 人：陈开岛

联系方式：18289451413、0898－65728887

E-mail：haikou@litree.com

126 低碳环保型地下水硝酸盐生物法处理技术及设备

技术来源

省部计划。

技术简介

该工艺采用异养反硝化生物法硝酸盐超标地下水处理技术，为水利行业标准 SL 310—2019《村镇供水工程技术规范》推荐的生物法处理技术。在硝酸盐处理单元，填料上附着的反硝化菌利用有机碳源作为电子供体将水中的硝酸盐转化为氮气直接排放，实现硝酸盐去除；剩余的少量有机碳源经曝气净化单元异养消耗去除；最后经滤池过滤和消毒实现出水水质达标。

技术指标

（1）地下水硝酸盐去除率>90%。

（2）地下水硝酸盐浓度 11～100mg/L 范围内，实现处理出水水质硝酸盐浓度低于 10mg/L。

（3）有效去除 COD、浊度等，实现出水水质达到 GB 5749—2022《生活饮用水卫生标准》。

（4）无污染水排放，不产生二次污染。

（5）设备结构紧凑，占地面积小，每吨水处理成本控制在 0.5 元。

应用范围及前景

适用于在地下水硝酸盐浓度 11～100mg/L 范围内、处理规模 $200m^3/d$ 以下和地下水温度 5℃以上条件下，能够保证出水水质达标。

该技术设备主要用于规模化供水及小型单村农村供水工程的水质硝酸盐超标处理，该技术针对农村供水特点进行研制，能够有效提高水质合格率，保障饮水安全，推广前景广阔。

持有单位：北京环渤利水科技有限公司、辽宁嘉龙兴水科技有限公司

联 系 人：马俊芳

单位地址：北京市海淀区阜石路甲 69 号院 2 号楼 2 单元 227

联系方式：13720012355、010－56415958

E－mail：majunfang1998@163. com

127 智能型分布式污水处理系统

技术来源

其他来源。

技术简介

该系统利用自研的管控平台，对已部署的一体化污水处理设备进行精细管控和长效运维。在设备端，边缘控制器利用先进的自控算法协同包括阀、泵、风机等部件的稳定运行，精确控制污水在各池体内的循环时间和曝气量，进而完成污水的达标处理；各类传感检测数据和核心部件运行数据经边缘控制器统一收集、脱敏、分析后上传至云端服务器集中处理。在云端，云平台周期性地对各设备的阀、泵、风机、驱动器、继电器、接触器等部件的使用次数、时间、频率等大数据做出统计分析并规划预测性维护等任务，在显著降低运维成本的同时实现设备的全生命周期管理。

技术指标

（1）出水水质指标：①GB 18918—2002《城镇污水处理厂污染物排放标准》一级A、B标准；②GB 3838—2002《地表水环境质量标准》Ⅳ类水标准（TN除外）；③GB 18466—2005《医疗机构水污染物排放标准》排放标准、预处理标准。

（2）TDM-040A1型自生态膜组件相关性能参数指标：每只膜组件长1.1m，直径为94cm，含7条管状膜，总有效膜面积为0.396m^2。在混合液悬浮固体浓度为3000～7500mg/L的条件下，可处理生活污水（COD 400mg/L，氨氮40mg/L），使出水达到GB 18918—2002一级A类标准。膜通量可达到≥1t/(m^3·d)，过膜压差≤－0.4bar。

应用范围及前景

适用于各种分散式污水处理场景，包含城镇和乡村生活污水、农贸养殖废水、学校以及医院污水、流域截污等。

随着我国对污水处理的日益重视，分散式一体化污水处理技术已经得到了广泛的应用，但污水处理设备长效化运维是保障污水处理效果和效益稳定的核心。因此，开展分散式一体化污水处理设备的精细化管控和长效化运维技术的研究具有重要意义。固润科技研发的一体化污水处理系统实现了对已部署的一体化污水处理设备进行精细管控和长效运维，可广泛应用于多种污废水处理场景，具有较好的推广价值和广阔的应用前景。

持有单位：重庆固润科技发展有限公司、中国农业科学院农业环境与可持续发展研究所、中国水利水电科学研究院

单位地址：重庆永川区凤凰湖工业园电子五小区4栋2楼 402160

联 系 人：邹莲莲

联系方式：18166382209、023-49620880

E-mail：zou.ll@guruntech.cn

128 一种高效吸附去除硝酸盐氮装置

技术来源

国家计划。

技术简介

该装置内部从下到上依次填充石英砂、特种树脂、颗粒活性炭填料；石英砂主要去除水中的悬浮物、大颗粒杂质；树脂能够在酸性条件下优先选择性吸附硝酸盐，且对硝酸盐的交换容量不受水中硫酸根含量的影响，处理精度高，交换容量大；最上层的活性炭起到吸附水中有机物、臭味的作用。运行调试前投加活性污泥，硝酸盐氮装置内部大量附着生物膜，用于反硝化降解硝酸盐氮，运行过程中投加柠檬酸保证 pH 为 6 左右。

技术指标

（1）针对进水硝酸盐浓度不高于 25×10^{-6} 的原水，出水硝酸盐氮低于 10×10^{-6}，满足该指标饮用水标准要求。

（2）研发形成的新设备满足不同类型农村饮用水硝酸盐去除要求，用于将水中的硝酸盐含量降低，硝酸盐含量去除率 75%，从而符合饮用水卫生标准。

（3）处理过程中的回收率不低于 95%，污水近零排放。

（4）实际处理水量达到设计水量的 1.1 倍，运行过程中出水水量稳定、出水水质达标。

应用范围及前景

适用于硝酸盐超标的地表水、地下水、净水厂出水等。

硝酸盐本身对人体不构成直接危害，但在缺氧环境下，如在消化道中可被还原成有毒的亚硝酸盐。一般认为，过量施用氮肥是造成地下水、地表水硝酸盐污染的主要原因之一。该高效吸附去除硝酸盐氮装置充分利用离子交换与生物脱单技术耦合，开发一种全新的饮用水处理新技术，并最终形成了可以推广应用的设备。研究成果可广泛应用环境水、饮用水中硝酸盐的有效去除，对于改善水环境、保障饮水安全具有重要的现实意义。

持有单位：青岛鑫源环保集团有限公司、山东省水利科学研究院
单位地址：山东省青岛市高新区正源路 35 号
联 系 人：吴莹
联系方式：15753216098、0532－87700037
E－mail：xinyuanep@xinyuanep.com

129 超滤膜应用的智能净水系统

技术来源

其他来源。

技术简介

膜分离技术是以带有极细孔径的膜作为分离介质，在膜的一侧加以压力推动时，原水中各组分选择性地透过膜，从而达到分离或提纯的目的。它与传统过滤的不同在于，膜可以在分子范围内分离，并且该过程是一种纯物理过程，不需发生相的变化或增加添加剂，具有选择稳定性。

技术指标

（1）膜池及膜架均采用不锈钢304材质，浸没式超滤膜采用PVDF材质，使用寿命≥5年，膜孔径≤30nm，平均膜通量20～60L/(m^2·h)。

（2）设计水冲强度≥40L/(m^2·h)；设计气冲强度≥70m^3/(m^2·h)；单气反冲时间1min；气水联合反冲时间2min；清水反冲洗周期≥4h；维护性清洗周期20～30d/次；化学性清洗周期6～12个月/次（小套设备可不配置）。

（3）1000t/d规模及以下净水设备无须预处理设备，采用虹吸产水，吨水能耗≤0.02kW。

（4）进水浊度≤200NTU；产水低于0.1NTU；细菌去除率100%，贾第虫、隐孢子虫的去除率达到6个log，产水水质优于GB 5749—2022《生活饮用水卫生标准》。

应用范围及前景

适用于设备使用地有限的地方或原水水质不稳定的地方，或需提升改造、进一步深度净化处理的净水厂。

GB 5749—2022《生活饮用水卫生标准》的正式实施，对于感官指标、消毒副产物更加重视，提高了部分指标的限值，传统工艺难以达到新标准的指标，特别是消毒副产物的问题，使用超滤膜的工艺，大大减少了消毒剂的投加，超滤的过滤稳定性，满足且优于新标准。超滤仅去除水中的悬浮物、胶体微粒和细菌等杂质，保留了对人体健康有益的矿物质，是未来净水工艺跟水质深度处理的一个发展方向，市场前景广阔。

持有单位：福州福龙膜科技开发有限公司
单位地址：福建省福州市南屿镇后山工业集中区
联 系 人：郑小丹
联系方式：13110525875、0591-22800800
E-mail：943015382@qq.com

130 排水抑泡关键技术

技术来源

国家计划、省部计划。

技术简介

该技术根据虹吸井和流量等条件，采用具有立体结构复合孔板，利用孔板的限流作用，实现分级跌流降低水流跌落高度，使得在不同外海水位工况下（不同跌差下），既能够满足过流要求，又满足平顺水流跌落，减少掺气的作用。技术特点：一是经济性较高，属于工程措施，在虹吸井内设置即可，后续维护工作量小。二是环保性强，不会造成因化学消泡剂带来的二次污染。三是适应性广，对新建、已建或扩建电厂均适用。

技术指标

（1）效果良好。采用本项目技术，大幅减少了电厂排水泡沫的历时和泡沫体大小，通过试验测试，防城港核电可以减少91.35%时间的泡沫污染，有泡沫期间的泡沫体大小减少50%。

（2）生态效益好。每百万千瓦机组1年需要投放的化学消泡剂超过10t，该技术无须投放。

（3）造价低。该技术的工程造价以台山电厂为例，其1～5号机组虹吸井消泡工程技术方案的总造价约为833万元，按虹吸井宽度计算，约为50万元/m。

（4）运行成本低。采用该技术的台山电厂6号、7号机组（均为百万千瓦机组），因为减少了化学试剂、撒药装置及人员等相关支持，节约费用400万元/a。

应用范围及前景

适用于滨海核、火电厂及其他具有类似排水泡沫问题的新建或改造工程。

若将本物理抑泡技术推广至全国仍采用化学消泡方式的滨海电厂，每个两台百万机组投药费用按400万元/a计，该技术每年节省相当可观的化学消泡药剂费用。近年来，除电厂外，该技术已开始逐渐向具有类似泡沫污染问题的其他类型工程推广，如接收站排水工程、调水工程高位水池水流消泡等。

持有单位：广东省水利水电科学研究院
单位地址：广东省广州市天河区天寿路101号
联 系 人：王飞
联系方式：15989168326
E-mail：gdsky_kyscb@gd.gov.cn

131 一种用于钢丝防腐的新型有机涂层

技术来源

其他来源。

技术简介

该技术根据工程项目环境特点的需求，通过研发有机高分子钢丝防护涂层，具备耐磨、耐低温、耐紫外线照射等性能，提高了钢丝防腐能力，使得包括格宾、落石防护网等钢丝类工程产品能够更好地应用在不同的工程环境中，既能避免施工过程中的机械损伤，又满足暴露环境下磨蚀、低温、紫外线等不利因素对工程耐久性的考验。

技术指标

(1) 新有机涂层（Polimac）系列具备耐低温性能，根据原材料配方不同，其低温脆化温度在－30～－50℃，适合在全国绝大部分地区应用。

(2) 新有机涂层（Polimac）系列耐磨性能是PVC的10倍以上，根据JB/T 10696.6—2007《电线电缆机械和理化性能试验方法　第6部分：挤出外套刮磨试验》的实验方法，对钢丝施加20N的垂直作用力，在刮磨100000次后，有机涂层不破损。符合JTS/T 183—2021《水运工程生态保护修复与景观设计指南》的要求。

应用范围及前景

适用于防洪工程、农田水利工程、水电工程、港航工程、供排工程、环境水利工程以及沿海防护工程等建设领域。

未来的研究会针对复杂的工程环境，更细致化地分析项目现实需求，除了在耐磨、耐低温、耐紫外线照射等方面深入研究外，也会在黏附、力学性能，智慧化施工等方面做更进一步的研究和拓展。双绞合类钢丝产品作为钢铁产业链延伸的重要产品，方案以其柔性，环保的特点在水利、市政、公路、水土保持、地灾防治等工程项目中发挥了越来越重要的作用，成为保护河床、结构支挡、治理滑坡、防治泥石流、落石兼顾环保的首选结构型式。

持有单位：马克菲尔（长沙）新型支档科技开发有限公司
单位地址：湖南省长沙市宁乡经济技术开发区谐园北路205号
联 系 人：周东
联系方式：13142015095、0731-87744577
E-mail：zhou@maccaferri.com

132 "互联网+"农村人饮智慧管控技术

技术来源

其他来源。

技术简介

该技术主要解决农村供水保障率差、跑冒滴漏严重、管理成本居高不下等问题，在农村供水前端智能感知方面，研制了前端智能感知设备，保证了农村复杂环境条件下低成本、高质量地在线监控；在农村供水管网运行诊断方面，研发了基于长时间序列监测数据的农村供水管网运行诊断模型，能够有效识别爆管、减少漏损；在农村供水运维保障方面，首次提出农村供水全过程预警技术体系，研发了基于边缘计算的自控响应技术，构建了农村供水运维保障为核心的"四预"智慧管控平台。

技术指标

（1）研发的农村供水前端智能感知设备，融合2G至5G通信协议及Lora组网技术，实现硬件超低功耗值守、射频远程实时唤醒，监控设备在线率>95%，待机时长增加10%。

（2）研发的农村供水管网运行诊断模型，形成"预诊断-实时诊断-后诊断系列"算法，预测误差不超过8%，爆管识别率达96%，整体漏损率减少10%。

（3）提出农村供水全过程预警技术体系，研发了以"水厂-泵站-水池"为核心的边缘计算自控响应技术，建立了基于知识的模板化运维机制，农村供水"四预"智慧管控平台预警准确率达到90%以上。

应用范围及前景

适用于广大农村地区的供水场景，包括规模化水厂、集中供水和分散供水等，无明显应用条件限制。

城乡供水安全保障建设是一项民生公益性工程。该技术受益群众为人饮供水工程覆盖范围内的全部人口，有效解决农村人口饮水安全问题，有力推进乡村振兴，满足新时期社会公众对水利的新要求。该技术为西北和西南地区解决农村饮水安全保障问题探索出了新路，推广前景广阔。

持有单位：长江信达软件技术（武汉）有限责任公司、长江勘测规划设计研究有限责任公司
单位地址：湖北省武汉市江岸区永清路19号长江水利水电科技楼
联 系 人：王帅
联系方式：13971228293、027-82927027
E-mail：wangshuai3@cjwsj

133 农村非常规水分质分流智能灌溉技术

技术来源

省部计划。

技术简介

该技术以农村再生水、雨水等非常规水为主要灌溉水源，以当地地表水为灌溉补充水源，根据灌溉水质要求，配置灌溉水源水质在线监测与识别设施，筛选出满足灌溉水水质要求的水源进行分质调控，结合水肥一体化智能灌溉控制系统进行精准灌溉。在保障灌溉用水水量和水质安全的前提下，做到优水优用、劣水净化处理，实现农村非常规水再生回用，减少新鲜水灌溉取用量，降低农村非常规水直接排放造成的水环境安全隐患。

技术指标

（1）非常规水回用：以处理后的农村非常规水为主要灌溉水源，以地表水为补充水源，建立水肥一体化分质分流智能灌溉综合应用系统，非常规水利用率达到70%以上。

（2）节水减肥：实现农业节水30%以上，增产10%以上，化肥施用量减少20%。

（3）其他指标：降低劳动强度，增加农民收益，提升农业灌溉施肥现代化水平。

应用范围及前景

适用于集中连片农村、农场生活污水回用及农田灌溉精细化管理等。

2022年，水利部《关于非常规水源纳入水资源统一配置的指导意见》提出，要加快将非常规水资源纳入水资源统一配置之中，提高配置比例。根据水利部《中国水资源公报》数据，2011—2020年，我国非常规水源利用量从44.8亿 m^3 增加到128.1亿 m^3。非常规水源利用量也在逐年提升，但非常规水回用率尚不足10%，农村非常规水回用率就更低了，因此农村非常规水资源化利用潜力大，该技术具有较好的推广应用前景。

持有单位：黄河水利委员会黄河水利科学研究院
单位地址：河南省郑州市顺河路45号
联 系 人：许龙飞
联系方式：13937182188
E-mail：301097659@qq.com

134 数字孪生灌区预报-预警-预演-预案平台及一体化水量测控技术

技术来源

其他来源。

技术简介

该技术以边缘计算、精准控制、人工智能、数字孪生等技术为基础，通过研发一体化量水测控装置，建立智能闸群联动控制调水模型，构建数字孪生灌区“四预”平台，支撑灌区多要素立体感知、全周期需水预报、粗放用水靶向预警、水资源全过程预演、防灾减灾科学预案，有效提高农业抵御水旱灾害和防范工程灾变的能力。

技术指标

(1) 测控一体化闸门：数据传输丢包率<0.5%；闸门控制效率提升10%，可远程或现场精准控制闸门的启停及升降，支持远程升级程序。

(2) 智能闸群联动控制调水模型：模型计算时间<5min，配水时间减少了10%，实现大流量短历时的配水，有效减少了闸门弃水、漏水等水量损失。

(3) 数字孪生灌区“四预”平台：闸泵工程模型帧率均维持在40 FPS之上、平台响应时间<1s，平台最大并发用户数为1000户。

应用范围及前景

适用于中、小型灌区的渠系用水量测控、灌区全域精准控制、灌区智慧化管理等。

按照灌区“四预”的要求，进一步加强灌区数字化、监控自动化、调度智能化建设，在珠江流域形成一批可推广、可复制的数字孪生灌区建设的技术、方法、产品以及体制机制模式，带动引领全国数字孪生灌区建设，为灌区高质量发展提供有力支撑和强力驱动。

持有单位：珠江水利委员会珠江水利科学研究院
单位地址：广东省广州市天河区天寿路80号珠江水利大厦
联 系 人：陈高峰
联系方式：15920179188
E-mail：zkykjc@163.com

135 ZSK－I 智慧灌区信息化综合管理平台 V1.0

技术来源

其他来源。

技术简介

该平台以灌区精细化管理为目标，自主开发灌区水量调度模型，实现对灌区水位、流量、水质、闸门运行信息等数据的实时在线监测；可实现闸门的远程测控管理，对灌区的种植结构、作物长势、灌溉面积、作物需水、气象数据、遥感影像等信息进行展示；采用云端部署模式，实现与各省市水利局等相关管理部门的系统连接和数据共享，重点解决灌区工作人员在监测监控、量水测水、配水调度、水费计收、闸门调度管理及工程项目管理等方面的实际应用问题。

技术指标

（1）智慧灌区信息化综合管理平台主要提供系统登录、平台首页、GIS 一张图、数据大屏、统计报表、遥感分析、闸门管理、流量计量、水质监测、水位测报、工程管理、配置管理、基础管理和系统设置等功能。

（2）数据采集和控制时间：状态点采集周期≤1s；模拟点采集周期 2s；受控制命令到开始执行控制的时间＜1s。

（3）远程系统时间：监控站采集数据到远程数据库时间≤2s；调用新界面响应时间≤1s；界面上数据刷新时间≤1s；操作员发出命令到显示回答时间≤1s；报警或事件产生到画面显示或发出声音时间≤1s。

（4）系统易于维护：系统软件和主要设备能够进行远程维护；界面简洁友好，操作方便快捷。

应用范围及前景

适用于各类灌区运行的信息化建设、安全监管、评价反馈等工作。

构建创新协调智能应用，开发包括 GIS 综合信息展示、信息监测、闸泵远程调度、灌溉实验站测控、视频、预警信息发布、运维管护等功能的业务应用系统，提升灌区管理水平。建设智慧高效灌区，开展水量调度、卫星遥感分析等灌区智慧应用系统开发，实现灌区供水全流程、全生命周期的水量调配管理。紧密贴合灌区业务需求，将多年灌区研究经验融入软件平台，有效推动高效灌区的建设，应用前景广阔。

持有单位：北京中水科工程集团有限公司、济南和一汇盛科技发展有限责任公司、中国水利水电科学研究院

单位地址：北京市海淀区车公庄西路 20 号

联 系 人：闫黄凤

联系方式：13701181269

E－mail：yanhf@iwhr.com

136 灌区高效节水信息系统 V1.0

技术来源

其他来源。

技术简介

该系统集成田间数据采集、可视化灌溉控制、运营管理和分析统计等。田间部署小型气象站、土壤墒情监测传感器、流量测控水表和阀门、水肥一体设备等。系统自动记录灌区农田环境信息，并通过4G网络远程上传至管理中心，通过互联网用户可在PC端和手机客户端实时查看各个灌溉单元的水量、水压以及环境等数据，通过对大量作物生长数据的收集和分析，实现智能灌溉决策。系统通过环境感知、自动灌溉、智能决策实现灌区灌溉的闭环控制，实现农业灌溉向精准、精量、适时适量的转变。

技术指标

（1）GIS地图：通过一张图反映项目的整体情况。

（2）设备数据：查询在线设备的实时数据。

（3）集散控制：远程操作现场设备。

（4）高效节水：反映灌区整体用水量和运营情况。

（5）水费收缴：管理水价、查询交易记录、管理用水账户。

（6）视频监控：查看实时监控。

（7）系统管理：账号管理、角色管理、日志管理。

应用范围及前景

广泛应用于灌区高效节水、灌区现代化管理、高标准农田和林业建设等。

灌区高效节水信息系统是开展灌区农村农业综合服务的重要抓手。在为农户提供高效节水灌溉服务的同时，还可以发展水肥一体化、经济作物种植技术指导、病虫害监测防治、农产品质量跟踪认证等更多运营增值服务，同时通过农田物联网信息技术，进一步构建现代农业智能化运维服务体系，降低了环境污染。

该技术成果已推广应用至40多个项目，受到业主的认可和好评。项目区内经济效益显著，对合理配置当地水资源、缓解当地紧张的水资源供需矛盾，维护当地社会团结与稳定，促进当地的经济发展和人民生活水平的提高都将起到积极的推动作用。项目实现了“三省”“二增”“二提高”“三促进”：省时、省水、省工；增产、增收；提高了供水保证率，增强了全民节水意识；促进了农村返乡劳动力创业、就业，促进了农村返乡劳动力创业就业、促进了农村人居环境的改善。

持有单位：甘肃大禹节水集团水利水电工程有限责任公司
单位地址：甘肃省酒泉市肃州区解放路290号
联 系 人：朱海霞
联系方式：13830753111、0937－2688658
E－mail：149103884@qq.com

137 基于水面蒸发量的智慧灌溉系统

技术来源

其他来源。

技术简介

该系统利用作物冠层水面蒸发量和作物耗水量相关性原理，通过测定作物冠层水面蒸发量来估算作物耗水量，从而实现对作物的智慧灌溉决策。该系统由主机、测控部件及手机 App 软件三部分组成。系统工作时，将水面蒸发皿高度调整到与作物冠层高度一致，水注入水面蒸发皿中；将水面蒸发皿置于称重传感器之上，由称重传感器实时测量水面蒸发皿内液位变化。通过触屏和手机 App 软件设定灌溉控制器采集频率，使其按设定的时间间隔采集并记录水面蒸发皿内液位变化。通过触屏和手机 App 软件还可向灌溉控制器设定灌溉决策指标如水面蒸发上限（E_w）、蒸发皿系数（K_p）和灌溉面积（S）阈值。系统运行前将总灌水量（Q）运算的程序编好，下载到控制器中。当实际蒸发量大于等于设定的水面蒸发上限 E_w 时灌溉控制器发送打开指令到水泵和电磁阀，灌溉开始。流量计监测管路内实际灌溉量，并实时向灌溉控制器反馈数值，当流量计实测流量大于等于灌溉控制器计算的总灌水量 Q 的阈值时，灌溉控制器向水泵和电磁阀发送关闭指令，本次灌水结束。

技术指标

（1）通过触控屏进行操作，可控制管理系统状态，触控屏及电源指示灯显示正常；通过手机或电脑可进行远程操作，控制管理系统状态；电磁阀启闭动作正常。

（2）环境适应性（低温、高温工作试验）。低温−5℃，高温 45℃，时间均为 3h，系统主控箱处于通电开机状态，试验期间及试验后主控箱触控屏均显示正常。

（3）电磁兼容（静电放电抗扰度试验、工频磁场抗扰度试验）。试验电压接触放电±2kV，磁场强度 3A/m，系统主控箱处于通电开机状态，试验过程中及试验后主控箱触控屏均显示正常。

应用范围及前景

适合于精准灌溉，尤其适合需高频灌溉的设施农业。该系统解决了作物需水信息采集、传输、决策、控制等相关问题，与先进的节水灌溉技术相结合能够实现智慧精准灌溉。

基于水面蒸发量的智慧灌溉系统解决了作物需水信息采集、传输、决策、控制等相关问题，可与先进的节水灌溉技术如喷灌、滴灌技术相结合，实现作物需水的智慧精准灌溉；还可与温湿度传感器相结合，实现对作物生长环境的精确控制。该系统能够广泛应用在蔬菜、果树、园艺等需智慧灌溉的产业，特别适合需高频灌溉的设施农业，因此推广应用前景广阔。

持有单位：中国农业科学院农田灌溉研究所
单位地址：河南省新乡市牧野区宏力大道（东）380 号
联 系 人：邓忠
联系方式：15836018927、0373－3393335
E－mail：dengzhong@caas.cn

138 数字化农田水肥智能决策技术

技术来源

其他来源。

技术简介

该技术将物联网技术融入水肥一体化智能控制系统中，通过传感器采集土壤温湿度、空气温湿度、光照条件等环境信息和水肥中的pH值、EC值，采用无线传感网络软件上传到物联网云平台，利用内嵌的作物生长模型模拟水分和养分在土壤、作物中的变化，仿真模拟出整个生育期作物生长的状况，根据作物生长的阶段准确地判断出作物的水分和养分的需求，在此基础上，合理调配灌溉水中施用氮、磷、钾和中、微量元素的用量和比例，使水肥营养两者相互配合、相互协调、相互促进，实现智能化灌溉施肥决策，以确保土壤水分、养分保持在适宜作物生长的范围内，满足作物正常生长发育水肥需求。该技术解决了农田灌溉施肥过度过量、随意化问题，实现了农田水肥精准化、科学化和智能化管理，提高了资源利用效率。

技术指标

（1）文丘里施肥通道，均配备有流量计和流量调节阀门。

（2）高端工业级单片机输出控制。

（3）支持多区域轮灌；可扩展手机App及电脑端远程控制。

（4）设备启停正常率100%；阀门控制正常率100%。

（5）施肥通道：1～5通道。

（6）吸肥流量：0～600L/h；流量偏差≤5%。

（7）EC值控制精度≥85%；pH值控制精度≥85%；EC值控制均匀度≥80%；pH值控制均匀度≥80%；超限报警率100%。

（8）密封性能满足SL 550—2012《灌溉用施肥装置基本参数及技术条件》行业标准要求。

（9）支持外接气象墒情传感器，可根据墒情信息自动进行灌溉；配备标准485通信协议接口；脉冲信号输出，最多可控制255站脉冲电磁阀。

应用范围及前景

适用于现代化灌区、高效节水灌溉示范区及高标准农田等科学灌溉施肥指导，还可用于水利、农业等科研工作。

该技术根据农田种植的作物、所处的地理位置和使用的灌溉方式，可自主对农田灌溉施肥进行全程指导，操作简便，响应快捷，覆盖区域面积大，从而有效提高农田灌溉施肥管理的科学性和水肥利用效率；该设备基本为一次性投资，后续运行费用低，且多年使用稳定可靠，经济方面优势明显；平均每亩农田只需几元钱的一次性投资，就可显著提高水肥利用效率20%以上；适宜未来规模化种植农田灌溉施肥的节约化、集约化和智慧化管理，应用前景广阔。

持有单位：中国农业科学院农田灌溉研究所、河南中水润丰智能科技有限公司
联 系 人：邓忠
单位地址：河南省新乡市牧野区宏力大道（东）380号
联系方式：15836018927、0373-3393335
E-mail：dengzhong@caas.cn

139 农业互联网自动化灌溉系统 V1.0

技术来源

其他来源。

技术简介

该系统将互联网概念引入现代农业灌溉模式中，采用“中央计算机控制＋无线传输”模式，依托物联网的云端数据库，以配备的气象站收集来的气象资料，结合云数据库查找模型，计算和对比历年来植物的生长模型，制定出适合当地植物的生长数据模型，按照该生长模型合理地安排灌溉和施肥，实现水肥一体化精准灌溉。

技术指标

（1）系统灌溉水量分配精度明显提升，可进行总体浇灌作业和要补水的灌溉区域精确补水作业，灌溉水利用系数由 0.6 提高到 0.9，节水由 16％提高到 30％。

（2）系统的水肥配比策略，可将溶液配比近似看作线性过程，在给定目标比例后，分别控制清水和母液通道的电磁阀通断时长，可实现药液精准配比，实现短时间内营养液和药液的精准配比，提高水肥利用率，相比于传统施肥方式，节省 30％肥料。

（3）系统采用模块化、层次化设计，便于根据实际需求进行扩展，维护性高，实用性强；技术人员可通过物联网控制系统实现远程终端信息交互，实现远程监控和远程故障诊断，降低维护成本。

（4）系统抗电磁干扰能力强，可在野外强电磁干扰恶劣环境下可靠运行。

应用范围及前景

适用于田间作物的水肥一体化智能自动灌溉。

该系统未来将深入研究智慧灌溉，需要把病虫害诊断、作物生长预测等农业发展面临的实际情况考虑进去，后续将搭建智能专家系统，为用户提供专业的技术指导，作为促进增产增收的高效节水灌溉应用技术，应用前景较好。

持有单位：河北泽田节水科技有限公司
联 系 人：张久如
单位地址：河北省唐山市玉田县孤树镇香椿园村
联系方式：18713587955
E－mail：hebeizetianjieshui@163.com

140 精细地面灌溉实时反馈控制系统

技术来源

国家计划。

技术简介

该系统包括灌溉信息实时采集与传输模块、中央控制器和田间闸阀控制模块。通过田间水位水流动态监测设备对田间水流运动过程进行实时监测，利用采集到的部分灌溉信息估算土壤特性参数值，并借助灌溉模型对整个灌溉过程进行模拟预测，根据选取的灌溉控制目标优化决策最佳关口时间和灌溉入畦流量，从而实现对地面灌全过程的精细控制，达到改善灌溉性能的目的。

技术指标

(1) 田间水流水位检测装置。

水位传感器：精度≤0.3cm，分辨率0.1cm，测量误差≤5%。

水流传感器：精度≤5s，测量误差≤5%。

(2) 无线信息接收管理装置。

供电方式：太阳能＋锂电池。

通信方式：支持4G、NB-IOT、Lora无线。

设备功耗：小于0.1W。

支持GPS和北斗定位。

支持远程参数配置和固件升级。

设备供电：内置20AH锂电池和2W太阳能板（可扩展）。

工作环境湿度：0～95%，无凝结。

存储环境温度：－40～100℃。

存储环境湿度：0～95%，无凝结。

防护等级：IP68。

(3) 软件系统的输入项包括土壤质地、畦田规格、平整精度、平均纵坡、入畦流量、田面糙率系数、作物灌溉需水量、地形数据、水流推进过程数据等，输出项包括最优关口时间、改口成数、灌溉性能参数（灌溉效率、灌水均匀度、储水效率）。

应用范围及前景

适用于畦长小于100m，田面平整精度小于3cm的田块；对田面平整精度大于等于3cm的，在入畦单宽流量不小于4L/s时也可采用；原则上，对畦田的规格（长宽）不做限定。

该系统在北京大兴、河北冶河、河北望都、黑龙江庆安等地的试验区进行了示范应用，取得了良好的经济与社会效益。实施精细地面灌溉实时反馈控制技术，加强了地面灌溉过程的可控性，提高了灌溉水利用系数，提升了作物产量，具有广泛的推广应用前景。

持有单位：北京联创思源测控技术有限公司、中国水利水电科学研究院

单位地址：北京海淀区清华东路金码大厦

联 系 人：吴彩丽

联系方式：18911883659

E-mail：309386475@qq.com

141 基于“以电折水”计量的农业节水灌溉一体化设备及智能信息平台

技术来源

省部计划。

技术简介

该平台前端监控设备实现对农灌样本点取水量、用电量、水位等指标精确实时监测，智能化完成折算系数记录、校准和匹配，可按照区域水资源和农业水价的个性化管理需求定制规则，实现用水过程精准管控，显著提升农业用水管理服务水平。后端信息平台顺畅对接取用水专项整治、区域电网运营、省级水资源管理、农业水价综合改革节水奖补、农业用水权“三证一书”等已有数据库和信息系统，采用最新的微服务集群架构和分布式部署，支撑体系可对村委会、水管员、用水协会、农户、灌溉地块、取水口（井）、电灌台区、终端水量计量点、终端电量计量点等对象进行标准化、规范化管理，面向农村基础薄弱问题提供智能屏引导操控。

技术指标

（1）监控保护装置：玻璃钢（SMC）材质，耐腐蚀抗老化性≥500h，抗冲击≥1.5t，使用寿命大于10年。

（2）智能控制装置：数据可以上报2～4个监控中心，支持多APN上报；整机无故障运行时间（MTBF）>2.5万h，平均修复时间（MTTR）≤12h，存储量10000条记录，存储数据时长超1年；模拟量≤0.5、脉冲量≤0.01%。集成电子式有功电能表、电磁流量计、超声波流量计、水位计、水泵电机控制器、智能触摸屏等。

（3）系统支持200个用户数并发，可动态扩展到2000个在线用户同时使用，页面平均响应时间<1.5s，预设8个水资源与农水信息系统接口，内置低秩矩阵恢复算法、神经网络优化算法、多元数据张量结构分解算法，实现数百万级取水对象基础和监测数据质量动态管控。

应用范围及前景

适用于地表或地下取水设施密集的农业灌溉区域，服务农户及各级水资源、农水、农业农村、电力管理人员。

该平台在农灌用水计量管控、农业用水确权和节水奖补业务基础上，可扩展用于地下水“水位+水量”双控、超采区治理和农业水价深化改革等工作。项目开启“控水+节水+水电大数据”新模式，充分发挥智能电表覆盖优势，掌握真实有效灌溉数据，推动农业用水由粗放向节约集约转变，增强有偿用水意识和节约用水自觉性。该平台有望扩大到取水设施密集的农业灌溉区域，服务农户及各级水资源、农水、农业农村和电力管理人员等。

持有单位：水利部水资源管理中心、河南省水文水资源测报中心、智慧水网（北京）科技有限公司、遵义市水资源服务中心

单位地址：北京市海淀区玉渊潭南路甲1号水科院大厦A座6层

联 系 人：万毅

联系方式：13601094477

E-mail：wanyi@mwr.gov.cn

142 灌区数字化管理模型

技术来源

国家计划。

技术简介

该管理模型包括灌区需水预测模型、灌区水资源配置模型、灌区渠系优化配水模型及水力模拟模型等4种。一是灌区需水预测模型，灌区需水预测模型有3种方法：根据用水户实际缴纳水费确定需水量；根据灌溉经验灌水定额、作物种植面积确定灌溉需水量；根据作物系数法、彭曼公式计算灌溉需水量。二是灌区水资源配置模型，根据灌区涉及的地区和不同的用水部门，在满足各部门最低用水要求的基础上，合理分配灌区有限的水资源，得到灌区水费收入高、灌区总缺水最少等目标，最终得到灌区各地区各用水部门的分配水量。三是灌区渠系优化配水模型，此模型包含2个分模型：灌区轮灌分组模型，轮灌分组模型将灌区的下级渠道划分为几个不同的灌溉分组，同一分组之内的渠道可以同时启闭分水闸门，方便灌区管理员调节闸门；基于来水条件的渠系优化配水模型，本模型依据灌区的实际来水条件配水，得到的配水方案更符合灌区的实际配水情况。这2个渠系优化配水模型均能提供包含配水流量和配水时间的配水方案，为灌区的配水工作提供指导意义。四是灌区渠系水力模拟模型，模拟水流在渠系中的运移过程，为节制闸和分水闸的及时、合理运行调度提供依据。

技术指标

（1）灌区需水预测模型。可以根据作物种植结构、面积、生长过程和降水量及土壤含水量变化，及时准确预测灌区灌溉需水量，据此制定合理灌水计划，可提高灌水时间和灌水量精度20%～30%。

（2）灌区水资源配置模型和渠系优化配水模型。应用灌区水资源配置模型和渠系优化配水模型可提高供水服务水平，提高供水保证率10%左右，节水8%左右，提高配水均匀度15%左右。

（3）渠系水力模拟模型。应用渠系水力模拟模型可以准确模拟计算渠道水流推进过程，提高节制闸和分水闸运行管理控制水平，估算可以提高水资源利用效率10%左右、减少弃水15%左右。

应用范围及前景

适用于大中型灌区现代化管理建设管理、数字孪生灌区模型库建设、灌区智慧化管理通用管理软件开发。

2022年年底水利部开展了数字孪生灌区先行先试工作，数字孪生灌区建设是未来很长一段时间灌区现代化的重点工作。本技术中的灌区需水模型、灌区水资源配置模型、渠系水力模拟和优化配水模型是灌区配水工作中重要内容，也是数字孪生灌区模型库中重要方面。建设数字孪生灌区必然需要数字孪生模型的支撑，已经解决了数字孪生灌区模型库建设部分问题，有着广泛的应用前景。可以在此基础上结合各灌区的实际情况和需求，构建通用模型库。

持有单位：北京乐水新源智能水务科技有限责任公司、滨州引黄灌溉服务中心
单位地址：北京市丰台区丽泽路24号平安幸福中心写字楼B座35层
联 系 人：陈学娟
联系方式：15101089229
E-mail：136525913@qq.com

143 罐式稳压调蓄供水设备

技术来源

其他来源。

技术简介

该设备采用专利技术稳压调蓄供水功能，在用水高峰时段让水泵取水瞬间脱离市政管网，对市政管网起到保护作用，不产生负压，通过稳压调蓄的技术手段，将供水系统由闭式系统转换为开式系统供水，利用市政管网自然流淌的水量给用户加压供水。为确保市政管网的安全稳定，研发生产的罐式稳压调蓄供水设备通过稳压调蓄功能来确保设备运行时不对市政管网压力造成影响，不对市政管网产生负压，不对直供区用户及周边用户管网产生影响，同时最大化利用市政管网水量给用户供水，达到真正意义上的低压保护市政管网，市政无水停机，市政来水自动启机的功能。

技术指标

（1）供水能力：0～1000m^3/h。

（2）供水扬程：0～250m。

（3）控制功率：≤550kW。

（4）压力调节精度：≤0.01MPa。

（5）电源：AC380V（±10%）。

（6）电源频率：50Hz±2Hz。

应用范围及前景

适用于住宅小区、别墅区、安置房等；酒店、医院、学校、办公楼等；加压水厂、城乡供水中途加压；市政来水压力不低于0.15MPa，市政管径过水流量应能满足加压区供水所需流量。

随着经济的发展以及城镇化的建设，供水设备的价值很大，在现代社会很多领域都会使用到供水设备，需求的加大以及设备技术的更新，该设备具有广泛的推广应用前景。

持有单位：上海艺迈实业有限公司
单位地址：上海市金山工业区金百路466号
联 系 人：王静
联系方式：18721063839
E-mail：18721063839@163.com

144 低压滴灌灌水器的开发及其薄壁化工艺技术

技术来源

其他来源。

技术简介

该技术以水资源高效利用为切入点，开展低压、低能耗、低成本经济高效滴灌新产品研究，充分借鉴国内外低压滴灌节水技术研究成果和经验，采用室内机理试验、田间测试试验以及CFD数值模拟等研究方法，研究分析低压条件下常规灌水器水力性能变化及存在的关键问题，提出内镶式、薄壁、低压滴灌带设计技术和方法；同时，研究分析并构建内镶式薄壁滴灌带原料组分及适配数量、壁厚、粘贴、挤出成型温度及时间等关键生产工艺技术参数体系，提出内镶式、薄壁、低压滴灌带生产配方工艺设计技术和方法，研制出满足额定压力不高于0.05MPa的低压、低能耗、低成本滴灌灌水器产品装置，并实现产品定型和规模化生产。

技术指标

（1）额定压力：50kPa。

（2）额定流量：在额定的50kPa试验压力和23℃±2℃水温条件下，3种灌水器的额定流量分别为1.0L/h、0.8L/h和0.5L/h，流量变异系数C_V值及平均流量相对额定流量的偏差C值<5%，流态指数：x<0.5。

（3）耐静水压性能：在试验压力为60kPa，在环境温度下，试样不应出现损坏现象，试验前后滴头平均流量偏差均不大于10%，瞬间爆破压力≥200kPa。

（4）耐拉拔性能：滴管带在室温下，试样应能承受90N试验拉力900s内在滴头与管壁黏结处没有出现脱开、断裂现象。

（5）耐环境应力开裂性能（非复用型滴灌带）：按照GB/T 15819—2006规定试验方法，试样侧边不出现裂纹。

（6）耐候性性能指标：按GB/T 16422.2—1999《塑料　实验室光源暴露试验方法　第2部分：氙弧灯》对试样进行氙弧灯人工老化试验。拉伸屈服强度保留率≥90%，断裂伸长率≥90%。

应用范围及前景

该技术可大面积应用于地表滴灌及地下浅埋滴灌，也可应用于自压滴灌和清洁能源提水滴灌等系统中。

低压薄壁滴灌带，能够应用于压力水头在5m的低压灌溉系统中，具有能源损耗低、灌水均匀度高、综合抗堵性能好、推广应用成本低等优点。且能够有效降低滴灌应用成本，是未来滴灌发展的一个重要方向，是实现精量滴灌技术推广应用的重要途径。

持有单位：大禹节水集团股份有限公司
单位地址：天津市武清区京滨工业园民旺道10号
联 系 人：刘丽芳
联系方式：15832641503
E-mail：361851360@qq.com

145 软体集雨水窖技术

技术来源

其他来源。

技术简介

该技术在高分子 EPVC 织物涂层材料——织物增强柔性复合材料（Fabric reinforced flexible composites，又称为“高分子复合新材料”）的基础上进行创新设计和无缝粘接形成的柔性集雨和贮水容器。通过在织物和涂层配料上创新，结合复合工艺和高频热合工艺制作而成。

技术指标

产品分别经佛山市质量计量监督检测中心、广州化学合成材料老化质量监督检验中心、广东省微生物分析检测中心多次检测，符合国家质量标准。

（1）软体集雨窖采用涂层布气密膜材料，厚度为 0.8mm±0.02mm；单位面积质量为 1000 $g/m^2 \pm 20g/m^2$。

（2）耐寒性能（－30℃）表面无裂口；经向拉伸负荷≥2800N，纬向拉伸负荷≥2700N。

（3）经向断裂伸长率≤30%，纬向断裂伸长率≤30%。

（4）经向撕裂负荷≥400N，纬向撕裂负荷≥350N。

（5）剥离负荷≥90N；经向拉伸强度保持率（70℃×168h）≥90%，纬向拉伸强度保持率（70℃×168h）≥90%。

（6）阻燃等级可达 B1 级，渗出物检测符合国家标准。

应用范围及前景

适用于干旱地区、季节性缺水地区、地下水限采地区的小型水利灌溉设施和工程建设及人饮畜饮设施。

已经开发和开始推广了新型智慧软体集雨水窖，通过定位、测水位、水温、水质、远程遥控开关进行自动监控，信息传送到手机或电脑显示终端，通过软件平台进行大数据处理后可随时显示产品分布、蓄水量和用水情况监控等，便于用户和各级部门管理。应用于各地区的旱作农业、高标准农田建设、果园改造、旱作农业、设施工业的节水灌溉、小水源建设、地下水限采等领域，推广应用前景较好。

持有单位：国机亿龙（佛山）节能灌溉科技有限公司
单位地址：广东省佛山市高明区荷城街道高明大道东 362 号 108 之 4A17
联 系 人：孟德智
联系方式：13718896465
E-mail：gjyilong@163.com

146 FS. SIC－02 型机井灌溉控制器

技术来源

其他来源。

技术简介

该设备利用射频技术实现刷卡控制启停水泵灌溉农田，4G 无线实时上传，断网自动重连；采用单片机技术实现水电双计、单计水、单计电、计费型等多种工作模式；充值、灌溉、结算、销卡、查询等操作简单；大存储芯片循环存储补录功能；智能报警功能，计量设备故障自动停泵；采用显示屏实时显示灌溉情况、余额、余量等信息，显示清晰；卡性能稳定，卡弯曲、油污、水浸泡后，卡能正常工作。技术特点：一是一张用户卡同时只能在一台设备上使用，不同协会、村庄的卡之间禁止通用，有效保护管理者管理权限。二是设备断网后不影响现场刷卡灌溉，并自动存储灌溉记录，设备联网后灌溉记录自动补录。

技术指标

（1）使用安全：防触电、记录存储和补录、数据实时上传、掉电记忆功能、紧急停水等。

（2）报警保护：余量低警戒值报警、计量设备故障自动停泵、泵状态反馈保护。

（3）多工作模式：实现水电双计、单计水、单计电、计费型等多种工作模式；支持一机多卡使用，不同协会、村庄卡禁用。

（4）操作简单：充值、灌溉、结算、销卡、查询等操作简单。

（5）支持多种接口：脉冲电表、脉冲水表、485 电表、485 水表。

（6）远程操作：支持平台远程开关泵灌溉和结算。

（7）维护性：井房内布线规范，设备可拆卸，替换容易。

应用范围及前景

适用于农田灌溉、大棚种植、智慧农场、灌区泵站等工程中，控制水泵的启停并采集数据实时上传平台。

该产品应用成熟的 4G 物联网技术，结合大数据、云平台等技术提升智慧灌溉管理水平，实现无人值守、远程操控、自动结算等应用模式，为未来智慧农场、智慧灌溉等建设打下良好的基础。随着物联网、大数据、传感器和 5G 技术的大力发展，智能型的机井灌溉控制系统将会是市场的主打产品，具有广泛的推广应用前景。

持有单位：山东锋士信息技术有限公司
单位地址：山东省济南市经十东路 33399 号水发大厦副楼 6 层
联 系 人：王洁
联系方式：13153009968
E－mail：786177504@qq.com

147 膜下滴灌马铃薯田间土壤水肥气热协同调控机理与关键技术应用

技术来源

其他来源。

技术简介

该技术是创造性地采用气液两相流理论研发的防冰（消除冰荷载）新技术。该技术是在气泡理论研究的基础上，通过气源系统提供气源，供气管路系统输送气源，利用升降机构将水下防冰工作装置布置在水库进水塔、交通桥桥墩、闸门井有效防冰区域内水下特定深度，在该区域内的水下生成符合形成流场要求的连续、充足的气泡群，流场内流动的水不易生成结晶核（冰核）或破坏掉已生成的结晶核（冰核），使该防冰区域内没有结晶核（冰核）的水在过冷状态下也不会结冰。此方法保证流场区域范围内不能形成冰层，解决了高寒地区水工建筑物因受冰冻影响而产生的严重安全隐患问题。

技术指标

（1）覆膜材料为黑色薄膜，可以促进大块茎的形成。揭膜时间为60d，适时揭膜可以避免马铃薯生长后期的高温胁迫，有利于块茎形成。

（2）西北干旱区适宜的施氮量（N）为135kg/hm^2，华北平原地区适宜的施钾量为340kg/hm^2。有条件的地方可以施用农家肥，减少温室气体排放。

（3）灌水可以采用滴灌带正下方20cm处的土壤基质势为依据进行控制，灌水下限在马铃薯块茎形成期和块茎膨大期为－25kPa，成熟期则为－35kPa，滴灌湿润比可以设置为35％。

应用范围及前景

适用于高寒地区膜下马铃薯种植区，也适用于流场内防止生成冰核的场合。

马铃薯是对土壤水分和土壤通气性反应非常敏感的作物，只有土壤水、气两相协调，才能为其生长创造更好的土壤环境。近5年，成果在甘肃和内蒙古等马铃薯主产区推广应用510万亩，增产573万t，节水3.57亿m^3，节肥6840万kg，增收45.18亿元，经济、社会和生态环境效益非常显著。

将膜下滴灌马铃薯田间土壤水肥气热协同调控机理与关键技术推广应用于我国马铃薯种植区，提高马铃薯产量和水分利用效率，改善品质，降低温室气体排放，实现马铃薯种植的绿色高效可持续发展，应用前景广阔。

持有单位：中国农业大学、扬州大学、中国科学院地理科学与资源研究所、全国农业技术推广服务中心、中国农业科学院农田灌溉研究所
单位地址：北京市海淀区清华东路17号中国农业大学东校区水院楼208
联 系 人：王凤新
联系方式：13641232337
E-mail：fxinwang@cau.edu.cn

148 多尺度水盐诊断与预测技术及方法

技术来源

国家计划。

技术简介

该技术针对农田水盐监测诊断和预测预报中的尺度和数据源单一问题，研制了便携式同轴四电极土壤密接触电导率测量仪和土壤剖面盐分分层电磁感应测定仪；研发了基于卫星遥感、无人机遥感、地物高光谱土壤水盐诊断技术；发展了多源数据融合和同化诊断盐渍化的时空尺度拓展方法，建立了土壤水盐预报技术，开发了农田水盐的遥感诊断系统和预测平台，提出了节水控盐技术模式。

技术指标

（1）系统创建了垂向上覆盖空-天-地、水平上适合农田-灌域-区域的多尺度土壤水盐监测诊断和预报技术体系。

（2）开发了便携式土壤紧密接触四电极土壤电导率测定仪和土壤剖面盐分分层电磁感应测定仪。

（3）提出了针对裸土、裸土覆膜和不同植被覆盖条件的卫星遥感和无人机诊断方法以及基于高光谱数据的盐基离子诊断模型，通过多源数据融合使卫星遥感反演数据的时空分辨率得到了提升，开发了灌区分布式水盐预测模拟模型和相应系统软件，提出了基于地下水埋深的根系土壤盐分快速预测模型。

（4）点尺度上的监测设备国产化后成本降低10%以上，监测精度与现有仪器相比提高15%以上。

（5）卫星遥感、无人机遥感和高光谱遥感诊断盐分精度分别达到0.68、0.72和0.9以上。

（6）通过多源数据融合升尺度转化后将卫星遥感的空间分辨率从16m提高到2.0m，通过数据同化的过程模拟后，将卫星遥感的时间分辨率从4d以上提升到1d。

（7）土壤水盐分布式模拟模型和长时段快速预测模型的预测精度分别达到5.2%和11%。

应用范围及前景

适用于农田节水控盐、水盐监测诊断和预测预报。

该成果已在内蒙古河套灌区、河南省商丘市等地进行了应用，为灌区土壤盐渍化大面积快速诊断和水盐运动规律预测提供了分析工具，为区域节水控盐策略制定提供了技术支撑，经济、生态和环境效益显著，具有良好的推广应用前景。

持有单位：西北农林科技大学、中国水利水电科学研究院、中国农业科学院农田灌溉研究所、武汉大学、内蒙古河套灌区水利发展中心解放闸分中心沙壕渠试验站
单位地址：陕西省咸阳市杨凌区渭惠路23号
联 系 人：陈俊英
联系方式：15339268868
E-mail：junyingchen@nwafu.edu.cn

五、水土保持

149 生产建设项目水土保持信息化监管扰动图斑智能提取技术

技术来源

其他来源。

技术简介

该技术以深度学习理论和计算机图像处理方法为理论基础，以国产高分系列遥感影像为数据源，借助 Tensorflow 开源深度学习框架构建建设扰动区域智能识别模型，利用 OpenCV 等开源库研发建设扰动区域边界矢量化技术，为生产建设项目扰动图斑智能解译提取提供技术支持；可有效解决目前水土保持遥感监管中面临的成本投入大、工作效率低等问题，在提高工作效率、降低人工投入的同时，提升成果质量。

技术指标

(1) 建设扰动区域识别准确率不低于 80%，图斑边界勾绘准确率不低于 90%。

(2) 扰动图斑提取工作效率不低于 2000 km^2/h。

(3) 与传统人工目视解译相比，工作成本降低超过 80%。

(4) 一般县级行政区 (≤5000km^2) 工作响应时间≤12h。

应用范围及前景

适用于生产建设项目水土保持信息化监管、水土保持重点治理工程信息化监管、遥感影像地物信息识别提取等。

随着"放、管、服"改革的持续推进，水利行政主管部门对生产建设项目建设过程水土保持工作的关注度不断提升，对全覆盖、多频次、精细化监管需求越来越高。传统的生产建设项目扰动图斑生产技术自动化水平低、工作效率差，难以满足水利高质量发展需求。该技术的应用可较好地解决上述问题，为实现监管工作的全覆盖、准实时和精细化提供重要的基础数据，具有较为广阔的应用前景。

持有单位：珠江水利委员会珠江水利科学研究院
单位地址：广东省广州市天河区天寿路 80 号珠江水利大厦
联 系 人：陈高峰
联系方式：15920179188
E-mail：zkykjc@163.com

150 三峡库区消落带快速复绿生态修复技术

技术来源

其他来源。

技术简介

三峡水库自蓄水运行以来，库区及两岸形成垂直落差近30m的消落带，原有植被及其他生物群落逐渐丧失，且因水淹时间长、冬季淹没、夏季洪水冲刷等特点，成为库区重要的生态问题。该技术以狗牙根快速复绿和种源续存为目标，依靠狗牙根快速复绿技术、护坡生态改造技术、土壤生物工程等技术对消落带不同高程进行综合治理。特别是对消落带中下部的技术攻关，以生态坑植法种植狗牙根，10d左右可实现完全存活和扩繁，20d可实现覆盖率95%以上，快速形成植物蔓延覆盖，大大减少雨季水土流失。狗牙根快速复绿技术很好地保证了植物快速成活，也对狗牙根成活形成正向保护和促进作用，淹没后其来年成活率达50%以上。该技术所需狗牙根基本来自治理区域，环保性强，循环利用率高，节约成本。

技术指标

(1) 消落带底部快速复绿，复绿时间小于15d，覆盖率达90%以上。

(2) 耐雨水侵蚀，水土保持效果良好。

(3) 淹没后狗牙根成活率达50%以上，来年复绿效果佳，1个月可以实现重新复绿。

(4) 通过消落带顶部或附近区域作为狗牙根种源，植株本地采取，当地移植，形成了良性循环，生态环保、节约人力物力。

应用范围及前景

适用于三峡库区消落带及其他湖库消落带的治理，也可对河道、公路护坡提供有益指导。

该技术总结现有研究成果，依靠狗牙根快速复绿技术、护坡生态改造技术、土壤生物工程等技术对消落区进行综合治理，强化了消落带生态功能，取得良好效果。特别是消落带底部的治理难点进行技术攻关，以生态坑植法种植狗牙根，达到了狗牙根快速复绿和种源续存的目的，淹没后复绿效果佳。该技术为三峡库区消落带治理这一难题提供可推广的经验，意义较大。

持有单位：长江水利水电开发集团（湖北）有限公司、武汉中科水生生态环境股份有限公司
单位地址：湖北省武汉市解放大道1863号
联 系 人：李浩
联系方式：18672754887
E-mail：80304168@qq.com

151 移动式径流泥沙不同空间分布含沙量监测系统

技术来源

其他来源。

技术简介

该技术在小流域出口或者中小河流的关键断面建设把口站，然后在把口站架设该径流泥沙及含沙量监测系统，通过移动式径流泥沙监测槽的不同部位不同高度的取样孔进行时间序列取样，同时自动化测量流过移动式监测槽径流泥沙的流速、流深并按一定的时间步长进行泥沙量取样进行分析，从而监测小流域或中小河流所排放不同层次不同深度径流泥沙的监测装置，尤其是可以监测到径流泥沙不同深度不同层次的细颗粒泥沙的含量，最终为流域监测治理机构、科研院所、决策单位提供科技支撑。

技术指标

（1）系统功能：通过移动式径流泥沙监测槽的不同部位、不同高度的取样孔进行时间序列取样，同时自动化测量流过移动式监测槽径流泥沙的流速、流深并按一定的时间步长进行泥沙量取样进行分析。

（2）装置可以对小流域洪水里携带的树枝、杂草等杂物进行自动清除。

（3）技术可极大提高径流流速、流场等观测数据的精度，据检测可以提高监测精度20%以上。

应用范围及前景

适用于小流域以及中小河流的径流泥沙的径流、含沙量过程的监测。特别是边远地区交通不方便的地方。

目前该产品已在黄土高原的多沙粗沙区进行了重点推广，下一步依托国家水土保持监测站点优化布局工作，进行全国范围内的推广应用。

持有单位：水利部水土保持监测中心、黄河水利科学研究院
单位地址：北京市西城区南滨河路27号贵都国际中心A座10层
联 系 人：李斌斌
联系方式：18910690056
E-mail：154223338@qq.com

152 天空地多维水土流失动态监测技术

技术来源

国家计划。

技术简介

该技术将水土激光与近景摄影、无人机低空遥测以及遥感反演模型模拟技术（设备）进行有效集成，创新搭建了集不同时空尺度监测于一体的水土流失动态监测试验平台，实现不同宏观以及微观情境下的土壤侵蚀过程模拟以及估算；针对不同监测以及试验对象，集成研发了集“三维激光-近景摄影-无人机遥测-模型模拟”于一体的多维时空监测技术体系，可实现天地一体化的土壤侵蚀以及水土保持效益动态测量，为水土流失和水土保持效益监测提供了时效性强、准确性高的全新监测技术手段。

技术指标

（1）室内土壤侵蚀过程三维模拟技术：监测精度 0.1mm 级别。

（2）坡耕地土壤侵蚀模拟与监测技术：土壤侵蚀监测精度 75%以上，最高 94.33%。

（3）生产建设项目土壤侵蚀监测技术：可实现水土保持措施面积、弃土弃渣边坡、微地貌以及侵蚀方量的测算。

（4）小流域土壤侵蚀监测技术：可实现土壤侵蚀监测精度 85%以上。

（5）多维时空监测技术体系：搭建了一套集三维激光、近景摄影测量、遥感遥测以及模型模拟于一体的多源信息水土保持动态监测集成技术体系。

应用范围及前景

适用于室内、室外不同时空尺度下的土壤侵蚀估算以及水土保持监测效益评价。

该技术解决了土壤侵蚀微地形动态变化实时模拟的技术难题，为土壤侵蚀微观研究提供技术支撑。该技术的推广应用将有效助推水土保持交叉学科创新发展、水保监测信息化以及智能化发展，相关核心技术已发布地方标准并成功应用于水土保持监测、设施验收以及水土保持动态监测工作中。在土壤侵蚀监测预测、水土保持规划以及水利强监管工作中具有较为广阔的应用前景。

持有单位：江西省水利科学院
单位地址：江西省南昌市北京东路 1038 号
联 系 人：周王莹
E-mail：jxskyzy@163.com

153 水土保持数据综合视图软件

技术来源

省部计划。

技术简介

该软件使用了基于浏览器访问的B/S架构，在技术选型上采用了Java、Javascript、HTML、CSS为主要的开发语言，开发框架上采用了开源的微服务架构。软件充分利用该架构的跨平台特性，在软件部署上可以选择Windows系统服务器或国产化系统服务器，增加软件部署的扩展性，响应国产化要求。利用该架构的跨平台优势，减少了软件在适应国产化要求时的开发时间和资金成本。技术特点：一是软件在三维模型示范功能中结合了WebGIS和Web三维技术，通过两种技术结合能够直观地展现三维数字化水土保持对象的空间分布和关联信息。二是软件将水土保持业务中的监督管理、生态治理、监测评价三大业务数据进行融合展示，同时添加流域水系拓扑示范、三维场景示范、数据资源、访问频次业务数据等功能。三是软件各功能通过时间和空间上的多维度条件查询能够帮助决策者了解水土保持整体业务从宏观态势到微观数据的情况，让管理者掌握业务进展和系统使用情况。

技术指标

（1）软件功能上，主要包括综合视图展示、区域展示、三维场景浏览、流域水系拓扑示范等功能模块。充分利用跨平台特性，支持在Windows系统和国产化系统中应用，满足千人以上用户在线使用。

（2）用户体验上，通过使用WebGIS和Web三维技术来丰富软件的地理信息展示及图表展示功能，提高了用户体验，加强了视觉感受。

（3）易用性上，各种提示信息易理解、易浏览，操作容易。

（4）安全上遵循《信息安全技术网络安全等级保护基本要求》（二级）的相关要求。

（5）依据第三方测评机构测评和运行使用期间软件各项功能运行正常、稳定。

应用范围及前景

适用于水土保持监督管理、综合治理、监测评价等业务的综合管理、工作调度、数据共享等。

该技术适用于面向国家、流域、省级、市县级水行政主管单位的水土保持相关从业人员。水土保持数据综合视图软件，在GIS底层技术上使用了北京地拓科技自主研发的DTGIS，与国内其他采用ArcGIS等国外技术的软件相比有更高的国产自主化和适用性，有效减少了对国外GIS软件的依赖和软件采购的经济成本，促进了国产化GIS软件在水土保持业务领域的发展应用。

持有单位：水利部水土保持监测中心、北京地拓科技发展有限公司
单位地址：北京市西城区南滨河路27号贵都国际A座
联 系 人：张红丽
联系方式：13811834791
E-mail：sbzxxxc@mwr.gov.cn

154 阴山北麓荒漠草原节水增效修复关键技术

技术来源

其他来源。

技术简介

该技术针对荒漠草原水土流失强度大、土壤含水量低、养分流失严重、草地碳储量降低、蒸发蒸腾剧烈等问题，基于草地发展规律、植被演替及水碳循环原理，采用侵蚀坡面快速稳定建植技术、草地适水低碳修复技术和基于生态需水的典型缓坡草地补灌修复技术，通过人工干预来改善土壤理化性质和优化植被群落结构，实现退化草地快速恢复和节水增效。侵蚀坡面快速稳定建植技术主要解决退化荒漠草原自然恢复慢、苗木成活率低、群落结构不稳定的问题。在内蒙古阴山北麓荒漠草原区发展节水增效修复关键技术，不仅可为北方防沙带退化草地生态修复、管理和决策等提供技术支撑，还可有效促进草业生产节水高效，推动草原生态文明建设和区域经济高质量发展。

技术指标

（1）侵蚀坡面快速稳定建植：选用沙棘、华北驼绒藜和锦鸡儿→水平沟种植（株距 1.5m，行距 4～5m）→小管出流灌溉（灌溉定额 45mm，灌溉 3 次）→20cm 浅耕翻。

（2）草地适水低碳修复：一年生草地采用滴灌和微润＋管灌最佳产量时灌水量分别为 420mm 和 465mm，多年生草地为 300mm 和 323mm。

（3）滴灌微灌：光伏提水滴灌，其中多年生灌木类饲草植物滴灌管间距 60～70cm；一年生或多年生密植型草地布设微润管，埋深 20cm，间距 50cm，单向布设长度 50m，两端加压供水。

（4）基于生态需水的典型缓坡草地补灌修复：关键生长时期（返青期、中拔节期和扬花抽穗期）灌溉 3～4 次，灌水定额 30～40m；平水年最优灌溉定额 100～120mm。

应用范围及前景

适用于内蒙古阴山北麓及中西部，降雨量 300mm 以下，具备浅表水源开采条件的干旱草原区的退化草地修复。

该技术未来将应用于生态综合治理和退化草地修复等领域，并且重点解决生态修复过程中技术集成度不够，自然风貌恢复慢、苗木成活率低、群落结构不稳定、生态建设用水量大等问题，可实现区域生态和经济的提质增效，为北方防沙带水土流失综合治理和生态文明建设方面的管理和决策等提供技术支撑，推广应用前景广阔。

持有单位：水利部牧区水利科学研究所
单位地址：内蒙古自治区呼和浩特市赛罕区大学东街 128 号
联 系 人：王丽霞
联系方式：14747360813、0471－4690612
E－mail：wanglixia.26@163.com

155 基于黄河泥沙改良盐碱地耕层土壤结构的节水控盐关键技术

技术来源

其他来源。

技术简介

该技术以盐碱地土壤含盐量和土壤物理指标为本底，构建基于不同灌水量、黄河泥沙施用量的土壤饱和导水率、土壤孔隙度与土壤含盐量之间的耦合模型，优化区域的黄河泥沙施用量和灌水量的最优配比。监测分析作物生育期内盐碱地土壤理化性质、典型作物生育期生长发育指标及土壤水盐运移规律指标，最终改善土壤物理特性和降低土壤含盐量，为改良引黄灌区土壤盐碱地治理提供技术支撑。

技术指标

（1）作物增产：通过本技术的应用，作物亩均产量增加200～250kg/亩。

（2）节约用水：实现农业节水10%～15%。

（3）土壤脱盐率：土壤含盐量降低30%以上。

（4）其他指标：减轻灌区泥沙堆积的危害，减少风沙影响，对灌区生态环境有促进效果。

应用范围及前景

适用于黄河流域范围内引黄灌区黏性盐碱地土壤的改良。

随着黄河流域生态保护和高质量发展上升为国家战略，农业引黄灌溉水资源日益紧张；泥沙资源化利用在黄河流域日益成为热点，黄河泥沙又可以改良黏性土壤，黄河流域有大量的黏性盐碱地资源。该技术既降低了农业需水，又利用了灌区堆积的泥沙资源，具有广阔的应用前景。

持有单位：黄河水利委员会黄河水利科学研究院
单位地址：河南省郑州市顺河路45号
联 系 人：许龙飞
联系方式：13937182188
E-mail：301097659@qq.com

156 黄河上中游风水复合侵蚀区小流域综合治理与提质增效技术

技术来源

国家项目。

技术简介

该技术基于黄河上中游风水复合侵蚀区入黄风沙水沙过程的长期野外观测数据，以小流域为单元，在梁峁坡面配置土壤蓄水保墒技术、沟坡配置快速建植技术、风沙区配置绿色固沙技术体系、沟谷阶地配置水土保持资源高效利用技术，解决了砒砂岩区沟坡困难立地植被稳定建植与蓄水保墒的技术难题，以及入河风沙防治难、治沙技术经济效益差等问题。

技术指标

（1）困难立地蓄水保墒技术：蓄水保墒植苗装置单次可积蓄降雨（10～25L），可延长蒸发时间7～11d，蓄水直接用于植物根系，提升水分利用效率，截留沟坡雨水，促进植被稳定维持。

（2）绿色固沙与沙产业富民技术：流沙前段阻沙带，铺设机械沙障，流沙表面按照4L/m^{2}喷涂淀粉基和果胶类固沙剂；平坦沙地依次布设生物固沙带（沙柳带宽500m）、乔木降风带（小叶杨带宽200m）、沙产业富民带（人工牧草枸杞、甘草带宽500m）；岸坡减流控沙带，沙柳沙障配合密植减流阻沙灌草带（柽柳、拂子茅）。

（3）治理资源高效利用技术：截水保土林带（带宽15m），灌木林带平茬后制作食用菌培养基，带间种植百里香和黄芪制成饲料添加剂。

应用范围及前景

适用于黄河上中游风水复合侵蚀区小流域综合治理，也适用于小流域水土保持林草措施的优化更新。

黄河上中游风水复合侵蚀区是国家重要生态系统保护和修复重大工程总体规划核心治理区域，也是农牧民相对集中的区域，其水土保持工作亟须与民生保障和乡村振兴紧密联合。该技术的实施和推广可实现入黄水沙风沙协同防控，治理资源合理利用，显著提升流域生态服务功能及可持续性，实现生态产业发展，产业反哺生态，生态和经济效益共赢，推广前景广阔，为地方政府、行业部门及企业开展水土流失治理及生态修复提供理论依据与科技支撑。

持有单位：水利部牧区水利科学研究所
单位地址：内蒙古自治区呼和浩特市大学东街128号
联 系 人：王丽霞
联系方式：14747360813、0471－4690612
E－mail：wanglixia.26@163.com

157 SFCW－TDR 土壤水分监测技术

技术来源

其他来源。

技术简介

该技术采用步进频率连续波体制（SFCW），通过频域测量得到关于土壤电磁性质的频域信号，经过傅里叶逆变换转化为时域信号，从而实现对电磁波传输时间的精确测量。技术特点：依据时域反射法（TDR）原理，测量电磁波传输时间获取土壤表观介电常数，实现测量、监测土壤体积含水率。其测定水分所依据的参数——表观介电常数，不依赖于电导率，从而受土壤类型、田间耕作以及气候变化的影响较少，因而对田间可耕作土壤可以不经公式率定而较高精度测量土壤体积含水率。

技术指标

（1）SOILTOP－300 土壤墒情智能监测仪测量。

原理：时域反射技术（TDR）。

测量量程：0～60%（体积含水量）。

绝对误差：≤2%（体积含水量）无须公式率定。

分辨力：≤0.01%（体积含水量）。

等效上升沿时间：120ps（10～12s）。

工作温度：－10～55℃。存储温度：－45～85℃。

供电电源：12V。工作电流：1300mA。

待机电流：≤30mA。

信号接口：BNC。通信接口：RS232、LAN。

防护等级：IP65。

运行制式：自报及应答；采集自报。

数据通信规约：符合 SL 651—2014《水文监测数据通信规约》。

（2）SOILTOP－300 土壤水分测定仪。

测量原理：时域反射技术（TDR）。

测量量程：0～60%（体积含水量）。

绝对误差：≤ 2%（体积含水量）；分辨力：≤0.01%（体积含水量）。

数据连接器：BNC。

操作温度：－10～60℃。存储温度：－45～85℃。

供电电源：15V；电池容量：锂电池（7800mAh）。

应用范围及前景

适用于土壤墒情监测等，广泛应用于农田蒸散、作物耗水、森林水文、湿地水文、草原生态、水土流失、环境污染、水循环研究等领域。

截至 2023 年 9 月底，在国内布设投入使用的 SFCW－TDR 土壤水分监测技术产品的土壤墒情监测点已超过 1000 个，国产化的 SFCW－TDR 土壤水分监测技术产品从替代国外进口设备方面，至少成本降低 50%以上，产生了一定的经济效益，该技术产品市场应用前景广阔。

持有单位：天津特利普尔科技有限公司

单位地址：天津市滨海高新区华苑产业园区海泰发展六道 6 号海泰绿色产业基地 K2 座 1 门 402 室

联 系 人：卢玉

联系方式：022－83707888

E－mail：office@telepro.cn

六、水利工程建设与运行

158 堤防渗漏通道弱磁探测技术

技术来源

国家计划。

技术简介

该技术在渗漏出水口和堤外江水放置供电电极，通过施加低频激励电流，利用渗漏水良导电性，在渗漏通道与供电导线间形成电流优先回路，产生微弱低频磁场信号，在堤防表面测量磁场大小及变化特征，判识渗漏通道的分布位置及形态特征。研发了堤防渗漏通道弱磁探测装置，该装置包括电场负极棒、正极棒、磁场激励信号系统和磁场测量系统等模块。研制了三轴低噪声高灵敏度磁传感器，提出了微弱磁场信号检测技术、干扰磁场校正和电流漂移校正方法，解决弱信号提取难题。该技术具有无接地电极、抗干扰能力强、探测效率高等优势，对背景电阻率相对较低的堤防土体具有更好的适应性，可为堤防“体检”提供有效手段，实现渗漏险情的早发现早治理。

技术指标

（1）堤防渗漏弱磁探测装置由定位天线、主机箱、支撑杆、副机箱四部分组成，其中主机箱安置锂电池组及高精度定位模块、单片机主控板、信号调理板等。

（2）移动终端App采用蓝牙通信方式与主机进行数据交互，并实现弱磁场、传感器姿态、RTK等数据的显示、存储、预处理、查询和导出等功能。

（3）针对nT级弱磁信号检测，便携式锁相放大器模块采用低噪声电路设计和相位锁定方法，对微弱信号具有12倍放大效果，可实时监测传感器姿态、激励电流等信息，有效去除背景干扰，保证渗漏通道判识准确性。

（4）仪器参数：

场信号检测范围：0.1～200nT。

最小磁场分辨率：0.01nT。

探测中心频率：380Hz，通带带宽10Hz。

灵敏度：10mV/nT。

定位精度：≤0.1m。

姿态角精度：0.10。

供电电压：DC±12V。

通信方式：蓝牙BLE4.2。

应用范围及前景

适用于堤防渗漏、管涌探测，快速查明集中水流通道空间分布，也适用于大坝渗漏探测和城市管网普查等。

高水位期准确查明堤防渗漏通道对研究管涌演变规律和除险加固意义重大。弱磁探测技术装备为堤防渗漏除险加固提供了新思路，未来将深入研发微弱磁场信号采集传感器及其反演成像技术，提高弱磁信号采集能力和成像精度。该技术装备将推广应用至水库大坝渗漏探测、城市地下暗埋排污管道探测等领域，能有效查明集中水流通道的空间分布及变化特征，为大坝“体检”、城市暗埋管道排查提供有效手段，经济和社会效益显著，市场应用前景广阔。

持有单位：长江水利委员会长江科学院
单位地址：湖北省武汉市江岸区黄浦大街289号
联 系 人：周华敏
联系方式：15827168617、027-82929430
E-mail：zhouhuamin0926@163.com

159 无人船载低频浅剖声呐关键技术

技术来源

国家计划。

技术简介

水下衬砌结构破坏是水利工程运行时期关注的重点问题，传统水下检测多以高频声呐和水下摄像为主，且仅能解决水下表观冲刷破坏问题。该技术针对水下衬砌及基础结构破坏检测问题，提出了开展水下衬砌及基础破坏检测的相关理论体系，实现无人船自动测量，解决了利用无人船载低频浅剖声呐设备进行水下衬砌及基础结构破坏程度状况的测量问题。针对小水域工作与安全难题，重点解决了低于10kHz的低频换能器和轻量化功放技术，开发了可实现1.5m级及以下小型无人船搭载的低频声呐检测技术装备，并实现了水利工程表观破损和内部结构破坏的完全无人化检测工作。

技术指标

（1）最大检测速度：＞2m/s；续航时间：＞6h；最大帧率：＞10帧/s；最大声压级：＞185dB；信号频带：1～8kHz。

（2）水底最大检测深度：＞15m（饱和粉砂结构）。

（3）设备轻量化，可实现无人船搭载工况下的高效作业；信号可以穿透沉积泥沙、水下混凝土面板等介质，获取水底之下结构信息。

（4）可实现宽频带数据发射与采集，集测深、检测、探测等功能于一体；可匹配GPS差分定位，水下检测精度更高。

应用范围及前景

适用于水下衬砌面板及其基础结构破坏的水下检测；水底沉积泥沙层位与厚度信息检测；水底管线和水底构筑物探测等。

该设备可匹配GPS动态差分定位仪，利用低频换能器向水中发射2～8kHz宽频带声波信号，根据声波在水底和水底地层中的回波来检测水底地层情况。相关设备可广泛应用于内河水域水下衬砌内部缺陷及基础破坏检测、河道整治工程根石探测、水底暗埋构筑物检测、水下覆盖层探测、泥沙粗细分区等工作。

持有单位：黄河勘测规划设计研究院有限公司
单位地址：河南省郑州市金水路109号
联 系 人：王文成
联系方式：18337108286、0371-66023579
E-mail：88256063@qq.com

160 无人机和无人船组网集群协同测量系统

技术来源

国家计划。

技术简介

该技术基于无人平台优化设计、多模组自组网通信等方法，构建了无人平台自主控制、无人集群智能协同和面向任务的多平台协同与管理方法，并建立了无人组网测量作业体系，自主研发了无人机和无人船集群管控平台，实现了多网融合远程集群协同管控、高精度实时动态导航定位与自主避障和多源数据高效获取与智能融合，解决了高精度实时动态导航定位、面向任务的多平台协同与管理、海量多源数据底板智能融合和管理效率低下等难题。技术特点：一是基于多目标荷载的无人平台优化设计方法，构建无人平台自主控制关键技术，发明无人机中继站，提升作业精度和安全。二是基于多模组自组网通信技术，构建无人集群智能协同技术，研发基于无人机和无人船的同构/异构集群协同技术。三是通过建立面向任务的多平台协同与管理方法，研发无人机和无人船集群管控平台，实现多网融合的远程集群协同管控和多源数据融合。四是构建无人组网的测量作业体系，实现多源数据的精准性、及时性、同步性的获取。

技术指标

（1）无人船传感器横滚角 $\alpha=1°$（国内外主流无人船的 $\alpha=4.8°$），无明显气泡现象，测量精度大幅提升，航行稳定、安全。

（2）同构/异构无人组网通信技术，近程通信网的通信距离可达10km，基于无人机中继站的远程通信网的通信距离可达35km。

（3）无人组网集群管控平台，可实时监控无人平台运行状态，响应时间可达到秒级，可实现上千架次的无人机、无人船协同作业和集群管控，管控平台并发数量在3000个以上。

（4）基于已建立的关键地物及障碍物的特征模型库的智能识别正确率达90%以上。

（5）构建的无人组网一体化协同测量技术体系，测量效率较传统单机作业至少提升了3倍。

应用范围及前景

适用于工程勘察设计和智慧水利等领域的基础数据底板快速获取或河湖监测、工程建设监控、应急救援等领域。

该技术创新研发了无人组网集群测量系统，构建了集群式立体感知的新型无人测量技术体系，研发难度大，技术复杂，创新显著。在广西大藤峡水利枢纽工程等10多个大中型项目中推广应用，取得了良好的经济效益。同时，创新采用非接触测量方式降低了人工测量对自然环境的影响，取得了良好的生态环境效益。

持有单位：中水珠江规划勘测设计有限公司
单位地址：广东省广州市天河区沾益直街19号中水珠江设计大厦
联 系 人：赵薛强
联系方式：13318786543、020－87117044
E－mail：414976097@qq.com

161 重大引调水工程安全鉴定及评价技术

技术来源

国家计划。

技术简介

重大引调水工程线路长、建筑物众多，地质条件和运行环境复杂，管理层级多，其安全鉴定机制和安全评价技术亟待研究。技术特点：一是建立了年度报告及单项、专项、专门和全面安全鉴定相结合的安全鉴定制度，即常态化年度报告，定期单项鉴定，按需专项和专门鉴定的安全鉴定机制；明确了安全鉴定程序与组织、安全等级综合评定与分类标准等技术。二是规范了安全评价内容、方法和准则；建立了各类水工建筑物行业安全评价标准的内在联系，整合了渠道和不同建筑物的评价指标，形成了综合评价标准。三是综合红外热成像、三维高密度电法、三维层析成像法，形成了建筑物结合部隐患缺陷解释及定位方法。

技术指标

（1）提出了年度报告制度，规定了编制内容和重点；形成了包含定期的单项鉴定、针对特殊部位的专项鉴定、针对突发事件的专门鉴定、综合单项-专项-专门鉴定的全面鉴定等在内的差别化、可操作性强的安全鉴定体系。以南水北调中线为例，全面鉴定周期为10年，单项鉴定在此周期内逐年完成。

（2）以三级管理为例，建立了鉴定程序与组织体系，根据分级负责制明确了各级单位职责和组织实施流程。

（3）提出了专项和专门安全鉴定三级评价标准；以供水安全为核心指标，构建了单项和全面安全鉴定评价标准；规范了各类安全评价内容、方法。

（4）改进了结合部隐患缺陷探测技术，定位误差≤5%。

应用范围及前景

适用于重大引调水工程，灌区、水资源配置、输水等其他长距离线性水利工程可参考应用。

目前，我国已建兴建140座引调水工程，产生了巨大的综合效益；同时，还有在建的滇中引水、引江济淮等一批重大引调水工程。水利高质量发展和国家水网建设都对重大引调水工程运行管理提出了更高要求。通过动态安全鉴定可及时、全面掌握工程安全性态，积极主动防控风险。该技术可推广应用到重大引调水及其他线性水利工程的安全鉴定，以保障国家水网的工程安全和输水安全，推广应用前景广阔，具有一定的社会、经济、生态和环境效益。

持有单位：水利部大坝安全管理中心、中国南水北调集团中线有限公司、水利部交通运输部国家能源局南京水利科学研究院
联 系 人：胡江
单位地址：江苏省南京市广州路223号
联系方式：13913908543
E-mail：hujj@nhri.cn

162 土石堤坝超宽域分布式光纤测温测渗技术与系统

技术来源

国家计划。

技术简介

该技术聚焦堤坝渗流状况的全方位感测目标，以光纤温度传感技术为基础，以土石堤坝温度场与渗流场的关联性为纽带，通过改进解调技术、研制特种专用传感光纤以及技术集成等，研发出具有超宽域、超远距离的土石堤坝分布式光纤测温测渗系统。技术特点：一是以双通道解调设计、拉曼与光时域技术融合等，实现超远距离温度分布式感测。二是以内部结构和材质双优化的特种专用传感光纤，实现高、低温超大温度差异等的承受，且具有强的抗拉和抗压性能，可适应恶劣的施工与监测环境。三是通过降噪技术、盲源分离技术等的开发与应用，实现渗流信息的精准解译，保障了复杂工况下土石堤坝渗流区远距离、大范围、超宽域的快速感测。

技术指标

（1）测温精度：±1℃。

（2）光缆监测温度范围：－40～70℃。

（3）定位精度：≤0.5m。

（4）测温分辨力：0.1℃。

（5）空间分辨力：≤0.5m。

（6）响应时间：≤9s。

应用范围及前景

适用于纵向延伸长、实时监测盲区大的各类土石坝工程、堤防工程等渗流隐患监测领域。

土石堤坝工程具有纵向延伸长的工程特点以及随机性、隐蔽性强且初始量级细微的渗流隐患特征，采用传统点式监测仪器和技术，易形成监测盲区而出现漏检现象。光纤感测技术具有抗电磁干扰、防雷电等方面的优越特性和分布式监测能力，逐渐成为大型工程结构健康监测的重要手段，但基于传感光纤进行堤坝渗流性态监测仍旧是一个短板。该设备立足于当前水工领域前沿和工程实际中迫切需要解决的技术难题，可有效推动与提高堤坝工程安全精细化监测，该仪器设备及相关技术亦可推广于桥梁、码头、隧洞等的结构健康监测。

持有单位：河海大学、水利部交通运输部国家能源局南京水利科学研究院、无锡博联特光电科技有限公司

单位地址：江苏省南京市鼓楼区西康路1号

联 系 人：高鹏

联系方式：15195950153、025－83786331

E－mail：kyc@hhu.edu.cn

163 大型土石坝坝坡整修防护堆石运输摊铺关键技术

技术来源

其他来源。

技术简介

该技术通过对小浪底工程上游坝坡护坡整修项目中大方量、长距离的坝坡护坡堆石运输摊铺技术进行研究，从经济性、实用性、安全性等多方面考虑，比选塔吊运输法和临时便道运输法后，创新采用溜槽组合开展坡面堆石运输和摊铺施工。该组合由运输石料的溜槽、运输溜槽的简易运输车、溜槽安拆门式起重机和捡取溢出溜槽石块的捡石机构成。在坝坡整修的过程中，不断对溜槽布置方式进行现场试验改进，最终选定 2 组长溜槽、2 组短溜槽配合进行摊铺的作业方式。该溜槽组合相比塔吊运输法和临时便道运输法，大幅度提高了作业效率；相比在坝坡修建临时便道减少了对坝体的扰动和破坏；整体减少了机械设备的投入，提升了安全性。

技术指标

（1）溜槽组合由溜槽、三角桁架、溜槽运输车、安拆溜槽门式起重机和捡石机组成，组合采用两长、两短溜槽搭配布设方式，将石料运输至所需位置，减少机械人工的投入，提高作业效率。

（2）适用坝坡坡度范围：22°～32°；石料粒径范围为 80～1000mm；沿坡面运输距离不小于 150m；溜槽运输摊铺石料效率最高 2000m^3/d。

应用范围及前景

适用于大型土石坝堆石护坡整修，以及新建土石坝护坡堆石摊铺施工项目。

我国现有土石坝超过 8 万座，土石坝常面临结构变形、坡面堆石风化等影响，导致坝坡出现不同程度的位移，从而影响坝坡稳定，需要对土石坝坝坡进行整修，采用溜槽组合的堆石运输摊铺技术可以为土石坝坝坡整修提供指导。该技术在 2020—2021 年小浪底水库主坝将近 18 万 m^2 的坝坡整修项目中得到充分运用，经过了实践检验，创造了较好的经济效益和社会效益，发挥了引领示范作用，具有较好的推广应用价值。

持有单位：黄河水利水电开发集团有限公司
单位地址：河南省济源市小浪底水利枢纽管理区
联 系 人：刘焕虎
联系方式：15824979785、0379-63898632
E-mail：xiebaofeng@xiaolangdi.com.cn

164 重大工程地基土冻胀安全评价技术

技术来源

国家计划。

技术简介

该技术通过重大工程地基土粒径分析，响应其补水方式和粒径分布特征，提出了冻融补水新方法，研发了冻融试验补水装置及碎石土大型冻胀测试系统，突破了粒径大于10cm的碎石土冻胀测试技术，开展了不同粒径尺度下地基土冻胀评价，给出了四要素的土体冻胀权重值，建立了重大工程地基土冻胀预警系统。解决了粗粒土冻胀试验及评价技术不足的问题，冻融试验补水方法不能很好模拟客观实际的问题，重大工程地基土冻胀灾害预警及可视化显示的问题。

技术指标

（1）土体粒径。研发一种用于粗粒土大型冻胀试验系统，突破土体粒径至10cm的碎石土冻胀评价，揭示了细粒含量从5%到50%的粗粒土在冻结过程中温度场、水分场，冻胀量的演变规律。

（2）补水方式。模拟普遍冻融补水方式，实现三向冻结封闭系统、三向冻结开放系统和单向冻结自然补水系统下冻胀变形监测的试验，其中单向冻结自然补水系统下无梯度补水和有梯度补水下试样含水率分别增加约0.6%和1.5%，更符合实际。

（3）冻胀影响权重占比及预警。给出了土质条件、含水率、温度及压实度对冻胀的影响权重，分别为0.47、0.21、0.18和0.14，构建了冻胀预警系统，预测了气温变化下不同深度地基土的冻胀风险。

应用范围及前景

适用于补水条件复杂的季冻区渠道工程、大坝工程、建筑工程、道路工程及滑雪场馆等涉及的各类地基土。可向地基土含量组成、补水环境、地质条件更加复杂的工程推广，探索在特殊土类冻胀评价中的适用性。

该技术应用前景广阔。可应用于渠道、大坝和道路工程等地基，可实现不同细粒含量粗粒土在复杂冻融补水环境下的冻胀评价；应用于冬奥会滑雪场馆等建筑工程地基，可突破粒径尺寸的限制，给出碎石土冻胀评价；应用于运营期工程，可在冻胀评价的基础上，利用影响因素权重分析和冻胀预警系统，实现冻胀风险评估。

持有单位：黑龙江省水利科学研究院
单位地址：黑龙江省哈尔滨市南岗区延兴路78号
联 系 人：王森
联系方式：18686878344
E-mail：jyllwm1990@126.com

165 水工混凝土结构功能耐久保障技术

技术来源

国家计划。

技术简介

该技术对设计理论、SKJ 系列材料、工艺工法、耐久性预测等进行研究，形成了成套水工混凝土表面防护技术。成套技术包括：水工混凝土表面防护体系设计理论与方法；基于仿生原理的高性能多功能脲基聚合物材料；涂层水浸耐久性预测方法和模型；防护工法与质量控制体系；止水效果快速无损检测等。技术具有适应多功能效果、耐久性高、绿色环保、施工简便、低成本、应用范围广等特点。该技术在南水北调中线、冬奥会丰宁抽水蓄能电站、溪洛渡水电站、奋斗水库等10余项大型水利水电工程取得成功应用，解决了复杂运行环境耐久性问题（水浸、冲刷、高水压等)、复杂施工环境难题（明水、高寒等)、抗冰拔、抗冲磨、防渗、减阻降糙、防淡水壳菜附着、水工建筑物在通水前进行止水效果检测难题、应急抢险快速修复等难题。

技术指标

(1) 快速固化：5～10s 固化。

(2) 高耐久：耐久性达 70 年。

(3) 抗冲耐磨：可承受 40m/s 水速冲刷。

(4) 抗冻融：300 次冻融循环拉伸强度损失率 10%。

(5) 高粘接：干燥混凝土粘接强度 4MPa，潮湿面粘接强度 2.5MPa。

(6) 高防渗：可承受 1.3MPa 反向水压。

(7) 快速施工：单机日施工 1200m^2。

(8) 坡度>30°坝面冰不附着。

(9) 三维大变形 500%。

应用范围及前景

研究成果可广泛应用于大坝、隧洞、渠道、渡槽、箱涵等水工混凝土防渗、防腐、防藻、降糙、抗冰拔、抗碳化、抗冻融、抗冲磨等保障结构功能耐久防护领域。

保障水利水电工程中的水工混凝土结构功能安全及耐久性，是水利高效利用的基础，是未来重点研究发展的方向。该技术在水工混凝土结构功能耐久性保障防护（包括防渗、抗冲磨、防腐、抗碳化）领域的应用发展，特别是在抽水蓄能电站、长距离调水工程等具有广阔的应用前景。

持有单位：中国水利水电科学研究院
单位地址：北京市海淀区复兴路甲 1 号
联 系 人：李炳奇
联系方式：18611718911
E-mail：libq@iwhr.com

166 泄水建筑物混凝土降粘抗裂耐磨技术

技术来源

其他来源。

技术简介

在西部大开发及西电东送战略推动下，高坝大库日趋增多，高水头、大流量泄水建筑物对抗冲磨材料提出了苛刻的要求。高强度抗冲磨混凝土黏度高，施工难度大，开裂风险高，因此抗冲磨混凝土技术的前沿是要同时兼顾抗冲磨性能、施工性能和抗裂性能。

该技术基于流变学原理提出低水胶比混凝土降黏思路，通过玻化微珠与表面活性剂联合，在混凝土中形成“滚珠效应”，克服了高强度、低胶材抗冲磨混凝土工作性差的技术难题；建立了基于温湿度历程的膨胀剂组成设计方法，提出了根据混凝土自收缩、温度收缩、干燥收缩等过程的发生时间调整膨胀历程的抗裂思路，解决了抗冲磨混凝土开裂问题；建立了基于三维图像扫描技术的混凝土冲磨破坏评价方法，研发了纳米改性硅粉抗磨蚀剂，可实现混凝土抗冲磨强度显著提高。

技术指标

(1) 混凝土抗压强度比：7d，≥100%，28d，≥100%。

(2) 抗冲磨混凝土塑性黏度下降50%以上。

(3) 开裂温降增加20℃以上。

(4) 抗冲磨强度提高70%以上。

应用范围及前景

适用于高水头、大流量、多泥沙环境下泄水建筑物抗冲磨混凝土配制，对施工性、抗裂性和抗冲磨性有显著改善。

依据水工建筑物情况调查：已建大中型水电工程中近70%存在冲磨破坏，导致混凝土表面不同程度剥蚀，不仅修复十分困难且需耗费大量人力、物力。随着我国系列发展战略的实施，一批大型高水头电站即将兴建，其泄流流速高达40～50m/s，对混凝土抗冲磨性能提出了更高要求。该技术先进性在于以“整体论”思路平衡抗冲磨混凝土工作性、抗裂性和抗冲磨性能，避免单一性能提升带来的其他性能劣化。该技术对全面保障高水头大流量水库大坝泄水建筑物的建设与长期安全运行，具有广阔的推广应用前景，经济社会效益较高。

持有单位：水利部交通运输部国家能源局南京水利科学研究院
单位地址：江苏省南京市广州路223号
联 系 人：白银
联系方式：13705164844
E-mail：ybai@nhri.cn

167 CAS型混凝土防裂抗渗剂

技术来源

其他来源。

技术简介

该技术是由激发剂、多种膨胀源和活性组分组装而成的多元复合材料。内含多种活性组分和激发剂，部分替代水泥，显著降低混凝土早期水化温升，同时通过激发水泥-掺合料复合胶凝体系中混合材和掺合料的活性，提高混凝土后期强度，增加混凝土密实性，改善耐久性；通过缓释技术及多膨胀源复合组装技术，实现大体积混凝土补偿收缩历程中膨胀时间（峰值出现时间、膨胀稳定时间）、膨胀时长和总膨胀量（膨胀峰值增加值、膨胀稳定增加值）的“三个”可控。针对不同工程特性，提供相应的活性激发历程和补偿收缩历程，显著提高该类混凝土的体积稳定性，防止温度裂缝。

技术指标

（1）比表面积：≥450m^2/kg。

（2）需水量比：≤105%。

（3）烧失量：≤4.5%。

（4）含水率：≤1.0%。

（5）氯离子含量：≤0.06%。

（6）碱含量：≤0.60%。

（7）28d胶砂抗压强度比：≥95%。

（8）沸煮法安定性：合格。

（9）7d水化热降低率：≥15%。

（10）凝结时间差：初凝，≥45/min；终凝，≤300。

（11）抗压强度比：28d，≥95%；90d，≥100%。

（12）轴心抗拉强度比：28d，≥95%；90d，≥100%。

（13）干缩率比：28d，≥90%；90d，≥80%。

（14）自生体积变形：膨胀峰值出现时间≥10d，稳定时间≤90d，膨胀增加值≥60×10^{-6}，膨胀回落值≤20×10^{-6}。

应用范围及前景

适用于大坝、地铁、机场、公路、铁路、桥梁、隧道、市政、房建和港口码头等混凝土工程的梁板柱块等各种结构。

防裂抗渗剂研发后在多个重点工程中成功应用并获得水利部及浙江、江苏、重庆等多个地方水利行政主管部门重点推广，可应用于提升不同特征气候和施工、服役环境条件下水利水电工程混凝土建筑物抗裂性和耐久性，为保障工程运行安全提供重要的技术支撑，具有广阔的推广应用前景。

持有单位：深圳市砼科院有限公司、长江水利委员会长江科学院
单位地址：广东省深圳市龙岗区横岗街道六约北社区埔厦路80号万马奔腾产业园2栋401
联 系 人：秦艳花
联系方式：13510898589、0755－8966090
E－mail：tkycas@126.com

168 窄河谷高坝天然水垫消能技术

技术来源

省部计划。

技术简介

该技术针对窄河谷高坝的泄洪消能难题，提出多个创新的设计理论，研发多个新型消能工，并提出了相应的设计和计算方法。包括：提出综合性消能安全评价指标——消能安全指数；提出了采用天然水垫消能的判别标准；提出分散冲刷系数，建立了分散式消能工冲坑深度计算公式和预测方法；研发了窄缝挑坎阶梯式出口、高低坎分区＋低坎动水垫、非对称大差动挑坎等一系列分散式新型消能工；研发了锚拉式防淘墙护岸新结构及自下而上的成墙施工新技术。该技术可减少前期设计比选论证工作量，提高了工作效率，并降低了工程对环境的影响。

技术指标

(1) 以消能安全指数 $W<4.0$ 作为采用天然水垫消能的指标，缩短方案比选时间。

(2) 分散式消能工冲坑深度计算误差 <10%。

(3) 新型分散式消能工消能效果较好。

(4) 新型岸坡防冲结构及施工方法可解决岸坡防护技术难题。

应用范围及前景

适用于窄河谷采用挑流消能的中高坝工程的消能方案设计、消能计算及岸坡防护设计。

随着我国水利水电建设重心向西南转移，工程越来越多地呈现“高坝、窄河谷、大泄洪功率、复杂地形地质条件”等特性，采用天然水垫消能就成为一种兼具经济性和可靠性的选择。该技术可直接应用于我国西部尤其是雅鲁藏布江下游水电开发中的大型电站，进行高坝消能方案的初选，提高分散式消能工冲刷深度预测的精度和总体设计效率，具有较高的推广应用价值。

持有单位：长江勘测规划设计研究有限责任公司、长江水利委员会长江科学院
单位地址：湖北省武汉市江岸区解放大道 1863 号
联 系 人：董宗师
联系方式：18971065560
E-mail：dongzongshi@cjwsjy.com.cn

169 耦合扰动控制的黄河梯级水库群多过程协同调度关键技术

技术来源

省部计划。

技术简介

该技术重点针对水库群调度下多过程的复杂关系和多目标的实践需求，主要解决了 3 个技术难点；创建了梯级水库群系统演变的定量识别与定向控制技术，建立了梯级水库群多过程协同控制原理；建立了扰动程度与调度效益损失的量化关系和结构可调整的扰动控制器，创建了效益与风险协调的梯级水库群调度扰动控制技术；创建了多时空尺度嵌套和多过程动态协调技术，建立了耦合扰动控制的梯级水库群多过程协同调度技术体系，研发了梯级水库群多过程协同智能调度模型平台，实现了常态协同调度与实时扰动控制的有机结合。建立的梯级水库群多过程协同控制原理，填补了复杂系统定向控制理论空白。

技术指标

（1）建立了控制梯级水库群系统演变的 15 个序参量及阈值定量识别方法。

（2）融合梯级水库群水沙电生态 4 大过程，建立梯级水库群多维协同仿真调度模型。

（3）调度智能化水平和精度高，分水方案控制精度超过 98%。

应用范围及前景

适用于梯级水库群多目标联合调度、黄河干支流水量调度、重大引调水工程和水库工程论证等。

该技术重点针对水库群调度下多过程的复杂关系和多目标的实践需求，破解了长期困扰梯级水库群调度的“复杂系统演变定向控制”“扰动精准控制”“多过程协同调度”三大难题。耦合扰动控制的黄河梯级水库群多过程协同调度关键技术已在黄河水资源管理和水量调度的长期实践中得到检验，经济社会和生态环境效益显著。当前，我国大江大河已形成复杂的梯级水库群调度系统，该技术可进一步推广应用于其他江河流域复杂水库群的防洪、供水、发电和生态多目标联合调度，耦合多种风险因子的预报调度，以及水库调度风险和效益的评估等。

持有单位：黄河勘测规划设计研究院有限公司、水利部水利水电规划设计总院、西安理工大学、三峡大学、天津大学

单位地址：河南省郑州市金水路 109 号

联 系 人：王文成

联系方式：18337108286

E-mail：88256063@qq.com

170 工程建设项目智慧管理系统 V1.0

技术来源

其他来源。

技术简介

该技术全面梳理项目建设期管理流程，结合三层（表现层、服务层和存储层）应用模式，利用 UML 建模语言和 CASE 工具，采用 Spring Boot、Apache Shiro、MyBatis 等框架技术，开发协同办公、招标合同管理、质量管理、安全管理、智慧工地等 12 个业务模块。融合 GIS 技术，开发工程建设分布图，直观展示工程建设位置及基本情况。建设智慧工地，安装视频监控、环境检测仪、人行闸机等设备，利用物联网、AI 智能抓拍、人脸识别技术，全天候感知施工现场信息、实时抓拍未戴安全帽等违规行为，并传输至系统，做到了对人员考勤、施工车辆、环境、视频监控、违规信息等现场施工情况监测，系统实现了在线协同办公、数据汇总分析、资料电子储存、信息实时共享、现场全面感知、隐患预警预控。技术特点：一是具有功能清晰、技术先进、易于维护、易于扩展、安全稳定。二是有效解决了项目管理过程中存在的文档资料繁杂、资料管理困难、信息化程度不高、信息共享困难、流转审批效率低等问题。三是同时解决了施工现场全天候管理难度大、未戴安全帽等违规行为不能及时发现等问题。

技术指标

（1）资料查询和显示时间在 3s 以内，流程响应时间在 2s 以内，具有数据备份恢复功能，保证重要数据不丢失，保证 7×24h 运行。

（2）根据用户量、服务器和网络环境综合分析，能够支持 300 人同时在线进行系统访问、操作。

（3）GIS 融合技术，在 GIS 地理信息系统对工程位置显示，实现在项目建设过程中数据的全局可视化浏览和直观数据的展示。

（4）通过智能 AI 抓拍技术，实现对未戴安全帽、跨越禁区违规行为抓拍，并在 3s 内传至平台，同时通过手机 App 将违规信息推送给现场管理人员。

（5）通过人脸识别技术运用在人员进出场和考勤打卡等场景中，2s 内上传人员考勤情况，实现对现场人员的管理。

应用范围及前景

适用于大型水利工程建设管理中进行应用，建设管理人员应具备一定的计算机知识。

未来下一步计划研究如何利用大数据、智能算法等技术对感知的数据进行智能处理，通过数据分析，能够对工程的安全、质量、进度进行定量评估，以更好地辅助决策，指导工程建设管理。系统自使用以来，运行稳定、安全可靠，访问速度快，提高了工作效率，其技术优势逐步得到了参建各方的肯定。该项技术的成功应用，对类似水利工程建设管理提供了较好的借鉴作用，具有较好的推广应用前景。

持有单位：山东黄河河务局工程建设中心、山东黄河河务局山东黄河信息中心
单位地址：山东省济南市历下区黑虎泉北路 159 号
联 系 人：种法同
联系方式：18254126607
E-mail：chongfatong@163.com

171 数字钻孔多参数分析建模系统

技术来源

其他来源。

技术简介

该技术包括高清全景数字钻孔成像系统、钻孔多参数分析管理系统、三维建模系统三部分，可获取深厚覆盖层、破碎岩体、浑水钻孔等复杂环境条件下连续、完整、高清的全景三维岩心图像数据，建立与实际孔深、孔径、倾角完全一致的数字岩心库，实现岩心图像与岩石力学、工程地质、地球物理参数等"一图三参数"数据的动态、关联、综合展示，并可根据钻孔信息获取地质结构、物探属性等三维模型。该技术主要用于解决传统实物钻孔岩心的采集难、运输难、管理难等问题，实现钻孔信息采集、传输、存储、管理全过程数字化与三维可视化建模。

技术指标

(1) 可实现连续、完整、原位、高清的电子岩心。

(2) 图像分辨率 700TVL，可分辨 0.1mm 的裂缝。

(3) 可实现全景三维岩心图像、地质参数、岩石力学参数、地球物理参数的动态关联一体展示，为技术决策提供全面的信息支持。

(4) 支持钻孔全要素三维建模。

应用范围及前景

适用于水利水电工程的钻孔勘察工作，可推广应用于市政、交通、建筑等工程的钻孔勘察工作。

该技术的未来研究方向是推进数字孪生、大数据、人工智能方向在海量数字钻孔数据的分析上，实现数字钻孔数据的智能化管理，提升其应用水平。该技术可应用于水利水电、市政、交通、建筑等工程规划、设计、施工、运维阶段的勘察与工程检测工作中，具有以下应用场景：建筑物基础随时间推移的地球物理参数演变观测，为工程安全提供重要参考；工程支护、灌浆所产生的钻孔也可以采用该技术，可指导工程支护、灌浆设计工作。

持有单位：长江地球物理探测（武汉）有限公司
单位地址：湖北省武汉市解放大道 1863 号 24－1 栋
联 系 人：苏婷
联系方式：13657261592
E－mail：935239752@qq.com

172 声学多波束水下地形地貌测绘技术及装备

技术来源

其他来源。

技术简介

该装备采用多波束声呐测量技术，设备端包括湿端声呐和干端接收盒两部分，湿端声呐实现声学信号的发射和采集；干端接口盒结合辅助传感器实现声学数据与传感器数据的同步及处理。通过显控软件、采集软件和后处理软件的处理，完成水下地形地貌测量，并将成果以沉浸式的可视化图像或图形形式直观展示。

技术指标

（1）工作频率：400kHz；波束：256wb、512wb、1024wb；最大波束开角：140°；波束宽度：1°×2°。

（2）耐压等级（声学探头）：50m；探测范围：0.2～150m。

（3）最大频率：50Hz；测深分辨率：0.75cm；姿态模式：等角/等距。

（4）可支持：免安装校准、近场聚焦、水体成像、测扫成像，实时横摇稳定，倾斜测量。

（5）接口盒重量：1.55kg；湿端重量（含导流罩、定制法兰盘）：5kg（钛合金）。

（6）供电要求：100～240VAC/18～36VDC；功耗：60W。

（7）耐压深度：50m；存储温度：－20～65℃；工作温度：－10～55℃。

应用范围及前景

适用于河湖测绘、水库测量、水文测量、近海水下测绘、疏浚测量、护岸测量等水下探测和目标定位等。

该技术及装备在海洋、内河、港口等各个领域均有重要的作用，伴随着中国经济和科技实力的逐渐加强，对水下测绘的需求不断增加，对多波束测深仪的市场需求将持续增长，市场发展前景广阔。

持有单位：北京星天科技有限公司、水利部交通运输部国家能源局南京水利科学研究院
单位地址：北京市朝阳区创远路36号院14号楼6层601
联 系 人：高琛
联系方式：18611783067
E-mail：market@startest.net

173 高分子丙烯酸渠道防渗材料

技术来源

其他来源。

技术简介

我国水资源分布不均，兴建大型引调水工程可以合理有效地进行水资源调配。渠道作为一种常规输水建筑物得到大量应用，然而运行之后容易出现盖板脱落、土工膜开裂老化、渗水等一系列缺陷。该材料由一种水泥改性专用乳液和水泥基粉剂共同构成的产品，具有防水涂料和防水卷材优势复合，可用于渠道表面防渗。其防渗原理是将防水涂料涂刷在结构主体迎水面的基面上，从而在结构主体外侧和底部形成交圈的封闭防水层，既能保护主体结构不受侵蚀介质的作用，又达到防御外部压力水渗入结构主体内部的作用与功能。

技术指标

（1）固体含量：≥70%。

（2）拉伸强度：≥1.0MPa。

（3）低温弯折性：ϕ10mm 棒−20℃无裂纹。

（4）表干时间：≤4h；实干时间：≤12h。

（5）不透水性：0.5MPa，180min 不透水。

（6）黏结强度：≥0.5MPa。

（7）耐老化性（紫外线老化）：≥1000h。

（8）断裂延伸率：≥200%。

（9）燃烧性能等级：B1。

应用范围及前景

适用于各类型供水渠道表面防渗的应用，提高渠道输水能力，以及各类金属结构、金属配件表面防腐。

仅以约占我国 1/6 国土面积的新疆为例，该地区的年降雨量不足 200mm，年蒸发量却在 1000～3000mm，修建调水工程成为解决区域性缺水问题的首选。长距离输水渠道作为大型调水工程最常见的建筑物，然而内陆干旱区蒸发强烈，输水过程中水量损失比较严重，个别渗流严重的无衬砌渠道的渠道水利用系数仅有 60%～70%。高分子丙烯酸材料防渗性能好，适应变形能力强，适用于各种地区渠道防渗，有着广阔的应用前景。

持有单位：新疆额尔齐斯河投资开发（集团）有限公司、新疆万华昌兴节能科技有限责任公司、北京中核北研科技发展股份有限公司

单位地址：新疆维吾尔自治区乌鲁木齐市水磨沟区安居南路 197 号

联 系 人：高鹏

联系方式：13579893377

E-mail：27647907@qq.com

174 输水隧洞喷射混凝土 REV-A/B 晶胶改性聚合物新材料

技术来源

省部计划。

技术简介

REV晶胶改性聚合物材料是一种新型喷射混凝土专用外加剂，包括A料（减水增强型）和B料（速凝型）。A料：A料是由无机纳米材料协同多羟-羧基高分子聚合物杂化形成的共稳定体系纳米材料，前者具有强大体积效应、表面效应，后者则保证胶凝材料在体系中有效分散。A料替代传统减水剂拌入混凝土砂浆中，使整体胶凝材料的级配从纳米尺度到微观尺度更加连续，保证流动性同时提高凝固后混凝土密实度；同时，大量羟-羧基削弱电荷斥力的影响从而缩小了缝隙，提升凝固后的抗渗性能。B料：B料是由速凝类无机盐和纳米激活材料混合成的液体悬浮性稳定体系材料，在湿喷机枪头处加入后被充分混合并喷射，具有凝结速度快、雾化均匀等特点。REV特性：REV喷射混凝土具有回弹率低（5%以下）、早期强度高、后期强度不衰减，凝结后密实度高、抗渗抗冻融性能好、绿色环保等特点，有效解决传统喷射混凝土回弹大、早期强度低、耐久性差等缺陷问题，尤其是输水隧洞支护结构抗渗抗腐蚀能力差、耐久性损失严重等问题，保障输水隧洞安全，减少水泥使用量达到碳减排的效果。

技术指标

（1）坍落度180～220mm，1h经时变化量≤20；含气量4.0%～7.0%，1h经时变化量−1.0～1.0。

（2）初凝时间<3.0min，终凝时间<8.0min。

（3）早期强度：8h，>10.0MPa；16h，>15.0MPa；24h>15.0MPa。

（4）后期硬化强度比：3d，>170%；28d，>120%。

（5）回弹率<5%，相比传统回弹率25%有颠覆性的提升。

（6）抗硫酸盐侵蚀等级达到KS150，传统值KS60。

（7）抗渗等级P20以上，传统值P8。

（8）抗冻融高达F300次，传统值小于F200。

（9）每方混凝土减少水泥用量50～80kg，减少速凝剂用量4～6kg。

应用范围及前景

适用于水利、国防、铁路等隧洞工程及各类混凝土地下洞室的锚喷支护。

实施国家水网重大工程是“十四五”规划明确的重大任务。输水隧洞作为引调水工程的主要建筑物，在跨流域、跨区域的长距离引调水工程中占有重要位置，喷射混凝土施工质量对保障输水隧洞初期支护安全控制至关重要。REV喷射混凝土不仅可以有效解决输水隧洞普通混凝土抗渗抗腐蚀能力差、耐久性损差等问题，达到高性能喷射混凝土技术要求，而且通过降低回弹率减少水泥用量，在加快隧洞施工进度的同时达到碳减排的效果，具有较好社会效益和市场前景。

持有单位：天津如米基业新材料有限公司
单位地址：天津市津南区八里台镇科达一路
联 系 人：樊洁
联系方式：18635121280
E-mail：645876618@qq.com

175 铣削深搅水泥土搅拌墙技术（CSM - HBSY）

技术来源

其他来源。

技术简介

该技术是一种创新型深层搅拌施工方法，通过对施工现场原位土体进行切削、与水泥浆等固化剂进行搅拌，形成等厚度地下连续墙体。该技术原位铣削、搅拌一体，不设导墙，施工环节少，工艺流程简单；单幅成墙长，连续性强，防渗好；机动性强，可完成各种不规则形状的止水帷幕；施工效率高，平均每天成墙面积达 500m^2，工效提升 50%以上，对于超深墙体，工效提升尤为显著。

技术指标

（1）最大施工深度 65m。

（2）墙体抽芯率高达 95%以上，$RQD \geqslant 90\%$。

（3）墙体强度可达 1.5MPa，渗透系数小于 10^{-7}cm/s。

（4）墙体垂直度不小于 1/300。

（5）可切削单轴饱和强度不大于 15MPa 的岩石和粒径不大于 200mm 的碎石土。

应用范围及前景

适用于砂砾石、软岩等各种复杂地质条件的堤坝加固和防渗处理、深基坑围护等。

该技术是一种新型、高效、环保的搅拌墙技术，处于国内先进水平。具有地层适应性强，成墙深度深精度高、单幅成墙长、连续性及均匀性好、工艺简单等优点，墙体有优异的防渗、隔水性能。已在国内的多项工程实践中应用，提高了工效，降低了工程投资，取得了较好的经济与社会效益。未来主要应用方向：水利水电工程堤坝的超深防渗处理、深基坑围护和地基加固及改良。该技术拓展了深搅技术的适用条件和范围，推广应用前景广阔。

持有单位：湖北省水利水电规划勘测设计院、正宇科创（武汉）岩土工程、上海金泰工程机械有限公司、武汉正洪岩土工程有限公司
单位地址：湖北省武汉市洪山区珞南街珞狮路 290 号
联 系 人：刘敏
联系方式：18872226318
E-mail：3199003@ qq.com

176 提升沿海涵闸混凝土耐久性施工技术

技术来源

其他来源。

技术简介

提高沿海涵闸混凝土耐久性，关键是提高混凝土密实性、特别是表层混凝土的密实性，密实是混凝土耐久的充分必要条件。该技术通过优选原材料，控制用水量和水胶比，保证带模养护时间，处于E、F级环境下的混凝土实施防腐蚀附加措施。技术要点：①推荐混凝土配合比参数：用水量不宜大于140kg/m^3；水胶比不大于0.40；粉煤灰、矿渣粉复掺，掺量为35%～50%，可提高混凝土抗氯离子侵蚀、抗碳化能力。②带模养护时间：设计使用年限为50年、100年的混凝土带模养护时间分别不宜少于10d、14d，拆模后实施覆盖、覆膜、喷雾等养护措施。③E、F级环境可采取防腐蚀附加措施，在混凝土中掺入超细掺合料、模板内衬透水模板布等措施提高混凝土自身密实性，或采用硅烷浸渍来延缓、阻止氯离子向混凝土内部的迁移。④将混凝土试件浸泡于16.5%盐水溶液中35d，推荐氯离子渗入深度控制指标。

技术指标

（1）C30～C40混凝土28d快速碳化深度小于10mm，84d氯离子扩散系数为小于$4.0\times10^{-12}m^2/s$。

（2）抗冻等级>F200，抗渗等级>W12。

（3）240d龄期混凝土回弹强度42.1～43.7MPa。

（4）730d龄期自然碳化深度3～3.94mm。

（5）混凝土采用内衬透水模板布后，混凝土表面强度提高10MPa以上。

（6）200d自然碳化深度为0。

（7）730d碳化深度0.05mm。

应用范围及前景

适用于沿海氯化环境的水工混凝土，也适用于内河淡水区的水工混凝土。

绿色、低碳、长寿是水工混凝土发展方向。该技术形成了保障与提升沿海涵闸混凝土耐久性施工成套技术，在沿海和内河的水工、市政、交通、电力等建设工程推广应用前景广阔。

持有单位：江苏省水利科学研究院
单位地址：江苏省南京市南湖路97号
联 系 人：陈凤
联系方式：18936006581、025-86338560
E-mail：470966083@qq.com

177 门槽埋件直埋施工技术

技术来源

其他来源。

技术简介

传统的闸门门槽分两期施工，在闸墩一期混凝土施工时，门槽位置预留二期施工区域，待一期混凝土浇筑到顶后再进行门槽轨道施工。该技术利用钢架制作的门槽云车作为门槽埋件支撑平台和施工作业平台，将门槽轨道的安装提前到一期混凝土备仓期间，与钢筋、模板工序同步验收、同步施工，节约门槽施工时间。门槽云车有足够刚度，与门槽轨道连接成整体，共同抵抗混凝土浇筑时的推力，并能通过定位块及螺旋调整装置进行精准定位，保证安装质量。门槽云车具有自提升能力，能随着主体结构混凝土浇筑，与门槽轨道同步上升。

技术指标

(1) 门槽云车基本技术指标。

适应混凝土分仓高度：3000～6000mm。

最大分层高差：500mm。

定位精度（允许误差）：±0.5mm。

电机功率：2kW。

自爬升配置：7.5t×4（链式电动葫芦＋下端转向轮＋特制钢丝）。

自爬升行程：6000mm。

动力电源：380V/3P＋N，50Hz。

调节行程（允许误差）：±80mm。

(2) 智能监测系统技术指标。

轨道垂直度检测精度：0.01°。

轨道平面度检测精度：±0.2mm。

云车上下游偏移检测精度：≤0.01°。

主反轨跨度检测精度：±0.5mm。

单点测量速度：≤5s。

多点循环测量速度：≤10min。

应用范围及前景

适用于水利水电工程中高度大于20m的平板闸门门槽安装。

该技术已在多个工程投入使用，进一步推广将改变门槽结构的设计与施工现状，未来，云车设备进一步发展，增加更多的传感设备，形成更完善的监控系统，可实时在线监测，实现门槽施工过程信息化、智能化管理，在进度、安全、质量方面的优越性将全面体现。

持有单位：广西大藤峡水利枢纽开发有限责任公司、中国水利水电第八工程局有限公司、成都阿朗科技有限责任公司

单位地址：广西壮族自治区贵港市桂平市北江桥头大藤峡公司前方营地

联 系 人：张松涛

联系方式：18878930108

E-mail：31509712@qq.com

178 岩锚提升盾构障碍桩新技术

技术来源

其他来源。

技术简介

该技术解决了断桩、断筋、传统设备占地大、周边影响大难题。利用锚索实现提升抓手、轻型装备法消除桩-土或强连接阻力、地梁-反力梁装配提供反力、回灌加固桩底桩解决桩底塌孔及桩周松动、盾构冒浆难题。“消阻、试拔、监测、应急退锚、再消阻、再提升”动态流程，为大直径障碍桩快速、可靠整体提升提供了保障。该技术具有拔桩力大、场地空间适应能力强、地基承载能力要求低、对周边建筑物干扰弱、施工工期短、运维成本低、剩余桩基继续发挥功能等特点。

技术指标

(1) 形成了一套完整的技术，包括设计方法、实施方法、监测方法。

(2) 适用于不同直径、长度、类型桩体。现已完成的桩体直径达到了1.5m、2.0m，基本不受桩体扩孔影响；适用于不同长度不同地质条件桩体；以及不同类型桩体，如钢筋混凝土灌注桩、PHC（预应力管桩）打入桩等。

(3) 满足不同场景，如河道边、铁路边等不利条件，可以灵活应用相邻桩基解决反力问题，也可以建设沉井解决周边建筑物安全。

(4) 可以连续可控提升高度；提升力可以达2000t及以上，根据需要可将设备并联，实现能力提升；可以通过消阻-提升及监测-再消阻，在消阻任务与提升任务间协调。

应用范围及前景

适用于水工、地铁、交通盾构障碍桩清理，尤其适用于空间狭小、周边复杂情况，如涵洞、高铁路、河道支护桩。

该技术适用于常规水利、交通等一般工程场景下的障碍桩拔除，更擅长于施工空间狭小、地表承载力低、周边建筑物多等复杂场景下的大直径障碍桩整体提升或拔除，可大幅降低清障成本、提高施工效率、保障运营安全。该技术不局限于障碍桩治理，其技术原理及特点也可在清除地下大型障碍物领域发挥重要作用，其锚索拔桩方法可根据作业场景进行针对性设计，成套技术具有广阔的应用场景和推广价值。

持有单位：南京水科院瑞迪科技集团、水利部交通运输部国家能源局南京水利科学研究院
单位地址：江苏省南京市鼓楼区广州路225号
联 系 人：刘海祥
联系方式：13851552579
E-mail：hxliu@nhri.cn

179 堆石坝级配料开采智慧爆破关键技术

技术来源

其他来源。

技术简介

该技术首先以堆石坝级配料开采爆破控制为目标，通过考虑爆破与地质条件的联合作用，建立了基于开挖历史自学习和传统爆破设计模型相融合的堆石坝级配料开采智能爆破设计方法；其次通过构建爆破参数-效果非线性优化的数学模型，提出了基于经济最优、质量最优或其他目标控制的爆破级配优化方法；最后突破以往同类技术基于CAD软件二次开发的瓶颈，研发了基于自主图元编程的爆破设计可视化平台；最终形成了包含爆破信息感知、智慧爆破设计以及全链条管理三者集成的级配料开采智慧爆破系统。

技术指标

(1) 采用该技术可提高炸药的能量利用率，炸药单耗降低20%～40%，级配优良率从70%提升至90%，以两河口堆石料开采爆破为例，采用该技术单耗从0.65kg/m^3降至0.45kg/m^3。

(2) 采用该技术可显著提高级配料的开采质量，两河口水电站各区碾压后坝料颗粒级配检测超20000组，大坝上、下游堆石区最大沉降变形约为相应部位坝体填筑高度的1.31%和1.37%，满足小于1.5%的设计要求；基础廊道量水堰渗流量仅为0.5L/s。

(3) 采用该技术，普通技术人员在5min内即可通过电脑完成高质量的爆破设计，且电脑输出的纸质文件直接用于公安系统审批，开采全过程的爆破信息随时可查询和存档。

应用范围及前景

适用于堆石坝的各种级配料爆破开采，混凝土坝骨料开采及矿山、交通与核电领域的石料开采。

在5G、云计算以及大数据等信息技术高速发展的形势下，可进一步融合信息技术，提高智慧爆破设计效率；可基于高新遥感测量技术，将工程的三维地质模型与其他施工信息嵌入，建立基于智慧爆破的BIM体系。

当前“双碳战略”的总体布局下，水电能源具有广阔的发展空间，无论是当地材料坝的级配料开采或是混凝土坝的骨料开采，该技术均适用；从爆破块度控制力学机理角度，该技术可应用于矿山、交通、市政以及核电等领域的爆破采石工程。

持有单位：长江水利委员会长江科学院
单位地址：湖北省武汉市江岸区黄浦大街289号
联 系 人：胡英国
联系方式：15871424822
E-mail：huyingguo@mail.crsri.cn

180 岩石基础消聚能爆破开挖技术

技术来源

国家计划。

技术简介

该技术创新和发展了岩石爆破中爆炸能量传输与作用过程控制理论。通过在装药底部设置高波阻抗锥形或球形垫块，将炮孔中往孔底传播的爆炸冲击波反射并聚集到水平或斜向上方向，从而加强孔底水平侧向和上部岩体的破碎，实现建基面上部岩体的水平向聚能爆破切割；通过在孔底和消聚能垫块之间铺设低波阻抗松砂垫层，进一步消减经由高波阻抗垫块透射的爆炸冲击能量，实现垂直向的孔底消能减振。同时发明了结合孔底消能-聚能联合作用的岩石基础开挖成型爆破技术，建立了岩石基础开挖消能-聚能联合控制爆破设计方法，实现了水平向聚能爆破切割和垂直向消能减振，突破了大坝基础深孔台阶爆破一次成型的技术瓶颈。

技术指标

(1) 孔底以下 1.0～2.0m 岩体内的振动速度较常规爆破降低 30%～56%。

(2) 爆破影响深度约为 0.68～0.79m。

(3) 施工综合效率提高 3～4 倍，爆破成本降低 20%～30%。

以金沙江云川水电开发有限公司宁南白鹤滩电厂为例：采用该技术后，孔底以下 1.0～2.0m 岩体内的振动速度较常规爆破降低 30%～56%，爆破影响深度为 0.68～0.79m。该技术钻孔和施工效率较传统水平预裂和光爆方案显著提高。

应用范围及前景

适用于水利水电工程、市政交通及大型基础设施建设工程。

该技术研发了高波阻抗材料，提出了消聚能球、锥、柱及其组合结构的制备方法和工艺，解决了技术的工程适应性和大规模高强度施工难题，形成了岩石基础开挖消能-聚能联合控制爆破的施工工法，实现了大规模岩石基础开挖安全、高效和经济施工。该技术可以实现水平向聚能，孔底消能，并能控制爆破振动，因此未来将会在深埋地下隧洞岩爆风险控制及矿产资源快速高效开挖方面发展。同时，该技术在石化基地开采、料场开挖及公路路基爆破等领域成功应用，后续将继续在市政交通、民用建设及水电工程领域的岩基保护、振动控制等方面继续深耕。

持有单位：武汉大学
单位地址：湖北省武汉市武昌区八一路 299 号
联 系 人：严鹏
联系方式：13871439242
E-mail：pyanwhu@whu.edu.cn

181 边坡基岩双排预裂分区爆破技术

技术来源

其他来源。

技术简介

预裂爆破是基岩开挖中一种基岩保护层爆破减振的重要方法，预裂爆破减振是通过裂隙的物理隔离作用，控制其对保留岩体的破坏影响，以获得较平整的开挖轮廓。边坡基岩在爆破时必须严格控制爆破振动等有害因素，以保障边坡保护层长期稳定。该技术创新性采用双排预裂控制爆破，将爆破作业面划分为两个主爆区，在开挖面相隔一定距离布置施工预裂、结构预裂两排预裂孔，把开挖面分隔为两个主爆区，各自独立形成主爆孔、缓冲孔、预裂孔布置顺序。爆破时采用微差起爆网络，两道预裂缝分别成形，每个主爆区起爆时均有一道完整的预裂缝发挥减振作用。两个主爆区在秒级时间内分别起爆，然后进行统一清运出渣，统一钻孔装药，进入下一个作业循环。双预裂控制爆破方法降低主地震波，也克服了预裂缝隙收敛特性，形成较好的减振效果以保护基岩，而且一个爆破循环的开挖方量大，较好地解决了高效破岩与保护基岩的矛盾关系。

技术指标

针对普通预裂爆破控制爆破技术的不足，本技术成果既降低主地震波，也克服了预裂缝隙收敛特性，形成较好的减振效果以保护基岩，而且一个爆破循环的开挖方量大，较好地解决了高效破岩与保护基岩的矛盾关系。从爆破试验组的质点振动数据可得出：

（1）双排预裂爆破比单排预裂的减振效果更好，试验质点振动速度降低 20%～30%。

（2）双预裂控制爆破方法的两个主爆区同步钻孔施工、装药联网、微差起爆、装运清渣的施工工艺，一个爆破循环的开挖方量大，开挖效率是单排预裂爆破方法的 1.55 倍，加快施工进度。

应用范围及前景

适用于设有基岩保护层的大方量大面积边坡、台阶开挖爆破工程，较好地解决了高效破岩与保护基岩的矛盾关系。

该技术成果未来研究的发展方向是采用精度更高的数码雷管和联网爆破技术，提高爆破振动减振控制能力。技术成果可推广到大面积爆破开挖且存在较大保护层基岩的工程，如水利水电工程基坑边坡、交通工程边坡及台阶型矿山等。

持有单位：长江生态环保集团有限公司
单位地址：湖北省武汉市江岸区三阳路 88 号
联 系 人：吴天明
联系方式：13907208025
E-mail：tgem@foxmail.com

182 勘探平硐非爆破工艺掘进技术

技术来源

其他来源。

技术简介

传统的平硐勘探采取钻爆技术，而钻爆法需要爆破材料，近年来因办理爆破相关手续的时间越来越长，严重影响勘探工期，其次地域或其他制约因素所致不能采取钻爆法施工。使用钻爆法掘进施工后的平硐断面凹凸不平，对软弱夹层、裂隙等地质现象难以直观展现。平硐勘探是作为水库或水电站大坝勘探的一种重要且直观必不可少的勘察技术手段，而传统的平硐钻爆掘进施工技术短板难以满足现行项目现场实际情况的需要。因此，对平硐掘进施工技术进行研究改进是一项迫切需要解决的技术难题。技术特点：研发了一种适用于有限平硐空间的小型水平成孔钻机。具有尺寸小、结构紧凑、工作臂伸缩灵活、功率大，适用性强，便于搬迁等特点；提出适用勘探平硐的非爆破掘进工艺方法即钻孔-劈裂的破岩方法；采用电机油泵混合动力方式，将凿岩模块和劈裂模块功能通过液压系统设计进行集成。功率高，便于拆卸，灵活组合，适用性强；提出“凿岩机＋劈裂棒”的破岩方法，用机械化设备替代人工操作，大大提升了工作效率；掘进施工后的平硐断面光滑平整，能直观展现软弱夹层、裂隙等地质现象；采用圆弧形断面的方式掘进，硐壁稳定性及支撑性较好。

技术指标

（1）平硐掘进设备钻孔覆盖到 2m×2m 的平硐断面，钻孔能力达 4m/h，掘进能力达 2.8m/d。

（2）解决爆破不能施工的问题，能有效保证施工质量，施工后的平硐断面光滑、平整，能直观展现软弱夹层、裂隙等，利于地质编录、描述，提供准确地质参数。

应用范围及前景

适用于水电站或水库大坝勘探平硐掘进施工，以及受客观条件所致不能采取爆破技术掘进施工的小型断面隧道，如输水隧洞等。

该技术未来研究方向主要为小型平硐钻机设备的优化与完善实现多工作臂作业、钻孔与劈裂岩石远离工作面遥控操作等方面，深入研究完善相关配套设备及施工工艺与技术。该技术可广泛应用于水利水电枢纽工程平硐勘探施工、输水工程小型隧洞施工，有利于详细查清枢纽工程地质问题，为设计专业提供翔实岩土参数，还能解决因地域或其他客观条件所致不能采取爆破技术施工的问题，应用前景广阔，值得推广。

持有单位：长江岩土工程有限公司
单位地址：湖北省武汉市江岸区解放大道 1863 号
联 系 人：谢玉萍
联系方式：18290401557
E-mail：649501242@qq.com

183 圣戈班穆松桥—岩盾®HDD非开挖专用球墨铸铁管道系统

技术来源

国家计划。

技术简介

该系统利用球管优异的力学性能和金属延展性以及环刚度抵抗外力产生的挤压变形或损坏、内自锚止脱接口实现牵引技术、高耐磨性和耐腐蚀性外部涂层实现管道的长期使用寿命；采用超强外涂层（锌+增强型纤维水泥砂浆），具有很好的耐摩擦性和抗冲击性，有效保护管道在拉管过程中不受损伤，纤维水泥配合喷锌涂层和环氧防腐层起到多重防腐作用；智锚接口通过止脱环对焊环的移动限制实现止脱。在不影响管道使用寿命和有效运行的前提下实现非开挖路段的管网线敷设。

技术指标

（1）球墨铸铁壁厚选用≥K9级；外涂层采用喷锌涂层+耐摩擦层，锌涂层质量的平均值≥130g/m^2，耐摩擦层符合YB/T 4564—2016《非开挖铺设用球墨铸铁管》要求。

（2）砂浆内衬厚度要求：DN40～DN300，内衬厚度公称值4.0mm，最小厚度≥2.5mm；DN350～DN600，内衬厚度公称值5.0mm，最小厚度≥3.0mm；DN700～DN1000，内衬厚度公称值6.0mm，最小厚度≥3.5mm。

（3）承口端为双腔结构：一个腔安装密封胶圈，用于管道接口的密封；另一个腔安装金属止脱环，且管道的插口端具有一圈焊环结构。通过止脱环对焊环的移动限制，实现止脱功能。这一精妙设计类似榫卯结构，完全消除螺栓、螺母，仅靠球墨铸铁单一材质，提供稳固可靠接口连接，确保产品抗外力冲击性远强于普通T形接口。

（4）接口允许拉力和偏转角符合YB/T 4564—2016要求。

（5）增强型纤维水泥砂浆外保护涂层，符合GB/T 13295《水及燃气用球墨铸铁管、管件和附件》中水平定向钻进用球墨铸铁管外表面涂层要求，也符合EN 15542《球墨铸铁管、配件和附件、管用外部水泥砂浆涂覆要求和试验方法》。

（6）给水用岩盾管道符合ISO 2531、EN 545和GB/T 13295标准对管道性能和内外涂要求，污水用岩盾®管道符合ISO 7186、EN 598和GB/T 26081标准对管道性能和内外涂要求。

应用范围及前景

适用于水平定向钻进非开挖铺设管线、存在外部冲击的环境、旧有管道的原位替换等。

岩盾管道产品拥有优异的抗拔脱能力和超高的耐磨性能，已在全国各地应用于非开挖项目，未来进一步研究的方向有改良生产工艺和研发更强的止脱接口型式；解决纤维水泥外涂层附着难、插口焊环焊接慢的问题，优化生产工艺，提升生产效率，增大产能，以便满足日益增长的非开挖水平定向钻管道需求；提升管道接口的止脱能力，增大管道接口的允许偏转角度，以便适应超长距离非开挖拖拉管应用场景。

持有单位：圣戈班管道系统有限公司
单位地址：安徽省马鞍山市慈湖化工路
联 系 人：杨洋
联系方式：18505551290
E-mail：yang.yang@pampipe.com

184 大口径高环刚度纤维增强 HDPE 双壁缠绕管材

技术来源

其他来源。

技术简介

纤维增强管材制造技术采用全新 HDPE 为主要原料，经过改性表面处理纤维、纤维预涂敷 PE 树脂处理、纤维增强功能母粒混合多层共挤，经螺旋缠绕与塑料热熔胶焊接而成型的高环刚度结构壁管材。该技术解决了纤维增强 HDPE 双壁缠绕管轻量化的关键技术难题，采用三种不同“分散维数”纤维增强形式的全新概念，高分子刷一端可与纤维表面的 Si－OH 发生交联反应，另一端则嵌段共聚反应获得树型分子，“多手臂结构”渗透进入 HDPE 树脂分子链与树脂分子链相互缠绕，充分发挥良好的界面黏结作用，其产品性能远超国家标准；相同单重条件下，能有效提高弹性模量，降低惯性矩，进而降低生产成本，可使环刚度达 40kN/m^2、口径达 DN4600mm（目前，国标最高环刚度 16kN/m^2，最大口径 DN3500mm）。该技术解决管材环刚度、口径、管道重量、原辅材料消耗等矛盾，生产出稳定控制难度高，满足管材环柔性和抗冲击性等关键技术。

技术指标

（1）纤维增强 HDPE 承插式双壁缠绕管在相同单重条件下，具有更高的环刚度等级（SN≥25kN，甚至于 40kN 以上），可以满足更复杂、更苛刻的地质条件和工程要求。

（2）通过纤维增强技术应用填补国内外生产口径 DN3500mm 以上的空白，已攻克 DN4600mm 口径生产难点，并且已完成了实验的测试，即将接受市场的考验。

（3）管材接口采用自主知识产权的具有五重技术保障的承插式连接方式，采用 F 型遇水膨胀胶圈，经遇水试验 250 次，膨胀系数保持 2.5 倍，与其他连接方式相比节约人工、提高了连接效率。

（4）抗化学腐蚀性能强，不受酸、碱、盐的侵蚀，不受有机物的侵蚀；无细菌、藻类滋生；不生锈、不结垢。

（5）绿色环保，产品可以 100％可回收，不污染环境。

应用范围及前景

适用于水利、市政、建筑物等各类大口径工程建设领域的供水、排水、排污、调蓄功能和管道内衬修复等。

研究轻量化、大口径、高环刚度纤维增强 HDPE 缠绕管材应用于水利输送、市政排水、管道内衬修复等技术，为行业提供定制化方案和服务。通过规模化纤维增强技术的应用，可降低产品单位成本，向市场提供性价比优、更大口径、更高强度的产品，将进一步提高该技术产品市场竞争力，是今后大口径管材用于水利输送、市政排水、排污工程的发展趋势，产品具备广阔的市场前景。

持有单位：上海清远管业科技股份有限公司
单位地址：上海市金山区曹黎路 35 号
联 系 人：赵宝明
联系方式：13901458430
E－mail：15466318@qq.com

185 混凝土面板堆石坝渗漏水下封堵技术

技术来源

其他来源。

技术简介

我国面板堆石坝数量众多，渗漏是其面临的最主要病害之一，出现渗漏后一般需降低库水位或者放空水库进行干地处理，既带来巨大经济损失，也会对环境造成不利影响。该技术基于递减粒径料渐进式充填堵水理论，研究提出面板堆石坝渗漏险情不放空条件下，水下导管灌注堵水料控流、黏性料充填闭气封堵减渗技术和裂缝/孔洞嵌填修复、垫层料灌浆充填及面板表面柔性封闭重构防渗体系统，克服了集中渗漏处流速大、人工处理风险高、灌浆堵漏材料难以起效等问题，适用于面板堆石坝 60m 以浅、渗漏量达 m^3/s 级、断面达 m^2 级的水下破损、孔洞封堵处理。

技术指标

（1）集中渗漏点淤堵减渗适用缝口或洞口流速 1m/s，水深 60m 以内，淤堵下料速度不低于 $10m^3/h$，处理后流速降低至 mm/s 级。

（2）裂缝/孔洞修复材料水下 3d 黏结强度大于 1.5MPa、抗压强度大于 25MPa，终凝时间小于 30min。

（3）疏松垫层料灌浆浆材弹模不大于 8GPa，抗压强度 5MPa 左右，渗透系数不低于 1×10^{-7}cm/s，灌后垫层料渗透系数不大于 10^{-4}cm/s。

应用范围及前景

适用于面板堆石坝水深 60m 以内破损裂缝、孔洞等渗漏缺陷的水下永久处理和抢险处理及土石坝集中渗漏通道封堵等。

该技术攻克了面板堆石坝水下渗漏的动水封堵难题，为面板堆石坝集中渗漏水下处理提供了技术可行、实施简便、快速高效的解决方案，已在漳河水库巷道封堵、重庆蓼叶和新疆某些电站大坝渗漏处理中成功应用，水下封堵后渗漏量大幅降低。

未来可进一步形成专用成套施工技术装备，提高施工效率和处理效果。技术可拓展应用在土石坝集中管涌、基础岩溶通道渗漏封堵、煤矿巷道涌水封堵等领域，具有广阔的推广应用前景。

持有单位：长江勘测规划设计研究有限责任公司
单位地址：湖北省武汉市解放大道 1863 号
联 系 人：田金章
联系方式：027-82827840、18502776078
E-mail：563951505@qq.com

186 HUC组合钢板桩围堰及防渗研究关键技术

技术来源

其他来源。

技术简介

该技术有三个核心：

一是技术改进了HUC组合钢板桩锁扣型式，研发新型硅粉填充密封剂，提出硅粉的最优添加比例在15%～18%时，其拉伸强度和断裂伸长率最佳，有效起到防渗止水作用。填充密封胶可减少打桩过程产生的压力及摩擦力，使锁扣与板桩之间紧密相连，形成良好的支护防渗结构，防止H型钢和U型钢的锁扣连接不紧密，受外力荷载作用时，摩擦力增加出现桩位偏移渗水问题。

二是技术研究新型钢板桩施工工艺，通过定位控制导向架，提出“HUC组合钢板桩+新型硅粉填充密封胶”的围堰关键技术，在振动下沉中控制下沉速度，防止跟桩问题，同时确保H型桩的垂直度，在H型桩与U型板桩的施工过程，注意转角、封闭跟桩桩位，控制现场施工H型桩和U型桩沉桩的相对速率，保证施工质量。

三是技术提高围堰结构的刚度、抗弯性能和止水效果，有效解决基础工程中闸基变形和堰坡失稳，渗漏等施工问题，进一步提高基坑防护结构的安全稳定性，为施工人员及机械设备提供安全保障，创造良好的施工条件，保障工程的顺利实施，在基坑支护安全可靠有效等方面发挥极大作用。

技术指标

（1）在填充密封胶中添加一定比例的硅粉，施打前进行涂抹，不仅能达到压缩性密封胶的止水效果，且减少打桩过程产生压力及摩擦力，避免桩位偏移，快速达到填充密封胶的止水防渗效果。

（2）研究添加硅粉比例在15%～18%时，拉伸强度和断裂伸长率最佳，防渗性能最好；高于18%时，强度增大但黏结密封性差，影响防渗性能。

（3）技术研究确定导向架可控制型桩的施工质量，确保沉桩垂直度的关键，保证U型钢板桩和H型钢的下沉速度，可防止跟桩问题。

（4）研究新型钢板桩施工工艺，通过导向架控制H型桩的施工及垂直度，并对U型桩进行施工，借助沉桩机械进行控制沉桩，严格计算好转角桩、封闭桩、跟桩的位置，保证控制施工质量。

应用范围及前景

适用于堤防护岸、防洪工程、港口码头、河道整治等基础工程。

该技术研究HUC组合钢板桩，配合填充式密封剂的关键技术，快速有效起到止水作用，形成良好的支护防渗结构，提高围堰基坑的安全性。使用组合型钢板桩作为基坑开挖，围堰支护的主要材料，不仅满足围堰等基础工程建设快速、经济的要求，同时具有良好的抗弯性能和承受能力，能有效解决钢板桩施工时闸基渗漏变形的问题，满足工程质量、进度、安全等方面的要求，在不同领域的基础工程中具有较好的推广应用前景。

持有单位：广东大禹水利建设有限公司
单位地址：广东省汕头市龙湖区黄山路荣兴大厦1602室
联 系 人：陈泽标
联系方式：13929062339、0754-88698268
E-mail：gddygcb@qq.com

187 砂石系统高效节水与回水资源化利用技术

技术来源

其他来源。

技术简介

该技术针对地处生态环境脆弱地区水电工程废水零排放面临的巨大技术与成本压力，从高效节水、智能加药、废水处理及回水资源化利用等方面，研发了采用螺旋喷嘴和梯度布局出水点的新型喷淋工艺，提出了砂石骨料筛分系统高效节水方法，发明了适用于砂石系统超宽范围、高浓度悬浮固体废水的在线自动检测装置，开发了砂石废水智能加药系统，提出了基于氯离子含量限制的砂石废水加药处理循环次数的分析方法及中水回用控制标准，形成砂石系统高效节水-智能化管控-废水零排放的成套技术与装备。该技术降低了砂石生产系统对自然水资源的消耗及水处理过程的药耗与能耗，解决废水排放导致的环境污染问题。

技术指标

（1）通过变化喷嘴型式、冲洗角度以及出水点的喷淋工艺与喷雾式布置方式，在不降低砂石品质前提下，冲洗用水量约为传统方式的50%，末端需处理废水总量也相应降低。

（2）针对砂石废水固悬物浓度高达 10×10^4mg/L 及废水处理前端水质难以监测的现状，研发超宽范围、高浓度悬浮固体废水在线自动检测装置可实现废水水质快速智能感知。

（3）开发的智能加药系统可使废水处理药剂投放量节约30%以上，且实现药剂投放闭环式、高精度、全过程一体化智能控制。

（4）首次提出固悬物浓度不超过1800mg/L可回用于混凝土拌和系统的控制指标，突破了常规水电工程施工组织规范等标准限制，并与常态混凝土拌和用水标准兼容。

应用范围及前景

适用于各类水利水电工程、长距离引调水工程及矿山开采及加工等不同领域的砂石废水处理及资源化利用。

该技术创新性地将现代信息技术与传统工程建设的生态环保需求对接，通用性强，可应用于水利水电工程、长距离引调水工程及藏区铁路工程等不同领域砂石系统的废水处理及资源化利用，特别是西藏等生态环境脆弱地带的砂石系统，对绿色智能砂石系统建设起到了良好的示范效应，具有广阔的应用前景与较高的推广价值。

持有单位：长江水利委员会长江科学院、华电金沙江上游水电开发有限公司
单位地址：湖北省武汉市江岸区黄浦大街289号
联 系 人：陈霞
联系方式：13476149576
E-mail：chenxia@mail.crsri.cn

188 自然能提水系统技术

技术来源

其他来源。

技术简介

该系统以山区溪流微小落差势能为动力源，运用多相流体的分离与均匀分配原理，在此基础上，开发出气压稳压调节技术、分级供水技术、动态阀门切换技术、水砂分离及水净化技术等辅助技术，将水流势能和动能转化为气体压力能，再用气体的压力能和活塞机构源源不断地将水送往高处，实现自然能提水。同时，通过传感器，物联网等现代信息技术，开发一套手机智能监控系统（该监控系统仅需消耗少量的“弱电”，在设备现场用太阳能光板发电即可满足监控及传感器用电），通过该系统用手机即可对设备进行远程操作并监控设备运行状态，因此，设备不需要现场值班人员看守，避免在边远山区给值班人员带来生活麻烦

技术指标

(1) 上水扬程：≤3000m。

(2) 上水流量：≤1000m^3/h。

(3) 设备效率：≥50%。

(4) 介质：水。

(5) 工作环境温度：−10～50℃。

(6) 工作环境湿度：40%～90%。

(7) 动力水水头：数米至数百米。

(8) 动力水流量：数立方米至数百立方米。

上述扬程和流量指标是指最大可达到的值，根据项目需要，可以在低于该值下运行。

应用范围及前景

适用于“结构性缺水”山区，如农业灌溉用水、山区人口饮用水、景区瀑布提水，可抽水至几百米甚至1000m以上。

机器为在市场与行业的竞争中站稳脚跟，取得长足发展，企业将进一步在技术研发上开拓创新，凭借自身经营优势适应市场环境变化。在未来的3～5年发展规划中，森汇能源科技（上海）有限公司将进一步开发科技新产品、提升产品性能、拓宽产品适用工况、加大宣传力度，让更多有需要的用户了解认知到该产品，为更多西南地区居民解决农田灌溉及村庄用水难题，进一步推动乡村振兴取得新进展，确保农业稳产增收，为农业农村现代化步伐提供扎实基础。

持有单位：森汇能源科技（上海）有限公司
单位地址：上海市浦东大道1200号1703室
联 系 人：董芹
联系方式：15285443495
E-mail：1766287577@qq.com

189 高边坡（墙）锚索多循环张拉技术

技术来源

其他来源。

技术简介

该技术依托雅砻江杨房沟水电站、重庆蟠龙抽水蓄能电站、白鹤滩水电站工程建设，针对工程高边坡（墙）不同类型锚索施工质量检测难题，研发了适用于不同类型的锚索多循环张拉技术。对于普通型锚索，提出了“加荷-持荷-卸荷”方式5级整体张拉方式，其中整体张拉初始荷载为锚索张拉力设计值 P 的0.1倍；针对压力或拉力分散型锚索，提出了“先差异补偿张拉、后整体张拉”的新型多循环张拉技术，一次性成功率高，能有效避免反复张拉造成锚索损伤。

技术指标

（1）适用范围广，可以满足工程中所有类型锚索的极限张拉力试验。

（2）施工简便，耗时短，成果直观准确。

（3）一次性成功率高，重测率从8.3%大幅降低至3.91%，能有效避免反复张拉造成锚索的损伤。

应用范围及前景

适用于水利水电工程高边坡及地下洞室锚索施工质量检测，可推广应用于公路、铁路工程边坡和硐室锚索检测。

该技术是先进实用的锚索检测技术，填补了国内锚索质量检测技术空白，在工程应用实践中形成了标准化工法，方法实用、可靠。该技术作为水利水电行业中的锚索质量检测先进实用技术，以其快速、准确、有效的特点得到行业的广泛认可和应用，还可推广应用于铁路、公路工程高边坡锚索施工质量检测。

持有单位：长江地球物理探测（武汉）有限公司
单位地址：湖北省武汉市解放大道1863号24－1栋
联 系 人：苏婷
联系方式：13657261592
E－mail：935239752@qq.com

190 黄河滩区超长螺旋钻机灌注桩施工技术

技术来源

其他来源。

技术简介

该技术是一种新型桩基础施工技术，其施工顺序为先钻孔，然后在钻机提升的过程中浇筑混凝土，最后再插入钢筋笼。采用专用长螺旋钻机钻孔至预定深度，通过在钻头前端的专设活门向孔内连续泵注混凝土，至桩顶为止，然后使用起重机吊起已穿入振动导杆的钢筋笼，并将钢筋笼插入已充入混凝土的孔中而形成的桩体，有效解决了黄河滩区淤砂层和钙质结合层分布造成的钻进困难、易塌孔、扩孔等难题，在保证工程质量的同时提高了工作效率、节约了工程成本。

技术指标

（1）采用的超长螺旋钻机包括步履桩架和钻进系统两部分。

（2）桩架总高 42m，采用液压步履式底盘，可自行行走及 360°回转。立柱为多节可拆卸箱型立柱，立柱间通过法兰连接。

（3）钻进系统包括动力头与钻具。动力头顶部连接混凝土泵道管道，下部通过法兰连接螺旋钻杆。钻具总长 40m，由多节螺旋钻杆及端部钻头通过法兰连接组成，钻头上焊接两排高强度合金截齿，在回旋钻进过程中对地层进行推进切割。

（4）后插筋系统由振动锤通过法兰盘连接导入杆组成，导入杆长度 37m，采用直径 33cm、壁厚 20mm 的无缝锰钢钢管焊接构成。下钢筋笼时，将导入杆插入钢筋笼内，吊车吊起后对准桩位，利用导入杆及钢筋笼自重，配合振动锤的振动力，将钢筋植入素混凝土桩体中。

（5）桩径一般为 400～1000mm，桩长可达 40m。

应用范围及前景

适用于地质情况复杂、地层结构不稳定，或地质较硬造成钻进困难、净桩间距较小、环保要求较高的灌注桩施工。

该技术具有施工速度快、养护管理费用低、更便于黄河沿岸群众亲近黄河的优点。随着国民经济高速发展，生活水平日益提高，黄河沿岸群众对“幸福河”期待值日益增加，黄河沿岸的险工、控导工程，会有大批量的类似混凝土灌注桩坝工程。而长螺旋钻压灌桩施工技术因其地质适应性强、施工速度快、更能保证施工质量等优点，更适宜于在黄河滩区灌注桩施工中大量应用，推广应用前景广阔。

持有单位：河南黄河河务局工程建设中心、河建工集团有限公司、黄河养护集团有限公司
单位地址：河南省郑州市金水区金水路 12 号
联 系 人：王亚坤
联系方式：13607662921
E-mail：1033274422@qq.com

191 超深竖井小断面特殊环境引水隧洞施工技术

技术来源

其他来源。

技术简介

该技术优化布设了“井式供风供料系统”，提升了隧洞开挖安全性，拓展了施工作业面，提高了工效；研发了一种混凝土垂直运输系统，通过增设变径进料漏斗、刚柔复合件、抗磨缓冲段、消力转换器等，保证了混凝土质量，延长了系统的使用寿命；研制了铰接拱形钢模板体系，该体系单块面积小、重量轻、安装灵活，解决了狭小空间无法使用大型吊装设备的难题。技术特点：一是改变隧洞石方开挖方法，由原来的钻爆法施工改进为机械开挖，解决下穿隧洞施工对地面建筑物以及地下光缆产生的破坏影响，并且该工艺能有效减少超挖量。二是在竖井之间增设“简易供风供料系统”，既能在开挖掘进阶段增加隧洞内通风能力，又能在洞身衬砌阶段增加两个砼浇筑工作面，一套管路几乎起到了开挖一眼竖井的效果。三是采用 GP3130－R3 全站式陀螺仪进行立井连续测量，解决竖井超深及长距离隧洞测量精度问题，具有单向定点、操作简单、确定方位角不需要大量计算、数据准确性高的优点。四是超深竖井混凝土垂直运输系统的改造与应用，解决了生料垂直下落的冲击力和摩擦力对管道的破坏问题；采用耐磨高锰钢片作为管道中的消力系统，有效地缓解了生料对管道的磨损，提高了管道的使用寿命。五是自制铰接拱形钢模板采用钢制铰接连接，单块体积小，重量轻，易在狭小空间内安装使用，并且通过模板间的铰接轴与调节螺栓及千斤顶的有机结合，使模板整体下落，整体移动，增加了安装的灵活性。

技术指标

（1）EBZ160 型悬臂掘进机装机总功率 270kW，截割功率 160kW，可经济切割硬度≤70MPa，最大掘进高度 4800mm，最大掘进宽度 5000mm，掘进速度为 2～8m/台班。

（2）“简易供风供料系统”设在相距 2km 以上两眼竖井的约中间位置，成型内径 300mm，配备隧洞-地面复合即时通信系统即可。

（3）陀螺仪使用环境温度：－20～50℃，一次定向中允许误差为±20″。

（4）超深竖井混凝土垂直运输系统主要由变径进料漏斗、ϕ320mm 下料管、抗磨缓冲段、HJG 复合人字消力转换器、末端防冲罩以及垂直管壁的 GRY 刚柔复合备件组成。

（5）自制铰接拱形钢模板，单块体积小，重量轻，两人配合作业方便。

应用范围及前景

适用于超深竖井、长距离、小断面隧洞的施工。

理论和实践证明，该项目“超深竖井小断面特殊环境引水隧洞施工技术研究与应用”总结的几项施工技术方法，工艺简单，实用性强，保证了施工质量，缩短了施工工期，节约了大量人工、设备和材料消耗，降低了施工成本，提高了经济和社会效益，受到了业主和监理的好评。该技术已在鄂北调水 13 标和辽源三标得到成功应用，为同类工程施工积累了宝贵经验，推广应用前景广阔。

持有单位：黄河建工集团有限公司
联 系 人：葛震
单位地址：河南省郑州市金水区花园北路 66 号
联系方式：13937130552、0371－69557316
E－mail：412667902@qq.com

192 小开度运行条件下泄洪排沙工作闸门抗磨蚀技术

技术来源

国家计划。

技术简介

该技术针对小开度运行条件下水工闸门易破坏的难题，研究不同开度下闸门底板和底坎的破坏特性，通过高强韧激光熔覆涂层、高性能混凝土和聚氨酯复合树脂砂浆等不同技术间的优势互补，研发了适用于小开度、高流速和大推移质等恶劣工况下的水工闸门整体修复技术。在冲蚀磨损占主导作用的部位采用激光熔覆涂层进行修复，在强空蚀区则采用聚氨酯涂层或复合树脂砂浆修复。从而能够从整体上解决水工闸门磨蚀问题，实现了小开度、高流速和大推移质等恶工况下水工闸门的长效防护。

技术指标

（1）激光熔覆。

熔覆层厚度：0.3～2mm；结合强度：＞360MPa；孔隙率：≈0；稀释率：＜3％；硬度：＞60HRC；空蚀率：＜0.03。

（2）超高性能混凝土（UHPC）。

劈裂抗拉强度：≥11MPa；抗折强度：≥18MPa；抗压强度：≥125MPa；抗拉强度：≥7.8MPa；与混凝土正拉黏结强度：≥4MPa。

（3）聚氨酯复合树脂砂浆。

抗压强度：≥100MPa；抗拉强度：≥24MPa；抗折强度：≥10MPa；黏接强度：≥4MPa（混凝土）；抗冲击强度：≥23MPa；抗冲磨强度：≥100h/（g・cm^2）。

应用范围及前景

适用于黄河上中游及新疆地区水库的水工隧洞、水工闸门等部位的金属结构和混凝土磨蚀破坏修复。

该技术从小开度恶劣工况下闸门磨蚀的本质出发，提出了基于激光熔覆、高性能混凝土和聚氨酯复合树脂砂浆的整体防护技术，为水工闸门的磨蚀防护指出了新的发展方向。该技术广泛适用于黄河上中游及新疆地区水库的水工隧洞、水工闸门等部位的金属结构和混凝土磨蚀破坏修复问题，应用前景广阔。

持有单位：黄河水利委员会黄河水利科学研究院
单位地址：河南省郑州市金水区顺河路45号
联 系 人：许龙飞
联系方式：13937182188、0371－66023988
E－mail：301097659@qq.com

193 护坡防洪生态板桩系统

技术来源

其他来源。

技术简介

生态板桩是通过一体挤压成型及后道处理工艺生产的绿色改性材料异型板桩。材料选用优等级聚氯乙烯树脂粉，纳米级无机材料增加强度，丙烯酸酯类提高板桩的抗冲击性能，光屏蔽剂和UV剂增强抗紫外线和耐候性能。技术特点：一是板桩在抗腐蚀、耐海水浸泡方面具有明显优势。二是产品长度规格不受限制，厚度根据施工场所的需求而定，具备抗侧弯性。三是板桩设计双向凹凸接头，采用独立T型、C型和双孔一体异型接头的设计结构，组合后成为连续性的新型生态护岸板桩。四是组合板桩能够增强板桩护岸的抗倾覆、抗滑和抗弯能力，大大提高护岸的安全性能和适用范围。五是板桩兼顾生态和新材料、新技术，实现了水利工程与生态保护的有机融合。

技术指标

（1）产品拉伸强度：52MPa；弯曲强度：92MPa；极限弯矩：24kN·m；弹性模量：3500MPa；缺口冲击强度：7.5kg/cm；维卡热变形温度72.1℃；硬度：83.1D。

（2）产品经计算模拟的极限挡水高度为4.0m，所应的板桩根部极限拉应力为36MPa，桩顶最大位移为258mm，满足工程实际使用需求。

应用范围及前景

适用于应急防洪、河道治理、农田水利、生态修复等领域，在排涝、防塌方、防泥石流，防风沙等抢险救灾中也可起到作用。

防洪生态板桩具有材质较轻、阻燃、抗老化、防紫外线、耐久性强等特点，既能满足工程安全要求，又能兼顾生物多样性和景观效果。该板桩可快速施工，具有挡水挡土抗渗能力，适于快速防洪、堤坝围筑，且该板桩可快速拆卸回收利用，较传统板桩有巨大的经济环保效益。防洪生态板桩国内应用较少，随着国家环保措施出台，防洪板桩在“以塑代钢”方面有巨大潜力。

持有单位：河海大学、桐乡市小老板特种塑料制品有限公司
单位地址：江苏省南京市西康路1号
联 系 人：喻林
联系方式：13851824950
E-mail：yulin@hhu.edu.cn

194 一种敞开式TBM的新型盾尾支护结构

技术来源

其他来源。

技术简介

该结构包括钢拱架和从McNally系统孔口送出的钢筋排，钢板与钢筋排相互焊接形成肋板，从McNally系统的一个宽缝孔口中送出，与钢拱架联合形成环向分布的棚护结构，可快速封闭顶部不稳定岩体，联合超前管棚加固、超前导坑泄压等不良地质处理与脱困方法，形成成套掘进技术。

技术指标

(1) 新型敞开式TBM的盾尾支护结构包括：钢拱架、改造的敞开式TBM的盾尾McNally系统、钢筋及钢板等结构。

(2) 钢拱架为HW150型～HW200型钢拱架，拱架间距及型号根据隧洞结构设计最终确定，钢材指标满足Q235C要求。

(3) McNally孔口尺寸为10～30cm（宽）×4cm（高），设置范围为顶拱140°～160°。

(4) 钢板厚度0.3～1cm，钢筋直径16～25mm，钢筋为HRB400，钢板为Q235C，钢筋直径、间距、钢板厚度根据支护结构设计最终确定。

应用范围及前景

适用于敞开式TBM穿越断层破碎带、蚀变岩等软弱围岩、节理破碎带等不稳定围岩的各种情况。

我国实施国家水网建设以来，多项长距离引调水工程开工建设，其中不乏跨流域工程穿越深埋地层的情况，往往需要采用TBM掘进机进行开挖支护。在TBM深埋隧洞的工程设计施工中，不良地质洞段的应对策略一直是极具挑战的工作。该成套技术提出的盾尾支护结构及不良地质处理与脱困方法，具有支护效果好、脱困快、易施工等特点，为TBM的连续高效掘进创造了条件，可应用于水利、交通等其他行业地下工程的设计施工中，具有良好的社会经济效益。

持有单位：中水北方勘测设计研究有限责任公司
联 系 人：汤慧卿
单位地址：天津市河西区洞庭路60号
联系方式：18622416283
E-mail：tanghq@bidr.ac.cn

195 水轮机高油压桨叶全自动控制装置

技术来源

其他来源。

技术简介

该装置是一种可根据电站运行水头和导叶开度自动调节桨叶角度，以使水轮发电机组始终保持在高效率下运行中的新控制装置。其结构包括受油器、电磁阀组、位移传感器、接力器、桨叶调节轴、操作架等。受油器将固定管路的压力油送至旋转的接力器中，电磁阀可自动与手动接受控制指令，选择控制油进入接力器开腔或关腔，再由位移传感器闭环控制活塞行程。接力器随水轮发电机组主轴旋转，桨叶调节轴与接力器活塞杆连接，活塞经液压驱动带动调节轴，从而带动操作架，使连杆和拐臂组成的机构驱动桨叶枢轴转动，实现桨叶的自动调节。技术特点：一是采用受油器和接力器为一体化结构，使轮毂接力器外置于轴端实现水轮机轮毂无油化。二是将水轮机桨叶的操作油压提升到16MPa以上，减少了液压控制系统的体积，可缩小水轮机的轮毂比。三是优化水轮机桨叶操作机构，提高了水轮机桨叶控制的可靠性。

技术指标

(1) 额定油压：16～25MPa。

(2) 油温：－30～90℃。

(3) 流量：50～150L/min。

(4) 最大转速：1000r/min。

(5) 内泄油量：＜80mL/min（环境温度60℃）。

(6) 桨叶控制不准确度：≤0.5%（全行程）。

(7) 桨叶全开时间：20～100s，可调。

(8) 桨叶全关闭时间：20～100s，可调。

(9) 安装方式：立式或卧式。

(10) 平均无故障间隔时间（MBTF）：4年。

应用范围及前景

适用于水头低于40m的中小型双调节水电站和大型全自动调节水泵站，以及小型定桨式水电站改转桨运行。

该装置填补了水电站转桨式水轮机组使用高油压调速器系统控制的技术空白。目前我国中小水电以低水头大流量的水轮机为主流，故该产品市场潜力极大，是中小水电站的最佳选择。5年内，国内外市场需求量大，市场前景可期。

持有单位：深圳市恩莱吉能源科技有限公司

单位地址：广东省深圳市宝安区新安街道兴东社区68区隆昌路10号美生创谷春谷506

联 系 人：吴晓琳

联系方式：15014293163

E-mail：510614111@qq.com

196 水下自动旋转吊钩

技术来源

其他来源。

技术简介

该设备采用水下自动旋转吊钩动滑轮组和吊钩横梁通过吊钩拉板连接，两侧吊钩拉板分别安装有液压泵站和液压马达，电气控制信号通过深水电缆传递，用密封接线盒和航空插头与液压泵站连接，将控制信号传递给液压泵站，驱动液压马达旋转，液压马达出轴套装回转机构，经过回转机构减速，驱动吊钩自动旋转，回转机构齿轮上安装限位支架实现吊钩自动旋转。技术特点：一是水下自动旋转吊钩充分利用液压马达低转速高扭矩的能量转化，实现水下自动旋转，结构紧凑、大吨位吊装平稳、旋转角度可控。二是水下自动旋转吊钩密封接线盒具有渗水检测功能，由渗水传感器实现，渗水传感器安装在密封接线盒最底部，一旦检测到密封接线盒存在渗水情况，马上发出警示信号经电缆输送到控制系统，提示操作者密封接线盒中渗水，响应速度快、可靠性高。三是水下自动旋转吊钩在深水100m处使用安全可靠，可连续使用，多次水下工作中间不需要特殊维护。

技术指标

(1) 吊钩实现水下自动旋转。

(2) 吊钩水下100m使用安全可靠。

应用范围及前景

适用于水电站、造船厂、港口、核能等工程领域。

该设备已应用项目有广东省白石窑一二线船闸工程门式启闭机项目、广东省清远枢纽二线船闸工程门式启闭机项目，其中广东省白石窑一二线船闸工程门式启闭机的水下自动旋转吊钩，为国内首台套，填补了国内技术空白。随着国内加快推进水利高质量发展及“一带一路”倡议推进，在今后相当长的一段时间内，中欧水资源交流合作是中国与欧洲国家在水领域的一项重要合作，由于水下自动旋转吊钩有着显著的技术经济优势，在水利水电工程，尤其是水电站、造船厂、港口工程有着广泛的应用前景。同时，在起重领域也具有推广性。

持有单位：水利部产品质量标准研究所、杭州江河机电装备工程有限公司
联 系 人：高大明
单位地址：浙江省杭州市西湖区转塘科技经济园19号
联系方式：13738197641
E-mail：344145682@qq.com

197 基于塑性力学上下限定理的高边坡稳定性分析方法体系

技术来源

国家计划。

技术简介

该技术摒弃通过等式方程直接求解边坡安全系数的传统思路，依据塑性力学上下限定理，在不引入任何假定下，将求解边坡安全系数的问题转化为求解边坡稳定安全系数最大的优化问题，利用降维和逻辑迭代方法，通过上下限值逐渐逼近安全系数的真实解，形成了完整的边坡稳定分析方法体系。该技术破解了长期困扰传统方法的瓶颈难题，可用于三维边坡稳定分析领域。

技术指标

（1）可用于二维和三维边坡稳定性评价，覆盖了含滑动、倾倒、楔形体等不同失稳模式下以及静力、地震、降雨、库水位变化等各种工况下的边坡分析。

（2）方法体系中的滑动与倾倒稳定分析方法已被 NB/T 10512—2021《水电工程边坡设计规范》和 SL 386—2007《水利水电工程边坡设计规范》列为推荐方法。

（3）方法体系中对于大自由度、高非线性三维边坡稳定分析优化模型，利用降维处理和逻辑迭代优化算法，通过上下限值逐渐逼近安全系数的真实解，计算效率高且收敛好。

（4）自主开发了一套完整的二维与三维边坡稳定分析程序，程序使用方便简单，在国内众多行业获得推广应用，正式用户达 300 多家。

应用范围及前景

适用于水利水电、交通、铁路、建筑等行业工程边坡或滑坡的稳定性分析。

该技术破解了长期困扰边坡三维稳定分析的瓶颈难题，自主开发的系列分析软件已应用于边坡稳定分析领域，成为边坡工程设计人员的必备工具，软件用户达 300 多家，获得了水利水电行业普遍认可。该技术还可推广到挡土墙土压力计算和地基承载力确定等领域，应用前景广阔。

持有单位：中国水利水电科学研究院
单位地址：北京市海淀区车公庄西路 20 号
联 系 人：林兴超
联系方式：13811542597、010－68785076
E－mail：linxc@iwhr. com

198 基于数字孪生的水利工程安全智能分析预警技术

技术来源

国家计划。

技术简介

该技术基于数字孪生总体架构，运用智能传感、微功耗、光纤以太网等物联网技术，构建了大规模、复杂组网的工程安全立体感知体系；基于物理机理、数理统计、机器学习等理论方法，研发了工程安全分析-预测-预警-评价全链条专业模型，开发了安全监测信息采集、存储、处理、分析、监控及预警全生命周期业务应用；基于孪生三维仿真引擎和专题数字化场景，构建了安全状态预测、在线监控预警、安全风险预演和预案智能响应“四预应用”，全方位支撑工程安全运行。

技术指标

（1）研发了具有自主知识产权的系列化安全监测智能采集设备，建立了实时、精准、高效的安全监测物联网络，将大型自动化系统巡测时间由小时级缩短至分钟级。

（2）基于全链条专业模型和“四预”应用，实现了工程安全状态的全面感知、专业分析及安全评判，可在5min内实现大型工程“全身体检”。

（3）响应时间：一般性查询在1s内返回结果，较大数据量查询在5s内返回结果，监控模型计算在10s内返回结果，在线监控评判在3min内返回结果。

（4）并发处理：支持大规模用户并发访问，单台服务器部署情况下满足500个并发用户。

（5）系统稳定性：满足7×24h连续运行需求。

应用范围及前景

适用于水利水电工程安全监测数据采集、管理、分析以及数字孪生水利工程安全智能分析预警应用建设。

该技术可继续结合数字孪生技术优势，进一步考虑不利工况组合和极端条件，实时预演工程安全性态变化，充分发挥“数字赋能、提升能力”的作用。该技术已应用于大型水利工程安全监测采集、管理及分析工作以及数字孪生水利工程安全分析预警应用建设，具有良好的推广应用前景，具备向抽蓄电站、海上风电、市政交通等其他领域拓展的技术基础。

持有单位：长江水利委员会长江科学院、湖南澧水流域水利水电开发有限责任公司
单位地址：湖北省武汉市黄浦大街23号长江科学院
联 系 人：黄跃文
联系方式：13545073580、027-82826140
E-mail：aky100@163.com

199 水利水电勘测设计数字档案管理系统

技术来源

国家计划。

技术简介

该技术以水利水电勘测设计行业档案管理和业务数据资源的需求为导向，运用DAMA数据管理、TextRank和KeyBert等技术，搭建数字档案管理平台，档案业务与生产业务深度融合，规范档案数据资产。技术特点：一是采用CDC数据捕获、流式数据处理等技术，构建“1+N+N”数据资产体系，解决档案资源匮乏问题，为数据的价值挖掘和业务赋能提供保障和支撑。二是采用DAMA数据管理标准，搭建企业级标准统一接口平台，解决前端系统异构档案信息资源采集问题，实现规范化数据资源治理体系。三是采用TextRank和KeyBert技术，建立工程项目档案数据标签体系，解决检索定位不准确等问题，实现档案数据精准和智能检索功能。四是采用OCR、restful等技术，实现科技奖项评审全业务应用链条，减少业务人员申报工作量，实现业务工作标准化。五是采用图数据库技术和动态多叉树技术，搭建专家库和组织沿革可视化展示框架，突破传统文字表述式档案编研模式，实现了可视化编研成果展示。六是采用统一身份认证、权限控制、图像处理等数据安全防范技术，构建企业档案数据安全保障体系。

技术指标

(1) 实现档案资源与核心数字业务平台和外部优质数据资源对接，形成企业级知识数据资源体系，推动工作流程再造和管理变革。

(2) 针对工程项目档案的关键要素进行多维度信息提取，创建工程项目档案属性标签，细化档案数据描述颗粒度，提升档案检索全面性和准确性，盘活档案数据知识化。

(3) 基于企业实际业务场景，与前端业务数据互融互通，助力生产业务与科技研发提质增效，形成可视化编研成果，创新档案利用服务模式。

(4) 采用统一身份认证、权限控制、图像处理等数据安全防范技术，构建档案数据安全保障体系。

应用范围及前景

适用于水利水电行业勘测设计咨询、建设、运行管理单位等，可推广应用于铁路、航运、交通、电子信息等行业。

该技术成果聚焦水利水电勘测设计行业生产业务场景，解决了档案资源多源性、前端系统异构性、数据采集复杂性、数据治理能力低、检索定位不精准、档案服务单一等问题。构建“1+N+N”企业级档案数据资源体系、建立工程项目档案标签体系、创新档案编研可视化方式，赋能生产业务，探索了人工智能等新一代技术在档案资源深度挖掘方面的应用。

持有单位：中水北方勘测设计研究有限责任公司
单位地址：天津市河西区洞庭路60号
联 系 人：孙建华
联系方式：18844548651、022-28702808
E-mail：18844548651@163.com

200 黄河根石监测预警关键技术

技术来源

其他来源。

技术简介

该技术主要由阵列式多断面根石感知装置、智能探水杆及监测预警平台组成。阵列式多断面根石感知装置可实时监测捕捉断面根石走失情况，完整记录根石位移、堤坝坡度改变过程；智能探水杆实时获取水下根石距离水面深度，自动绘制水下根石断面图，直观地反映坝体坡面状态及根石走失情况；监测预警平台，以一张图为支撑，与前端传感设备同步开发，将水位、根石传感器监测情况、视频监控等信息按照隐患点灾情态势分析要求进行图形、列表、文本等多种方式的组合展示。该成套技术实现了对水下根石运行状态的全天候24h监测，为案例实施段堤防的安全运行提供了可靠依据。

技术指标

(1) 阵列式多断面根石感知装置：自主研发BXX－35型根石监测感知传感器，由1支倾斜仪和3支水压力计组成，倾斜仪内装有伺服传感器，能动态监测结构物的二维变形；基于LoRa技术的数据无线传输方式，实现了低功耗和远距离的统一，在同样的功耗下比传统的无线射频通信距离扩大3～5倍。

(2) 水下根石智能探水杆：最大耗电小于10W；距离分辨率：0.0166m；测距范围0.3～30m；测距更新频率：1Hz；超声波发射中心频率：450kHz；波束开角（－3dB）：2°；通信接口：RS485；波特率：9600；通信协议：MODBUS。

应用范围及前景

适用于水利坝岸工程的安全检测。该预警体系已在山东黄河段所属8个地市级河务局进行推广应用，同样适用其他水利坝岸工程的安全检测。

该技术将按照“需求牵引、应用至上、数字赋能、提升能力”的要求，继续加快推进根石探测项目实施，结合实际进一步优化设备功能，提供快速、准确、有效的监测数据，同时完善后端系统将监测数据情景化、层次化、综合化展示，以满足不同情形下应用需求。该技术的研究与实践，提升了工程出险机理机制的分析能力和重点工程根石状态的感知能力，形成适用于黄河防洪工程的根石监测预警体系，为黄河防凌防汛、工程管理等业务工作提供切实可靠的技术手段和监测工具，具有较好的推广应用前景。

持有单位：山东黄河河务局山东黄河信息中心
单位地址：山东省济南市历下区黑虎泉北路159号
联 系 人：李绪鹏
联系方式：15753116896
E－mail：974411808@qq.com

201 小型水库雨水情和大坝安全全要素监测与预警技术

技术来源

其他来源。

技术简介

该技术以人工智能模型、大数据分析模型为驱动，研发了智能感知设备、水利物联感知平台和小型水库大坝运行安全综合管理平台，搭建小型水库雨水情和大坝安全全要素监测与预警技术应用框架。通过采集汇聚多源全要素监测数据，对异常值开展智能判别和处理，构建全要素智能感知体系；构建水库安全运行 AI 识别应用；设置红橙黄蓝四级预警指标，多渠道及时发布预警；通过数据标准化管理、智能化分析、智慧化应用，研发综合管理平台，辅助运行管理决策，助力管理提质增效。

技术指标

（1）不同厂家、不同监测类型设备的多源全要素数据汇集率达 90%以上，异常数据警报率达 95%以上。

（2）人工智能模型的模型 Pix Acc（像素精确度）大于 90%；Miou（平均交叉比）大于 85%；单个模型正常运行内存峰值占用 1GB 以内。

（3）小型水库大坝运行安全综合管理平台包括综合展示、监测感知、智能识别、运行管护、预报预警、报表统计等模块，既可云端部署，也可本地化部署。

应用范围及前景

适用于小型水库雨水情测报和大坝安全监测设施建设，以及支撑小型水库运行管理智能化应用。

该技术未来方向：进一步融入智慧水利整体框架中，开展小型水库数字孪生工程研究，面向小型水库运行管护业务需求，服务于小型水库标准化管理，构建小型水库运行管理矩阵。

我国现有水库 9.8 万多座，其中小型水库占 95%左右，历来是水利工程运行管理和水旱灾害防御的薄弱环节，在极端天气多发频发、工程管护精细化智能化的背景下，小型水库雨水情和大坝安全全要素监测与预警技术具有广阔的应用前景。

持有单位：广东华南水电高新技术开发有限公司、珠江水利委员会珠江水利科学研究院
单位地址：广东省广州市天河区天寿路 105 号天寿大厦 9 至 10 楼
联 系 人：陈高峰
联系方式：15920179188、020－87117188
E－mail：zkykjc@163.com

202 情景-目标交互的水网区水工程调度智能决策技术及系统

技术来源

其他来源。

技术简介

该系统基于流域尺度水资源调度情景的时变性及其对于水资源调度决策的影响，以水位作为协调水网区调度的关键指示因子，区分防洪、供水、水生态环境不同情景的不同需求，提出了实时情景快速识别方法，构建了实时情景-调度目标交互的水工程调度决策目标函数，提出了目标函数参数集自适应动态匹配方法，研发形成了水资源联合调度决策系统，以实现实时情景下水网区水工程智能调度决策。

技术指标

（1）研发了情景-目标交互的水网区水工程调度智能决策技术，实现防洪安全、供水安全、水生态环境安全 3 大调度目标间的高度协同，核心技术获得发明专利 2 项。

（2）研发了由 B/S 架构预警支持服务端构成的太湖流域水资源联合调度决策系统，该系统包含方案管理、数模调用、决策计算、决策评估和系统管理 5 个功能模块。

（3）实时情景下，30d 情景时长的调度模拟及决策时间不超过 5min。

（4）模型预报精度满足 GB/T 22482—2008《水文情报预报规范》要求，河网水位模拟精度不超过 5cm 的保证程度达 85%。

（5）第三方测试认定：该产品“启动决策计算”等 42 项功能指标、“易操作性”等 7 项易用性指标全部实现。

应用范围及前景

适用于长江中下游、珠江流域等不同尺度水网地区，用于实时情景水工程调度决策及预警。

水工程多目标调度仍是未来一个时期应对各类水问题、保障水安全的重要途径之一。该技术可实现实时变化情景下的水工程调度精确模拟和科学决策，研发的流域水资源联合调度决策系统，决策站点设置可扩展性高，可根据不同地区需求构建类似的调度决策系统，通用性高、适用性强，可推广至长江中下游、珠江流域等类似不同尺度水网地区，市场需求巨大，推广应用前景广阔。

持有单位：太湖流域管理局水利发展研究中心
单位地址：上海市虹口区纪念路 486 号荣振大厦
联 系 人：王元元
联系方式：18201784949
E-mail：wangyy@tba. gov. cn

203 东深水系连通智慧管理平台

技术来源

省部计划。

技术简介

该平台以数字高程模型、高分辨率遥感影像为基础，充分运用遥感、无人机、地面物联网传感器等监测网，实现水系水雨情、水质、视频/图片、电子界桩、岸线保护等信息的自动采集监测。基于信息融合共享、工作模式创新、应用灵活智能等新时代业务应用思路，利用大数据分析、机器学习、遥感解译、水利模型等平台能力，构建水系综合信息管理、水旱灾害防御、项目建设和工程信息管理、河湖管护管理、移动应用和公共服务等关键业务应用服务。

技术指标

（1）数据库数据准确率：100％。

（2）GIS 操作平均响应时间：≤10s。

（3）数据更新时间：≤1s。

（4）画面更新响应时间：≤3s。

（5）用户一般操作的响应时间：≤5s。

（6）数据查询操作界面响应时间：≤40s。

（7）模型计算响应时间：≤5min。

应用范围及前景

适用于省、市、县各级水行政主管部门，提供水系动态感知、水系管护、灾害防御等功能。

该平台聚焦智慧水系、智慧防御、智慧管护和智慧产业等四大业务，摸清水系家底，构建数字孪生底座；强化预报、预警、预演、预案“四预”措施，构建河道、水系、流域的防御体系；采用消息主动推送提醒等服务，结合视频、遥感等智能监测手段和日常巡河等方式，实现河湖长效管护；畅通公众参与渠道，向公众展示水文化、水景观、水历史，助力全域旅游发展。结合国家水美乡村等政策，平台具有较好的推广应用前景。

持有单位：东深智水科技（深圳）股份有限公司
单位地址：广东省深圳市南山区科技中二路软件园 5 栋 6 楼
联 系 人：彭赟
联系方式：13760331078
E-mail：pengy@dse.cn

204 跨平台多网融合的群闸控制系统

技术来源

其他来源。

技术简介

该系统开发大量开放式数据接口，构建完备的群闸安全控制策略，完成从调度系统平台到组态软件再到被控设备的一体化调度和控制，实现水系的联排联调。技术特点：一是面向各类水利枢纽开发的计算机监控系统软件，具有跨平台、稳定、可靠、安全性高等特点，实现工业控制系统组态软件的自主可控生产。二是支持多种工业现场标准数据协议和非标协议的智能解析，支持公有云和私有云的混合部署模式。

技术指标

(1) 通信指标：支持多种通信协议模式和电气接口，支持Modbus TCP/IP、RTU、ASCII协议簇、LCU _ 1通信驱动。

(2) 系统响应能力：全图形显示≤2s，与子系统通信本地传输延时≤250ms。

(3) 可靠性指标：平均无故障时间≥30000h。

(4) 数据采集精度：≥0.25%。

(5) 可用性：整个系统的正常可利用率≥99.9%。

(6) 系统数据规模：开关量≥20000点、控制量≥2000点。

应用范围及前景

适用于水利、市政、环保、水务和农业等行业涉水工程群的自动化控制与联合调度。

当前形势下，水闸的管理已由传统的人工调度向智能化调度、单站式管理向区域化管理转变。本产品能够实现专业业务系统和闸控系统的对接，既能保障闸控系统的封闭性和安全性，又能顺应平台化调度和管理的发展趋势，同时又能满足用户多目标调度的管理要求，系统适用性好、可靠性和安全性高，具有较好的推广应用价值。

持有单位：江苏南水科技有限公司
单位地址：江苏省南京市雨花台区龙西路11号C座
联 系 人：郭丽丽
联系方式：15295512335
E-mail：guolili@nsy.com.cn

205 沿海城市排水闸泵多目标智能调度系统

技术来源

其他来源。

技术简介

该系统构建适用于沿海城市的城市一、二维耦合模型，并结合暴雨与风暴潮模型，建立集风暴潮模型-城市洪涝模型于一体的复合型洪涝模拟模型，实现“暴雨-风暴潮”复合型洪涝演进模拟；结合智能方法，建立基于“河-闸-泵”匹配及转换机制，构建分级调度控制指标体系，提出暴雨-风暴潮复合作用下覆盖洪涝全过程的城市排水闸泵多目标智能调度模型，为沿海城市的闸泵群在极端天气条件下实现调度智能决策与经济运行调度提供重要技术支撑。

技术指标

（1）实现“暴雨-风暴潮”复合型洪涝演进模拟，定量预报未来24h范围内，在“暴雨-风暴潮”复合影响下沿海城市洪涝演进过程，并定量给出闸门与泵站开度的建议。

（2）系统可实现沿海城市复合洪涝领域从情景构建到灾害评估再到适应对策的全链条量化。

（3）相对于常规方法，该系统洪涝演进的误差可降低10%，依据闸泵开度建议可节省能源10%以上。

（4）建设包括洪水预报、风险预警、调度预演、防汛预案在内的“四预”功能模块。采用的算法在数据精度与运算效率上符合软件设计需求。

应用范围及前景

适用于包括沿海城市在内的城市汛期防洪排涝、洪涝“四预”与水利工程智能调度等业务。

在人口、建筑物以及各类设施高度密集的高密度城市，暴雨洪涝治理难度巨大。如何系统优化当前的洪涝防御体系，提升城市洪涝防治能力，是高密度城市暴雨洪涝治理的重大难题与挑战。该系统构建的“暴雨-风暴潮”复合型洪涝模拟模型，保证了对物理世界的真实模拟；防汛排涝“四预”业务模块，在功能上满足了当代防汛减灾业务的真实需求，且具备完全自主知识产权，适应国产信创体系，具备广阔的市场前景。

持有单位：水利部大坝安全管理中心、水利部交通部国家能源局南京水利科学研究院、南京瑞迪水利信息科技有限公司

单位地址：江苏省南京市广州路223号

联 系 人：向衍

联系方式：13813992366

E-mail：yxiang@nhri.cn

206 智慧蓄能式闸门应急系统

技术来源

计划外项目。

技术简介

该技术在分析国内目前水电行业闸控普遍存在的安全漏洞情况下，在原有闸控供电设施上增加分布式蓄能装置；设置流道功率平衡保护；结合采用先进的变频、计算机及网络技术；保证了在各种工况下有独立可靠的闸控电源和完善保护并结合先进的变频、计算机、网络技术提高了原有水利水电闸控可靠性。研究设计制造的“智慧蓄能型闸门操控装置”完全兼容原有各类水电行业采用卷扬式启闭机闸门操控装置，其性能得到根本性提高。

技术指标

(1) 采用独立分布式440V储能供电系统。

(2) 蓄电池容量精确计算并有足够裕度。

(3) 采用先进的变频技术，变频器容量、输出电压与闸门电动机容量、电压匹配。

(4) 采用先进的计算机监控系统。

(5) 创造性地采用三段式流道功率平衡保护。

应用范围及前景

适用于水库、水电站泄洪闸。

四川是全国水利水电大省，水电装机容量全国第一。该技术经两年运行，效果良好。

持有单位：四川水利职业技术学院、四川省都江堰水利发展中心、四川省水利科学研究院、武汉长光电源有限公司

单位地址：四川省崇州市羊马镇永和大道366号

联 系 人：范赓

联系方式：15526890501

E-mail：slwgkc@163.com

207 基于开度模式的水电机组有功调节优化技术

技术来源

其他来源。

技术简介

该技术基于开度模式的水轮发电机组的有功功率调节过程，通过优化 AGC（自动发电控制）程序策略、设计一种合理的开度调节模式程序软件、优化调速器导叶开度调节过程等方式，开展不同水头下的机组功率参数优化试验，来解决该模式下的水电机组有功调节过程中，在不同水头下的有功调节速率、调节精度难以满足要求的问题。

技术指标

（1）3 台机组共完成了 7 种水头下的功率参数优化试验以及江坪水电站计算机监控系统 AGC 程序策略的优化，负荷分配的合理性和机组可调出力数据的准确性得到显著提高，达到了消除 AGC 调节指令拒动，提高调节速率和调节精度的目的。

（2）经验证，3 台机组 LCU 功率调节参数在各水头下的调节速率和调节精度均能满足“两个细则”要求。3 台机组在各水头下的平均调节速率由原来的 0.6Pr/min 提高到 0.9Pr/min，有功调节速率提高了近 50%。

（3）水电站 AGC 调节性能和所获 AGC 调节补偿金额都得到了显著提高。

应用范围及前景

适用于采用了开度调节模式的水轮发电机组或投入了 AGC 功能的水电站，可进行 AGC 程序策略优化、机组有功调节程序及参数优化等相关技术应用。

该技术针对开度模式下水电机组在不同水头下有功调节速率和调节精度不能满足“两个细则”要求的难题，提出了一种防止调节拒动的 AGC 程序策略、设计了一种关联水头及带功率边界的可变周期 PWM（脉宽调制）有功调节程序软件及双偏差输入结构的调速器导叶开度调节方式，有效提高了机组的有功调节性能和补偿经济效益。

研究成果可在相关水电站得到广泛应用，具有较大的实用价值。成果目前已成功应用于多座水电站，均实现了“两个细则”补偿效益的提升，后续的研究方向可分析研究水轮机调速器功率调节模式和计算机监控系统开度模式在有功调节过程中配合调节的可行性，并通过开展水力过渡过程仿真计算研究，实现降低水力因素对机组有功调节过程影响，进一步提高水电机组有功调节速率和调节精度的目的，其推广应用可产生良好的经济效益和社会效益。

持有单位：湖南澧水流域水利水电开发有限责任公司、北京中水科水电科技开发有限公司
单位地址：湖南省长沙市雨花区香樟路 393 号
联 系 人：李庆艳
联系方式：15337269970
E-mail：675942413@qq.com

208 基于Hadoop平台和大数据算法的水电机组状态监测及故障诊断技术

技术来源

其他来源。

技术简介

该技术通过搭建基于Hadoop架构的分布式数据存储平台，接入发供电设备在线监测子系统数据，实现发供电设备全范围感知。在Hadoop平台上构建数据管理及存储体系，实现设备状态数据全周期稳定存储管理。基于设备状态数据和大数据算法，充分挖掘设备运行数据价值，实现设备状态的实时监测、智能预警、专业分析、状态评估及故障诊断等功能。搭建了基于专家经验的机组健康状态评价模型，实现水轮机、发电机等设备性能自动评价和故障诊断。实现设备状态数据历史趋势分析、对比分析、关联度分析、频谱分析、箱线分析和设备故障诊断。

技术指标

（1）基于采集发供电设备数据约25000条。

（2）每天生成报表最多约100000张。

（3）基于神经网络的机组健康性能评价模型78个。

（4）基于设备运行状态的统计性指标和设备状态评价指标合计1754个。

（5）状态监测系统提供数据分析工具（功能）合计30个。

应用范围及前景

适用于开展状态检修的水电站、泵站、火电站、风电及光伏电站等。

系统研发过程中，现场专业工程师深度参与，将前沿技术应用于生产实际，取得了良好效果。

基于Hadoop平台和大数据算法的水电机组状态监测及故障诊断技术将建设基于Hadoop的数据中台，建立连接生产环节和管理环节的枢纽，通过提升算力，搭建数据仓库、算法模型和开发应用对历史数据进行治理、价值整合，进一步扩展设备感知范围和完善设备评价、预测、诊断功能，实现发供电设备“前世、今生、未来”健康状态全生命周期管理。该技术的推广有助于实现设备状态预测和故障诊断，推进设施设备状态检修，有助于推进电厂智慧化建设。

持有单位：黄河水利水电开发集团有限公司、北京华科同安监控技术有限公司
单位地址：河南省济源市小浪底水利枢纽管理区
联 系 人：屈伟强
联系方式：13698862017、0379－63898137
E－mail：quweiqiang@xiaolangdi.com.cn

209 水电站集群模式管控物联组网技术

技术来源

其他来源。

技术简介

该技术针对小水电站点多面广的特点及集群集中式管控的需求，基于 P2P 通过 NAT 和 NAPT，降低网络通信链路个数，将多个终端节点与 1 个中心节点互相通信构建星型网络。并通过系统定位及集群优化（CSO）算法设计，利用 LoRa、ZigBee 等技术解决终端节点布线难度大的问题，建立智能集群模式管控物联网。通过采用多路径分区路由协议设计方法，搭建区域水电站 WSN 模型，满足智能水电站集群管控的各项技术指标要求。在中心节点利用 Go 语言的高并发优势，降低组网后的通信荷载，提高并发效率，实现对远程分散的大坝、闸门、流量计等控制对象实时监控。达到搭建稳定的数据链路，解决水电站集群模式管控、生态流量监测及闸泵站远程控制的组网难、不稳定等问题。

技术指标

（1）基于 LoRa 技术的物联网传输设备。

（2）自动负荷调节响应时间小于 4s。

（3）事故动作响应时间小于 1s。

（4）网络传输时延降低 100ms 以上。

（5）软件系统平均无故障间隔时间：＞8000h。

应用范围及前景

适用于区域电站群远程集控、水电站集群智能运维、生态流量监测、大坝监测组网等。

该技术脱胎于传统物联网技术，将物联网技术与工业控制相结合，且搭载了高并发技术和边缘计算技术，可广泛地适用于区域电站群远程集控、水电站集群智能运维、生态流量监测、大坝监测组网等，该技术且可衍生到智慧城市、数字水利、数字孪生等前沿技术，为数字中国的建设夯下基石。

持有单位：水利部农村电气化研究所
单位地址：浙江省杭州市西湖区学院路 122 号
联 系 人：徐竞喆
联系方式：13656645534
E-mail：jzxu@hrcshp.org

210 小水电智能化无人控制系统（第三代）

技术来源

国家计划。

技术简介

该小水电智能化无人控制系统第三代首次实现机器学习预测来水量及出工功率，自适应调节PID参数，发电全流程无须人工干预，电站运行管理AI控制，实现高效区间学习，动态多机协同、智能诊断、自动排障、趋势预警等。系统采集各机组电气/非电气量、开关量等多种数据，结合人工智能与大数据分析，对设备智能评级、状态检修。

技术指标

（1）工作电源：220V AC/DC。双路供电系统，多重防雷保护。100～400V 电压设计。

（2）开关量输入/输出：允许长期通过 5A 电流，（DC220V，τ=5ms）。

（3）温度量输入：3 线制，支持多种等热电阻，准确度±0.5%。

（4）模拟量输入：4～20mA 电流输入，准确度±0.2%。

（5）励磁参数：调压精度<0.5%；频率特性：频率变化 1%（即 0.5Hz），发电机电压变化范围±0.25%。

（6）同期输入：电压测量范围 5～240V，准确度±1%；频率测量精度≤0.02Hz。准确度±0.04%。

（7）支持至少 128 位的开关量输入及 128 位的输出接口，支持双电源、双网络、双励磁、多重继保、主从机软件切换，扩展性更强。

应用范围及前景

适用于中小型水电站自动化控制、水电站大坝、厂区监控及流域调度。

该系统应用前沿技术，利用产业物联网、数据分析、机器学习、人工智能、机器人等新技术，推动技术不断更新迭代，打造真正的“无人电站”，实现小水电绿色转型，为水电行业发展做贡献，能为全国约 4.3 万座小水电提供发电运行、远端控制的前端感知数据支撑，并在电站流域调度及水风光多能互补方面具备广泛应用前景。

持有单位：福建省力得自动化设备有限公司、国际小水电中心
单位地址：福建省福州市闽侯县经济技术开发区南岭支路 1 号
联 系 人：路凡
联系方式：13609560567
E-mail：lufanx@sina.com

211 基于自适应阈值分割的大坝水下裂缝检测技术

技术来源

其他来源。

技术简介

该技术通过改进传统图像识别算法，建立自适应阈值特征提取裂缝检测模型，对采集图像进行预处理，包括图像灰度化、图像矫正、双边滤波去除高斯噪声。然后采用自适应阈值图像分割方法对图像进行二值化处理，选取不同像素点的邻近像素信息，根据图像不同区域亮度分布，计算局部阈值，保证裂缝图像各个像素的阈值会随着其周围邻域像素的变化而变化，克服水下光照不均衡、高噪声、低对比度问题，有效提取裂缝边缘信息，减少误判。之后采用形态学处理闭运算和开运算，融合窄的缺口，填补轮廓缝隙，消除毛刺，平滑裂缝边界。最后设立连通域阈值进一步去噪，提取完整裂缝特征，提高裂缝信息精度。

技术指标

（1）该技术通过改进传统的图像识别算法，建立自适应阈值特征提取裂缝检测模型，构建复杂水环境下大坝表面裂缝检测方法，能对大坝水下裂缝进行快速检测和准确描述。

（2）检测裂缝面积、长度和平均宽度与实际值误差控制在2%以内。

（3）检测精度达0.1mm。

应用范围及前景

适用于水下作业环境复杂、人工无法到达或由于项目运营无法排水前提下大坝混凝土裂缝检测及预警。

该技术克服传统阈值分割技术参数不易确定、噪声敏感等缺陷，根据图像局部特征进行阈值分割，适用于水下作业环境复杂、人工无法到达或由于项目运营无法排水前提下大坝混凝土裂缝检测及预警，为大坝水下裂缝检测和维护提供有效的技术支持和保障。未来可继续深化自适应阈值分割技术研究，提高本技术性能和稳定性，使其适应更广泛的水下裂缝检测场景，在大坝工程安全管理、防灾减灾等方面发挥更重要的作用。

持有单位：武汉长江科创科技发展有限公司、长江水利委员会长江科学院
单位地址：湖北省武汉市江岸区黄浦大街289号
联 系 人：周璐
联系方式：18062396627
E-mail：2216256464@qq.com

212 水利水电工程智慧监测通用平台

技术来源

其他来源。

技术简介

该平台基于 GIS+BIM+IoT 和多源数据融合技术，在构建通用平台数字化场景下，实现监测仪器设备的可配置性、多项实用模块的可重用性、多重应用服务的可扩展性。采用“测点-二维图-三维场”的数据关联技术，呈现监测仪器设备、监测对象的多维可视化表达；开发了“数理模型+有限元模型”以及智能算法模型等，实现工程安全“预报、预警、预演、预案”应用目标；研发了基于数模联动下的“数据-模型-业务”数据服务体系，有效支撑大坝运行安全智能辅助决策。

技术指标

(1) 业务查询：单类业务信息的精确条件查询小于 3s；单类业务信息的模糊条件查询小于 5s；属性关联查询（含模糊条件）小于 5s。

(2) 业务统计分析：一般数据量（不大于 10000 条记录）小于 10s、大数据量（大于 10000 条记录）小于 30s。

(3) 模型计算：数学模型和智能算法模型计算时间小于 60s、复杂模型（结构计算模型）计算时间小于 60min。

(4) 可视化展示：数据与场景加载小于 15s、查查与快速定位小于 5s。

(5) 信息输出：图表输出小于 5s、报表输出小于 5s。

应用范围及前景

适用于流域枢纽和单坝运行安全监测信息化管理。可拓展至库区地质灾害监测预警、市政交通工程安全监控等领域。

研究数字孪生智慧监测与数字孪生水利工程多物理世界和多虚拟空间共生新模式下的监测信息深度关联及映射技术，借此构建数字孪生智慧监测通用平台，实现水利工程运行安全的全过程、多粒度、多级别信息的可视化表达和智慧管理。由于数字孪生水利建设的大力推进，加之智慧监测通用平台可以无缝链接到数字孪生水利流域工程的大平台，并为大平台提供数据成果养料，因此，推广应用前景广阔。

持有单位：长江空间信息技术工程有限公司（武汉）
单位地址：湖北省武汉市江岸区解放大道 1863 号
联 系 人：刘祖强
联系方式：13871372127、027-82927017
E-mail：120664509@qq.com

213 国产化跨平台 TV12 自动化监控系统软件

技术来源

其他来源。

技术简介

该软件支持脚本语言、组件库、插件、应用程序等方式，满足不同项目的个性化需求；支持多种商业数据库；全方位支持 Web 应用。具备独特的多源数据混合引擎技术，不同数据源和不同元数据能够在统一平台之下实现标准化处理和高效的交叉引用。平台支持点数可达无限点，可应用于巨型和大型应用场景；软件平台组态方便，图表组件丰富；支持 C/S 组态设计内容 B/S 发布和工程个性化组态设计发布。

技术指标

(1) 设计容量：可接入工作站数量≥64 台；子站接口数量≥10000 个子站；遥测量≥50 万点；遥信量≥100 万点；脉冲电度量≥50 万点；遥控量≥50 万点；遥调量≥10 万点；虚拟点不限；系统历史数据存储时间≥5 年。

(2) 性能指标：遥测量变化越死区传送时间≤200ms；遥信变位传输时间≤ 200ms；遥控/遥调命令传送时间≤ 500ms ；画面实时数据刷新周期 100ms～1s 可调；实时数据画面调用响应时间≤500ms；应用编程接口从实时数据库中读/写 10000 条记录的响应时间≤1s；前置主备通道自动切换时间≤1s。

应用范围及前景

适用于水利、水电、水务等工程闸泵站、水电站、灌区、净水厂及污水厂等自动化监控系统和信息化系统。

该软件平台具有强大的二次开发能力。用户可以通过脚本语言、组件库、插件、应用程序等方式对系统进行二次开发，从而满足用户与时俱进的需求。通过二次开发，它可以与商业数据库（如 Oracle、MySQL、SQL Server）进行集成，实现与 MIS 系统（如 ERP 系统）的整合。软件灵活的体系结构，使其既可用于简单的单机环境，也可用于复杂的网络环境，支撑工程可靠安全运行，同时有效减少人力，实现工程效益最大化。

持有单位：钛能科技股份有限公司
联 系 人：印小军
单位地址：江苏省南京市江北新区顶山街道凤凰路 7 号
联系方式：13505155674、025－58180880
E－mail：103176506@qq.com

214 大型调水工程土地空间及工程设施智慧化管理关键技术

技术来源

省部计划。

技术简介

该技术建成了全要素透彻感知、全面互联、信息共享的智慧监管服务网络，形成了全覆盖的多模态、多尺度的空、天、地、水感知体系，构建了大型调水工程“全息感知-数据库-信息中台-业务应用”流程化成套技术。实现了多源异构数据模型可视化展示、工程设施标准化运行管理、基于北斗的移动巡查应用，解决了大型调水工程面临巡视检查不彻底、发现及处理问题不够及时，工程信息面临数据孤岛等问题，助力大型调水工程智慧化运行维护。

技术指标

（1）涉及调水工程土地空间及工程设施管理领域6大类项目502个数据表单；最多满足1万个用户同时在线处理，利用云服务平台实现分布式数据存储与服务，系统网络带宽大于2M，反应时间小于10s，数据库容量达到20TB。

（2）利用新一代信息技术，构建调水工程多模态、多尺度的空、天、地、水立体感知体系1套。

应用范围及前景

适用于调水工程运行管理领域，尤其是调水工程所涉土地空间及水利工程设施智慧化管理。

通过引入检测机器人、无人船采样、无人机全自主飞行、无人机智能机场、热红外视频监控、低轨卫星全天候侦测等现代立体感知等技术，结合视频、水质在线监测等，支撑大型调水工程土地空间及工程设施智慧化管理。进一步提升全息感知水平，并深化数据中台、知识图谱等应用，对现有功能优化升级，提高智能化水平，未来推广应用前景广阔。

持有单位：长江水利委员会长江科学院、广东粤港供水有限公司
单位地址：湖北省武汉市黄浦大街23号
联 系 人：王莹
联系方式：15827362646、027－82828995
E－mail：523437244@qq.com

215 水库工程安全监管信息化平台 V1.0

技术来源

其他来源。

技术简介

该平台以水库工程安全为核心目标，可实现异构监测数据实时存取和有效提取，并将其与模型分析数据有机融合，支撑水库工程的数字映射。系统支持基于二三维地图的多元信息的融合展示与检索，可定量分析水库大坝监测参数变化趋势，形成从独立测点-仪器类型-监测项目-高程部位-大坝整体的分层分级安全综合监管体系，强化水库大坝安全的监督管理，实现监督管理从模糊、笼统到可见、可控、快捷的转变，确保工程安全。

技术指标

（1）数据汇集治理支撑平台，可实现水库多元化数据的自动分类、判别，基于软件自动化完成数据处理、审核、录入。

（2）实时获取监测数据，利用箱型图实时识别诊断异常数据。

（3）系统可有效提高水库监测数据的数据质量，对于异常数据能够及时诊断，模型预测和自动加密监测融合进行插补。

（4）构建大坝安全监控指标体系，并建立各监测效应量对应于安全状态等级的属性矩阵，采用多源信息融合方法，可对工程整体安全状态进行综合诊断。

（5）采用微服务架构设计，包括数字大厅、动态感知、专题分析、监测预警、数据管理、成果管理及系统管理等功能类。

（6）采用的算法在数据精度与运算效率上符合软件设计需求，并取得软件著作权登记证书多个。

应用范围及前景

适用于水库大坝管理部门开展水库大坝安全管理、安全预警等。

该技术按照水利部加快构建现代化水库运行管理矩阵的指导意见、工作方案和技术要求，构建“一库、一图、一网”总体架构，集成数字大厅、动态感知、分析预警、数据管理等核心功能，实现对水库大坝工程全方位、多维度、可视化的有效监管，实现了水库管理的“信息动态化、数据集成化、预警精准化、管理精细化、决策科学化、业务协同化”，后续将继续强化水库大坝安全“四预”业务功能，确保每一座水库都能管住管好。

持有单位：南京瑞迪水利信息科技有限公司
单位地址：江苏省南京市鼓楼区广州路223号
联 系 人：张玉华
联系方式：18795857331、025－85828781
E－mail：791016196@qq.com

216 水利工程全过程管控系统

技术来源

其他来源。

技术简介

该系统主要由PC端和安卓移动端等两部分组成，并由统一认证登录系统、水利工程全过程管理系统、档案系统等三个子系统构成，能够满足工程全生命周期和所有参建单位的使用。系统提供资料的在线填报和流程化的审批，并从进度、质量、安全、投资和档案等多维度对工程进行管理，达到增强工作协同性、提高工作效率、防控实施风险的目的。通过对工程建设项目在前期管理、施工过程、监理行为、检验检测、验收管理等各阶段的过程管理，以及技术资料采集与结构化存储，达到控制工程质量。

技术指标

（1）采用具备三级等保的云服务器，确保系统的安全性。采用具备CA认证的电子签章，提供具备法律效力、区块链溯源、安全可靠的电子签章服务。

（2）集联了水利工程档案系统、河道巡查系统等业务平台，打通了水利项目从施工到运维的全生命周期数字孤岛。满足工程全生命周期及多方角色应用需要。

（3）按行业标准和规范，内置了约1000余种表格（资料）模板，提供在线填报并可流程化地审批。

（4）具有消息通知、待办工作提醒等功能。能够从质量、安全、进度、投资等多维度对工程进行管控。

（5）具有移动端App，在提高工作效率同时也能及时发现并防范问题，降低实施风险。

（6）系统对项目施工过程可进行分段管理，制订时间节点计划，对工期全面管控，通过工程计划甘特图，获取工程各节点的实时进度，延期有预警，能对计划及时作出调整，达到对工程进度进行管理。

（7）通过系统可随时查看安全预案、强条文件执行情况、日常安全检查情况、监理单位的安全管理行为等，加强安全管理。

（8）通过制订成本管理计划、成本预算、成本控制、设计变更控制等方式，确保对投资进行管理。

应用范围及前景

适合于各级行政主管部门的检查、稽查工作需要，实时动态掌握工程建设情况，也可用于工程建设单位、施工单位、监理单位、勘察和设计单位的日常办公和管理。

该系统应用于各类中小型水利工程的建设管理工作，能够从进度、安全、质量、投资、档案等多维度对工程进行细分管理。通过统一的技术标准和工作模式，使各参建方加强工作协同，提高工作效率，规范工作流程。通过对相关建设资料的归档，为后期的验收、审计、考核提供有力的支撑，同时也为后续管理和运维提供支撑，提升工程建设过程中的工作效率、降低实施风险。

持有单位：重庆长水规划设计集团有限公司
单位地址：重庆市渝北区红锦大道88号中渝广场4幢29楼
联 系 人：陈旭
联系方式：13996888049、023－63013618
E－mail：tomot@qq.com

217 水工程影响下水资源模拟与调配系统

技术来源

国家计划。

技术简介

尤其在非汛期的过程影响更为明显。该系统以自然-社会二元水循环理论为基础，将水文学数值模拟、水工程特征参数及调度规程、水资源调配相结合，研发出“水工程影响下水资源模拟与调配软件系统”，包括 GIS 展示、单元构架、水循环建模、水配置建模、模型检验、专题分析、查询统计等。

技术指标

(1) 该系统通过国家电子计算机质量监督检验中心的监测部门登记测试：软件可独立安装程序，易理解、可操作，软件提供了工区管理、GIS 地图加载及编辑、用水单元划分、水库信息提取及修改、供用水关系录入、控制中枢、配置参数、水循环模拟建模、模型计算、模型输出功能，所有功能在测试期间可运行稳定，软件各种信息易浏览，便于用户习惯，通过软件产品登记测试。

(2) 按照行业标准和规范，内置了水资源评价、水力发电、博弈决策等流程表格模板，方便快速建模。

(3) 可处理调配节点数量＞1000 个水库群，可进行长系列 1500 个以上的时段运行。

(4) 1000 个以上的水库群系统，软件求解运算时间＜10min。

应用范围及前景

适用于水利工程建设立项中规划设计分析，水利工程与经济社会联合调配分析，流域/区域水资源适应性调控科学研究。

该技术解决了人类活动影响下水资源自然-社会二元联动科学模拟难题，对于水工程建设规划和场景推演具有良好性能，可为水资源精细化管理提供支撑，也对智慧水利水资源管理和调配应用具备了较好的基础。该技术推广应用以来，得到了湖北省、河北省、河南省、云南省、重庆市等不同地方的科研院、设计院、企业的项目实践应用，具有较好的推广应用前景。

持有单位：中国长江三峡集团有限公司、中国水利水电科学研究院
单位地址：湖北省武汉市江岸区六合路 1 号
联 系 人：谭啸
联系方式：13872456792
E-mail：tan_xiao1@ctg.com.cn

218 水陆一体化机动式船载三维时空信息获取系统

技术来源

省部计划。

技术简介

该系统提出了时间同步、多坐标系统一、点云与影像匹配的方法与模型，解决了激光扫描、多波束测深、光学影像扫描、GNSS 和光纤罗经等多传感器移动信息采集设备集成应用的关键技术问题，构建了时空信息获取的工艺流程和标准，实现了水陆一体化三维地理空间信息的同步获取，多源水陆信息的融合与拼接。该系统特点：一是系统易安装卸载，便捷度高。二是外业时，随着测量船推进，激光扫描仪、多波束测深系统分别采集陆地、水下三维信息，光纤罗经记录姿态数据，GNSS 导航定位的同时为系统输入时间源。三是内业结合姿态、声速和潮位三位改正，分别校准水下及陆地点云，拼接后得到一体化点云模型。

技术指标

（1）陆地激光扫描：最大扫描距离 1200m，单次扫描精度 5mm（100m 处），发射频率 30 万点/s。

（2）水下多波束测量：波束大小 1°×1°，波束数量 256 个，最大量程 500m，量程分辨率 1.25cm，覆盖宽度 10°～160°可选。

（3）姿态传感精度：航向精度 0.1°×Secant 纬度，升沉精度 5cm 或 5%（取大者），横滚、俯仰动态精度 0.01°。

应用范围及前景

适用于河道地形测量、海岸滩涂测量、地形地物检测、敌对岛礁测量、应急测量、数字孪生工程和数字孪生流域建设。

该系统成果的主要技术和设备，大部分可以应用于车载激光扫描，在河道地形测量、数字孪生流域建设及应急测量等方面：流域重要河道地形测量，可显著降低高山峡谷等地区的作业风险，提高效率并保障人身安全；数字孪生建设，可实现点云、无人机相片的融合建模，为数字孪生工程和数字孪生流域建设提供技术支撑；应急测量，可非接触扫描模式，特别适合滑坡等应急条件下测量。以上领域具有广阔的推广应用前景。

持有单位：中水珠江规划勘测设计有限公司
单位地址：广东省广州市天河区沾益直街 19 号中水珠江设计大厦
联 系 人：何宝根
联系方式：13922206990、020－85116932
E－mail：951096327@qq.com

219 基于北斗卫星的星地一体化水工程智能巡检系统

技术来源

其他来源。

技术简介

该系统通过接收卫星基站的信号，并通过信号转发器来为用户修正各项误差信息，进一步改进原有的定位精度，弥补地基增强系统的各项不足，还可以解决与地域限制等有关的问题。在网络条件良好的情况下，优先使用地基增强系统的高精度定位能力。在无网络信号地区，使用星基增强系统技术，提供星地一体化下的高可用改正数据播发服务，并播发给具备星基定位功能的巡检无人机定位设备。

技术指标

（1）地基增强，实时动态（RTK）测量精度，水平优于±（20＋1×D）mm，垂直优于±（30＋1×D）mm。（备注：D＝0.01km）。

（2）星基增强，初始化时间优于120.0s，水平定位精度优于50.0mm，垂直定位精度优于80.0mm。

（3）高可用，千寻位置在数据延迟、中断、历元可用率、多路径及周跳比等方面的技术要求均高于国际标准，同时具备7×24h响应的运维体系，保障FindCM服务可用率持续优于99.9%。

（4）当使用千寻位置DL8无人机自动化巡检基准站作为媒介时，通过DL8巡检基准站接收并对无人机遥控器或自动化机场播发星基改正数服务，实现无人机在无通信网络覆盖区域的RTK固定厘米级精度定位。

应用范围及前景

适用于水利水电工程（水库大坝、水电站、抽蓄电站、岸线堤坝、调水工程等）、水电站库区的自动化巡检。

通过该项目的实施，形成一套基于公网星地一体化北斗高精度定位平台的架空线路无人机智慧巡检装备，主要包括搭载星地一体高精度定位模块的RTK型多旋翼无人机样机1台及配套辅材。同时，通过该项目的实施，可以大幅提高无人机电网巡检的适用范围、效率和数据采集精准度，为后续电网缺陷的自动识别提供可靠数据基础，并解决巡检缺员、成本高、效率低、巡视要素有限等主要问题，其实现结果通过规模化应用，能大幅度提升巡检效率和巡检质量，降低线路跳闸率，提高供电可靠性，具有较大的经济效益和社会效益。

持有单位：千寻位置网络（浙江）有限公司
单位地址：浙江省湖州市德清县舞阳街道德清地理信息小镇C区12幢1号
联 系 人：胡琼
联系方式：15116921978、0572－8686820
E－mail：qiong.hu@wz－inc.com

220 智慧河湖天空地一体化监管技术

技术来源

其他来源。

技术简介

该技术主要包括3个AI智能系统：自动抓取、兼容各种河湖监测的数据系统；自动对河湖图像图片解译、矢量化的系统；从自动比对、研判，找出河湖“四乱”问题，确定其位置系统。

技术特点：一是监测数据接入总引擎。建立多维度AI解译模型等数据计算分析模型，能自动接入抓取卫星数据、航拍数据、监控数据、物联网数据并分库存储。建立AI自适应模型，以分割尺度、波段权重、形状和紧致度等为参数，从高光谱卫星等红外波段光谱提取水体信息。建立河湖数据挖掘模型，从原有的海量河湖问题举报信息、河湖检查信息中，筛选建立河湖信息库。二是图形分析及解译总引擎。通过AI建模、BIM建模，对卫星图像、航拍图像、视频图像预处理，包括辐射定标、大气校正、几何校正和图像融合。使用等值线追踪法从图片中提取岸线，迭代出河湖岸线矢量值。使用建模形成的河湖数字化地图，完成河流、湖泊的数字映射，实现河湖岸线划界位置的矢量化。三是自动比对、研判总引擎。通过AI建模，将卫星图像、航拍图像、视频图像等与河湖数据及岸线进行自动比对、研判，提出河湖四乱问题及位置。

技术指标

（1）支持高分1号等17种国内卫星数据、Landsat等19种国外卫星数据、9种航拍数据、33种监控数据、33种水质监测设备、高光谱数据、采砂船数据自动导入和建库。支持≥20万条河流、≥5万个湖泊、≥20万个水库划界数据矢量化，支持三维影像。

（2）支持卫星、航拍、监控摄像等图片的自动匹配、区域网平差、DEM自动生成、正射纠正、融合、匀光匀色、镶嵌、国军标分幅。

（3）支持36种卫星图片常用基准间的数据转换；支持在24h之内实现省级规模时空数据的快速处理、地图瓦片化。

（4）支持在线用户数≥30万，支持并发操作用户数≥1万；数据归档完整性100%。

（5）支持多时相影像的快速浏览，图层响应时间≤1s；人工图像比对速度≥30万帧/s，准确率≥99%、丢失率≤0.5%。

应用范围及前景

适用于涉河建设物、采砂船、排污口、岸线、水质、养殖监控，水污染、水生态预警，河湖管理单位、生产单位巡察监管。

中国河湖众多，河湖问题涉及岸线划界、水质、生物等。目前使用卫星、无人机、摄像头等监控河湖，产生的数据和图像数量极大，人工研判速度慢、准确率低、费用大，使用该技术，可实现AI自动录入、分析、识别、研判。每年全国30万名河湖长巡查河湖超过600万次，亟须使用该技术对河湖问题进行研判，推广应用前景广阔。

持有单位：水利部河湖保护中心、北京航天华威高科技（集团）有限公司
单位地址：北京市海淀区玉渊潭南路3号D座1140
联 系 人：岳松涛
联系方式：13511068813、010－63207637
E－mail：yuesongtao@mwr. gon. cn

221 表面-内部变形一体化监测装置

技术来源

其他来源。

技术简介

该装置采用表面 GNSS 技术结合内部多轴变形监测技术，主要由地面变形监测组件和地下变形监测链连接组成。地面变形监测组件包括 GNSS 天线、仪器测量单元模块、供电模块和无线通信组网模块，地面组件下部紧连地下变形监测链，确保地面测点内外变形协同变化。结合新型嵌入式系统，从变形监测维度上得到扩充，真正做到表面-内部变形一体化有机结合达到真正全方位的有效监测。装置通过改进管节间结构和基于全姿态感知，采用内外变形深度融合算法，有效提升了变形监测数据精度。该装置既可单独使用，也可采用 4G 或 5G、数传电台等方式轻松进行自组网或融入公网，安装简单、维护方便。

技术指标

(1) 表面 GNSS 技术成果精度：水平监测精度可以达到 1～2mm，垂直监测精度可以达到 2～4mm。

(2) 内部多轴变形监测技术三维全方位监测，监测精度可以达到 0.1mm。

(3) 表面-内部变形一体化有机结合达到真正全方位的有效监测，数据相互校核，让结果更加准确可靠。

应用范围及前景

适用于平原水库大坝和湿地堤防表面变形监测以及岩溶、地下空洞与采空区等深部变形监测。

总体来说，变形监测传感技术正在向轻量化设计、边缘化部署和多传感技术融合的方向发展，本研究成果实现了内外变形监测的一体化设计、前后端融合及端边云协同，提高了监测装置的环境适应性和监测精度，简化了安装运维的便捷程度。该装置应用于平原水库大坝和湿地堤防表面变形监测，岩溶、地下空洞与采空区深部变形监测，同时还可推广到其他抽水蓄能电站、常规水电站、大型地下洞室、采空区、深埋地下隧道等应用环境。

持有单位：水利部南京水利水文自动化研究所、国网新源控股有限公司北京十三陵蓄能电厂
单位地址：江苏省南京市雨花台区铁心桥街 95 号
联 系 人：郭丽丽
联系方式：15295512335
E-mail：guolili@nsy.com.cn

222 深埋输水隧洞结构安全监测系统优化布置技术

技术来源

其他来源。

技术简介

该技术主要基于有限元强度折减法，分析并探寻得到深埋输水隧洞典型破坏模式和塑性区分布的变化，以识别隧洞围岩的潜在破坏面，然后根据潜在破坏面的位置布置开展针对性的安全监测，提出了相应的安全监测设施优化布置方案。该技术操作实用性强，提高了监测仪器布设效果，可为保障长距离引调水深埋隧洞工程安全运行及管理提供技术支撑。

技术指标

深埋输水隧洞Ⅲ类、Ⅳ类、Ⅴ类围岩提出围岩表面收敛监测设施布置方案：

初测收敛断面尽量靠近开挖掌子面，监测断面一般间距为：Ⅲ类围岩不大于200m；Ⅳ类围岩不大于100m；Ⅴ类围岩不大于50m；断层破碎带为10～30m。在每个收敛监测断面布设5个收敛测点，采用粘贴反射片配合全站仪进行观测。

应用范围及前景

适用于探寻深埋输水隧洞所处Ⅲ类、Ⅳ类、Ⅴ类围岩处的破坏路径和潜在薄弱位置，并针对性地提出布设监测仪器方案，保障引调水工程深埋输水隧洞安全运行。

未来可结合监测数据分析、模型试验、其他监测检查手段以及新型监测仪器研发，进一步开展隧洞监测布置方案优化和对比验证。目前该技术仅在行业内局部地区进行了小范围推介，可进一步在向全国范围公路、铁路、地铁、交通等行业隧洞工程进行推广介绍，加强隧洞监测布置针对性、提高监测仪器布设效果和提升工程安全保障能力。

持有单位：水利部交通运输部国家能源局南京水利科学研究院
单位地址：江苏省南京市鼓楼区广州路223号
联 系 人：李宏恩
联系方式：13705175227
E-mail：heli@nhri.com

223 水利工程风险评估层次分析系统

技术来源

其他来源。

技术简介

该系统在资料搜集和现场调查的基础上建立一个内容数据库，录入建筑物的基本信息、主要结构的型式和主要尺寸、主要设计指标、工程安全鉴定、除险加固记录；基于数据库资料依据层次分析法计算原理开发出一套水利工程风险评估层次分析系统，实现点、线、面状水利工程的风险评估。

技术指标

（1）功能性：软件具有人机交互式建立层次分析模型、拖拽式判断矩阵可视化输入、影响因子权重自动计算、计算结果查询、统计与可视化展示、参数设置、项目保存与读取、清空、帮助等功能。

（2）易用性：系统各模块界面友好、风格统一，操作简单易学，用户能较快地掌握系统的使用和操作。

（3）可移植性：系统能够成功在 Windows 7 及以上操作系统运行。

应用范围及前景

适用于水闸、堤防、水库等点、线、面状水利工程的风险评估，为除险加固提供针对性措施方案。

我国现有水库 9.8 万座、堤防 43 万 km、水闸超过 10 万座。受设计水平、施工质量、自然/人为外界作用、工程运行条件和功能变化等因素的影响，面临各种风险。该系统构建的点、线、面状水利工程风险评估层次分析模型知识库，稍做修改即可实现批量风险评估，对强化水利工程风险管理，制定相应的风险管理应急预案，采取有效的风险防范措施，降低风险事故的发生概率和影响程度，保障工程安全和发挥社会经济效益具有重要的意义。

持有单位：新疆维吾尔自治区塔里木河流域管理局、北京中水科海利工程技术有限公司
单位地址：新疆维吾尔自治区库尔勒市石化大道 60 号
联 系 人：李江
联系方式：13999243501
E-mail：lj63501@126.com

224 分布式光纤管道安全预警系统

技术来源

其他来源。

技术简介

该技术以“分布式光纤传感”为技术基础，以马赫曾德干涉、相干光时域反射、布里渊光时域分析为具体技术手段，以时空形态特征挖掘、人工智能模式识别为技术核心，通过感知、传输、处理、分析传感光缆全线声场波动信息、应力应变信息，挖掘信号内在语义特征，实现长距离输调水管道7×24h入侵监测、泄漏监测、沉降监测、断丝监测。采用形态学识别分辨威胁等级：特征提取，模式识别，大数据+人工智能AI辅助威胁事件类型判定和定级。设备布设方便、维护简单，避免了传统点式传感器大规模组网带来的设备供电、信号传输等难题，为管道平稳安全运行提供有力技术保障。该技术特征：使用光缆作为传感器和信号传输通道，单套设备覆盖35km，安全事件秒级响应和米级定位精度。

技术指标

（1）监测距离：单通道35km。

（2）入侵预警：距离管道1m以内的人工挖掘，10m以内的机械施工，定位精度为10m。

（3）不均匀沉降变形分辨率：20$\mu\varepsilon$，定位精度为1～2m。

（4）漏点定位精度：1～2m。

（5）PCCP管断丝定位精度：1m。

应用范围及前景

适用于DN4000及以下的钢管、球管、混凝土管、玻璃钢管等压力输水管道入侵预警，泄漏、不均匀沉降监测，PCCP管断丝监测。

该技术符合《“十四五”水安全保障规划》等文件的要求，能够与新型基础设施建设融合，助力输调水工程智慧化建设，提升工程数字化、智能化水平，有利于建设预报、预警能力，提高水资源配置工程运维水平。该技术结合现场工程应用实践，进一步完善机器学习数据库，结合工程数字孪生模型，扩展技术应用领域。未来将为超过30000km在役输调水管道和规划新建的输调水管道工程提供智慧化安全保障。

持有单位：天津精仪精测科技有限公司、山东龙泉管道工程股份有限公司

单位地址：天津市滨海高新区华苑产业区（环外）海泰发展六道3号星企一号园区厂五东侧一层二层

联 系 人：郭津霞

联系方式：18030095637

E-mail：guojinxia@pipetc.com

225 水利工程白蚁灯光诱杀成套技术与设备

技术来源

其他来源。

技术简介

该技术根据水利工程结构类型、蚁害程度和现场情况，将白蚁诱捕灯有序布设在蚁源区，形成连续闭合的光屏障。每年白蚁纷飞季节，利用白蚁有翅成虫对诱捕灯诱集光源发出的特定波长光波具有强烈趋向性的原理，引诱其扑灯，并通过诱捕灯特定的机械、电击、溺水等非化学方式进行捕杀，阻挡其飞向工程核心区，从而降低有翅成虫分飞造成的风险，有效控制白蚁新群体的繁殖。

技术指标

（1）诱捕灯应尽量靠近蚁源区边界线布设，布设位置应透光良好、地域开阔、没有遮挡物，形成连续闭合的光屏障，并避开夜间照明灯光直射。

（2）诱捕灯有效照射半径（R）$\geqslant$50m；大坝上游库区宜临水布置探照式白蚁诱捕灯，有效照射半径$\geqslant$500m。

（3）诱捕灯诱集光源辐射波长应包含当地水利工程白蚁种类的敏感光波长，黑翅土白蚁为360～420nm，黄翅大白蚁为490～580nm。

（4）诱捕灯与坝（坡）脚线和两端的直线距离$>R$，相邻两灯距离$<2R$；如白蚁达到严重危害等级，同时工程防治区域边界线到坝（坡）脚线的距离$>4R$的，可布设两排白蚁诱捕灯，两排间距离$\leqslant R$，采用梅花形布设。

应用范围及前景

适用于水利工程白蚁有翅成虫预防和治理，也可用于房建、古建、农林和绿化等其他领域白蚁防治。

我国现有堤防约43万km，水库大坝约9.8万座，白蚁是危及工程安全的重大安全隐患。随着全球气候变暖，堤坝白蚁已经跨越黄河，危害范围已由我国南方向北方蔓延扩展，危害程度也呈加剧趋势。水利工程作为水生态体系和美丽河湖建设的重要载体，必须坚持“生态优先，绿色发展”的理念。白蚁灯光诱杀技术作为一项零用药的物理防治技术，具备在水利工程推广应用价值，进而推动水利白蚁防治模式绿色转型。

持有单位：华北水利水电大学、黄河水利水电开发集团有限公司、上海万宁有害控制技术有限公司
单位地址：河南省郑州市金水东路136号
联 系 人：雷宏军
联系方式：13460323316
E-mail：leihongjun@ncwu.edu.cn

226 苏打盐碱土固化技术在水利工程中推广应用关键技术研究

技术来源

其他来源。

技术简介

该技术是一种苏打盐碱土抗冻裂型固化剂，与苏打盐碱土按照一定配方固化，固化后的盐碱土抗压强度、抗冻性能、抗剪强度和耐水性能大幅提升，可成为建筑材料，使苏打盐碱土资源化，变废为宝。该技术能够有效防范和化解吉林省西部苏打盐碱土渠道及河道存在的溶陷塌落及水土流失问题，实现就地取材，减少对砂、石等资源的消耗，技术可操作性强，技术经济可行。

技术指标

（1）强度特性：28d养护龄期，最大强度可达14.37MPa；60d养护龄期，该掺量试块强度值达到17.58MPa；28d养护龄期，10%～50%固化剂掺量的试块的黏聚力在287.43～451.20kPa，内摩擦角为37.65°～41.75°。

（2）冻融特性：固化剂掺量为10%～20%，可满足冻融50次循环指标；固化剂掺量为20%～50%，均满足100次冻融指标。

应用范围及前景

适用于苏打盐碱土地区大型渠道、河道边坡及水土流失整治工程，田间渠系、道路、稻田埂，结构工程中地基处理。

基于盐碱土生态固化技术，以盐碱土作为农田渠道建筑材料，优化渠系中大型进退水渠道护坡和田间小渠道的结构参数，完善其施工工艺，为实现东北地区盐碱土固化材料的工程应用，提供关键技术。该技术已在松原灌区水土流失治理了严重冲蚀破坏的排水渠，并检验了两个雨季过后工程效果，均达到预期目标。

持有单位：松辽水利委员会水利工程建设管理站、长春工程学院
单位地址：吉林省长春市解放大路4188号
联 系 人：杨微
联系方式：18104307137
E-mail：17466654@qq.com

227 土石坝渗漏并行电法与瞬变电磁法联合诊断技术

技术来源

其他来源。

技术简介

该技术采用联合诊断技术。一是并行电法采用人工施加电场，测量大坝剖面不同位置点的电位差与供电电流，获得堤坝断面岩土介质电阻率分布图；并行电法采用拟地震采集模式，供电测线上所有电极同步采集地电场数据，保证信号的瞬时性及同步性。二是瞬变电磁法利用不接地回线向地下发送一次脉冲磁场，研究二次涡流场的空间与时间分布规律；利用发射线圈内外一次场方向相反的特性，接收线圈同时接收发射线圈内外一次场，当内外部一次场磁通量幅值相同时，即零磁通状态，收发线圈之间的互感干扰将被充分消除。

应用范围及前景

适用水库堤防渗漏的安全诊断及应急抢险中的快速探查，尤其针对地表硬化、高阻屏蔽及场地有限等工况。

技术指标

(1) 并行电法探测系统采用电压通道为64道，电极距离为1～5m，工作电压24～96V，高聚能锂电；单条64道测线的并行电法全场数据量可达到常规高密度电法采集数据的1365倍，测试时间仅为96s，可现场解译结果。

(2) 发明的瞬变电磁零磁通浅层线圈盲区深度低于5m，发射半径0.25m，内部接收半径0.175m，零磁通线圈外环补偿内半径为0.29m，外半径为0.35m；单点探测时间为20s；体积效应小，横向目标偏移量为0m，一般温纳四极偏移量为1.5m。

(3) 提出基于全电场数据的联合反演技术，摆脱了常规电法分方法采集、分装置处理模式，实现了地电场所有电位数据同步反演及模型重构，提升了渗漏诊断精度。

水利部《“十四五”水库除险加固实施方案》提出“加快病险水库的除险加固工作，消除大坝安全隐患的目标任务”。该技术联合诊断方法具有无损化、非接触、小盲区、快速测量等特点，为保障水库安澜提供技术支撑。随着国家水网高质量建设的不断推进，电磁法适合于长线路、高效率、便捷化的优势在服务江河堤防巡检等场景中具有广阔的应用前景。此外，通过多期次探测水库大坝的电阻率，对灾害体的超前预警及安全评估起到重要作用。

持有单位：浙江省水利河口研究院（浙江省海洋规划设计研究院）、浙江广川工程咨询有限公司、安徽理工大学

单位地址：浙江省杭州市上城区杭海路658号

联 系 人：江晓益

联系方式：13858059460

E-mail：337592720@qq.com

228 复杂环境条件下城镇排水管网精准诊断成套技术

技术来源

其他来源。

技术简介

该技术从城镇排水管网排查、检测和管理等方面开展城镇排水管网精准诊断技术研究，从“方法创新-技术优化-装备研发-机制创建”等方面开展研究，形成了城镇排水管网精准诊断成套技术。建立了全生命周期的排水管网排查方法和标准体系；研发了超负荷运行状态下管网检测成套技术与装备；创新了管网工程质量管理机制。

技术指标

（1）内支撑管道机器人检测系统适用管径：400～1000mm；缆线长度：150m；车体体积：670mm×390mm×350mm；整车质量：35kg；大速度：0.3m/s；计米器误差值：±2.5mm；最大越障≥200mm；爬坡能力≤20°；传感器类型：声呐传感器、温度传感器、压力传感器等；防护等级：IP68；连续工作时间：6h。

（2）山地箱涵机器人检测系统。能够爬越 400mm 以内高度障碍物，越过 1000mm 以内宽度沟壑；采用大倾角全地形履带行走结构，具备了爬坡和泥沙环境行走能力，能应对山地箱涵的水流冲击。采用电力载波通信方式，增加箱涵机器人的检测距离。搭载 360°高清云台及前后摄像头融合系统，360°水平扫描和 280°竖直扫描，多角度、全方位实时传输工作环境画面的功能。搭载惯性导航模块，激光雷达 3D 建模实现检测点精确定位。

应用范围及前景

适用于排水管网改造、城乡排水管网更新、海绵城市建设等，或应用于城市给水排水工程、市政工程。

未来构建检测成果智能分析和实时监测技术，尚需按照城市智慧管网“可知、可视、可控、可预测”的管理目标，从精细化探测、可视化监控、智能化监测、智慧化巡维等方面建立城镇排水管网全链条管理平台，提升城市智慧化管理水平。该技术适用于排水管网改造，提升排水管网运行效能，增强排水管网服役功能，在城市更新、海绵城市建设等方面提供了重要支撑，推广应用前景广阔。

持有单位：长江生态环保集团有限公司
单位地址：湖北省武汉市江岸区三阳路 88 号三阳中心
联 系 人：周小国
联系方式：15997417015
E-mail：zhou_xiaoguo@ctg.com.cn

229 FRP与混凝土黏结面断裂韧度测量技术

技术来源

省部计划。

技术简介

FRP-混凝土黏结面的断裂韧度直接关系到结构补强加固的质量和效果，决定着混凝土结构再服役的安全性和耐久性。该技术使用梁高沿轴线方向线性增大的单悬臂梁，开展FRP与混凝土黏结面断裂试验，建立了FRP与混凝土黏结面动态断裂模型，揭示了FRP与混凝土黏结面的断裂机理，构建了FRP与混凝土黏结面失效准则，研发了FRP-混凝土黏结面断裂韧度测定装置，实现了FRP与混凝土黏结面断裂过程裂缝口张开位移、应变等智慧测量。

技术指标

（1）该技术采用的裂缝口张开位移计CMOD测量范围为：0～5mm。

（2）为实时记录裂纹扩展情况，采用DIC技术，将图像信息转换为数字信息，所采用的DIC测量精度为：5μm；图像分辨率：2048×2048，柔度梯度拟合精度≥95%。

（3）为实时定位FRP-混凝土黏结面的损伤失效位置，探明界面的失效行为，该技术采用声发射AE技术进行实时定位，其采样精度为：16位；高通滤波器：100kHz；低通滤波器：20kHz。

（4）采用该技术可避免测量起裂荷载，直接根据测量数据计算断裂韧度值，其允许误差范围为：±0.01MPa·$m^{1/2}$。

应用范围及前景

适用于水工结构修复加固领域中黏结面断裂破坏测量，并推广适用于工民建、交通、港工等相关修复加固领域。

针对FRP修复混凝土领域，因FRP与混凝土基底间黏结面过早失效、起裂点不易确定、FRP-混凝土界面断裂机理掌握不清等难题，研发了FRP-混凝土黏结面断裂韧度测定装置与技术。技术成果已应用于万家寨水电站泄洪排沙洞和消力池裂缝修复等多项工程，节约了工程修复成本，保障了工程的健康长期服役，具有较高的经济和社会效益。

持有单位：水利部交通运输部国家能源局南京水利科学研究院、河海大学、黄河水利委员会黄河水利科学研究院

单位地址：江苏省南京市鼓楼区虎踞关34号

联 系 人：范向前

联系方式：15951974821、025-85829633

E-mail：xqfan@nhri.cn

230 复杂环境城市地下管网绿色施工与升级修复关键技术

技术来源

其他来源。

技术简介

该项目针对目前给排水管施工、清淤与升级修复、无损检测与快速封堵等方面的难题，通过理论研究、技术研发、现场试验和工程验证等手段，对复杂环境地下给排水管绿色施工与升级修复关键技术进行了系统研究和应用开发。

技术指标

（1）采用施工空间受限给排水管道病害接口非开挖综合修复施工技术，随后对错开接口的底部进行注浆抬升加固，或在两错开管口处采用植筋加固，整个施工过程操作简单快速，填补了水土流失造成的空洞，增加了地基承载力和变形模量。

（2）研发的复杂线形大直径承插式玻璃钢夹砂管施工技术，通过定型化拉杆固定支架和预制装配式支墩形成的牵拉式结构，实现小半径、变径、三通等处管道的稳定限位，定型化拉杆固定支架为十字交叉整体式结构，增加作用力的稳定性。

（3）超长距离大埋深污水管网分段清淤施工技术适应地形复杂、车辆无法到达的工作地点，清淤系统小船的船体采用耐撞击耐腐蚀的一体式P（聚乙烯）浮筒，内部填充发泡剂，安全可靠，清淤系统设计了刮泥耙齿将板结淤泥耙松并将大块淤积物刮出管道，采用高速潜水搅拌机将泥沙类淤积物搅起并利用水流冲出管道，利于清除排水管道中的泥沙类淤积物、板结淤泥和大块淤积物。

（4）采用倒虹吸现浇钢筋混凝土外包管滑模施工技术，倒虹吸结构采用预制底座、预制内包管结合现浇外包管，结构应力分布更加均匀，结构刚度较大，通过预制构件减少现场劳动强度、缩短工期的同时，外包管现浇提高了倒虹吸的水密性。通过现浇结构模板支撑采用定型化滑动大钢模体系，保证混凝土浇筑工作连续进行，混凝土成型准确，实现了自动化与简易化。

应用范围及前景

适用于地下给排水管绿色施工与升级修复。

项目成果在福建、浙江、山东等省份的20余项地下综合管网工程的绿色施工、生态清淤与升级修复、无损检测与快速封堵中得到多层次推广应用，社会、经济和环境效益显著，推广应用前景广阔。

持有单位：国智建筑科技有限公司、浙江工业大学、皓耀时代（福建）集团有限公司、恒超建工集团有限公司、福建士维建设有限公司、山东九强集团有限公司
单位地址：福建省福州市永泰县霞拔乡霞拔村下洋15号
联 系 人：郑瑶
联系方式：18850555810
E-mail：378958867@qq.com

231 RMS 系列低速泵用变频调速永磁同步电动机（新技术）及推广应用

技术来源

其他来源。

技术简介

该技术针对水利行业高压大功率低速泵用驱动系统要求，研究提出低速永磁同步电机与智能变频系统结合的电驱系统解决方案，开发出系列化的潜水贯流泵、竖井贯流泵、立式轴流泵、斜式轴流泵用低速泵专用变频调速永磁同步电驱系统，具有高效节能、低振低噪、长径比大、体积小、重量轻、可靠性高、维护简单等特点，可有效简化水泵系统结构。

技术指标

（1）RMS 系列低速泵用变频调速永磁同步电动机：

功率范围：110～3000kW。

极数：10、20、30、40。

转速范围：100～500r/min。

频率范围：25～85Hz。

额定电压：380V、6kV、10kV。

最大转矩倍数：2.0。

效率：≥96%。

功率因数：≥0.96。

绝缘等级：H 级。

防护等级：IP55。

振动：≤1.2mm/s。

噪声：≤75dB（A)。

（2）永磁同步电动机智能驱动系统：

转矩体密度：≥20N·m/L。

效率：≥93%。

节能率：≥12%以上（与异步电机对比)。

噪声：≤75dB（A)。

应用范围及前景

该技术可广泛应用于水利工程项目中的各类低、高压低速泵组，如斜式轴流泵、立式轴流泵、竖井贯流泵、潜水贯流泵等。

根据目前已经投入使用的 20 余台套永磁电动机来看，该技术可以有效提升低速泵组整体性能，节能效果显著，可靠性大幅度提高。

永磁电机凭借其突出的性能，以及日渐合理的性价比，在新建或改造升级的水利工程项目中将得到广泛应用，前景广阔。

持有单位：日照东方电机有限公司

单位地址：山东省日照市高新区电子信息产业园 B11 号

联 系 人：丁明磊

联系方式：18266333106

E-mail：dmlqq@126.com

232 水利水电工程滑坡预警关键技术与装备

技术来源

其他来源。

技术简介

在水利水电工程大规模开发建设中，不可避免地会涉及滑坡问题，受施工扰动及外部环境等因素影响，边坡失稳现象时有发生，严重威胁人民群众的生命财产安全。边坡监测预警是降低滑坡灾害损失的有效手段，但目前在监测准确性、预报可靠性、预警时效性等方面仍存在不足，无法满足水利工程安全生产的要求。

该技术与装备围绕现有水利水电工程边坡滑坡预警及监测设备的不足，从计算理论、稳定分析方法、监测预警、应用平台等方面出发，研发了水利工程边坡智能化监测设备、建立了基于粒子有折减法的边坡稳定性分析方法，创新了边坡稳定性动态评估、预警方法及智能决策平台，并在广西大藤峡水利枢纽、龙江水电站等水利工程中开展示范应用，为有效应对和预防水利工程滑坡提供重要技术支撑。

技术指标

（1）研发的基于北斗的表面位移监测设备，对比传统方案设备功耗降低20%以上，体积减小50%，经与人工监测结果比对，设备水平位移小于2.5mm，垂直位移小于5mm。

（2）建立的基于粒子有限元强度折减法的边坡安全性分析方法，能对不同强度折减系数下滑坡的启动、滑移及再堆积全过程进行数值模拟。

（3）建立的基于粒子群优化的岩土力学参数实时反演方法，具有良好的收敛性，目标函数误差为0.1%时收敛迭代次数少于20次。

（4）提出的基于粒子群优化和粒子有限元法的边坡安全性动态评估及分级预警方法，计算边坡动态安全系数和分级预警阈值。

应用范围及前景

该技术与装备形成的一系列研究方法与技术手段，适用于国内外水利工程滑坡灾害预警预报中推广应用。

通过该技术与装备研究，创新了边坡大变形计算理论及稳定性评估方法，提升了滑坡监测设备的实用性、可靠性及安全性，实现了基于滚动预报的滑坡预警，可为滑坡灾害研究、滑坡风险预警、滑坡灾害应对等提供技术支撑，从而保障水利工程的安全运行，产生积极的社会效益；基于该项目研究成果，提出的水利工程安全“全要素监测-滑坡风险滚动预报-一体化平台智能决策”的滑坡综合防控体系，有效保障了水利工程安全运行，系统解决了水利工程滑坡灾害预警预报难题，同时可推广应用至国内外水利工程滑坡防控。

持有单位：珠江水利委员会珠江水利科学研究院、广州珠科院工程勘察设计有限公司、华南农业大学
单位地址：广东省广州市天河区天寿路80号
联 系 人：万发
联系方式：020－87117842
E-mail：zwjc@pearlwater.gov.cn

233 围堤下穿桥梁施工技术研究及应用

技术来源

其他来源。

技术简介

采用袋装砂工艺施工斜坡式围堤原材料较易获取，可以进行水下填筑作业，已经广泛应用于沿海滩涂治理、河口综合整治、堤防工程等，合理利用了沿海、河口的滩涂资源，解决了堤防填筑原材料的来源问题。围堤工程主要位于江岸、海岸，施工区域内常有已建成桥梁、码头，围堤与桥梁、码头栈桥交叉。桥梁、栈桥桥桩处于斜坡式围堤位置会由于桥桩部位堆载不平衡或堤身整体滑动变形产生水平推力，引起桥桩的水平位移变形，变形超过设计限值将影响桥梁正常使用和安全；围堤填筑过程中和完成后一段时间内会有较大的沉降，围堤的沉降超过桥桩自身的沉降，对桥桩产生向下的负摩阻力，造成桥桩的附加沉降，如果桥桩总沉降和差异沉降超过安全限值将破坏桥的上部结构，也会影响桥梁的正常使用和安全。

为了不影响桥梁、栈桥的安全，围堤一般不在有桥桩的部位下穿桥梁、栈桥，无法避开桥桩的围堤采用分区设计的方式，在桥的两侧布置侧堤与老堤连接，避开桥梁、栈桥位置。采用分区设计延长了堤身长度，也缩减圈围后的可利用土地面积，造成工程成本提高、工程效益降低。

该技术创新地提出了一种新的袋装砂堤身结构，可以均匀填筑桥桩部位的围堤，避免不平衡堆载，控制堤身的滑动位移，避免桥桩产生水平位移；创新地提出减小桥桩负摩阻力的水上部位镀层结构和水下部位镀层结构，能够有效降低桥桩的负摩阻力，使桥桩的总沉降和差异沉降在安全限值内；创新地提出桥桩部位砂肋软体排铺设技术，用于桥桩部位围堤的护底防冲刷；创新地提出桥桩部位砂被铺设技术，用于桥桩部位堤基施工。

技术指标

该技术在围堤填筑时能将桥桩的垂直位移和水平位移减小到安全限值内。桥桩的垂直位移限值：相邻桥墩（桩）之间的不均匀沉降差应使桥面形成≤0.2%的附加纵坡（折角）；水平位移限值：桥墩（桩）顶端水平位移≤20mm。

应用范围及前景

适用于需要围堤下穿桥梁施工的场合。

长江澄通河段通洲沙西水道长沙河—福山塘段边滩综合整治工程成功应用了该技术，高效安全可靠地完成了施工范围内永钢码头的永泰、宏泰和盛泰3座引桥部位的围堤填筑，确保了龙口合龙、防台度汛等重要节点按期完成，保证了施工期间引桥的安全和正常运行，节省引桥改造投资6500余万元，避免永钢停产造成的经济损失。

持有单位：长江河湖建设有限公司
单位地址：湖北省武汉市江岸区解放大道1863号
联 系 人：李纲
联系方式：15972980566
E-mail：lg0566@dingtalk.com

234 水下钢丝网兜抛石箱式装抛一体化施工技术

技术来源

其他来源。

技术简介

水下钢丝网兜抛石工艺是先将块石装入钢丝网兜中，再利用机械设备将网兜整体送至河床表面从而进行水下抛投施工。钢丝网兜抛石常用于护坡远岸区域，石料通过钢丝网兜聚集成型使得抛石整体性较散抛石更好。

水下钢丝网兜抛石箱式装抛一体化施工技术，是指在抛石定位船一侧安装箱式装抛设备，单个石料箱装填石料量为1～3m^3，在同侧船头及船尾甲板以下0.4m处各安装一根柱状钢管（2～5m，带胶圈），用于运输船准确靠拢固定在定位船2～5m范围，两船间距形成钢丝网兜入水区域。于定位船上先将钢丝网兜放置石箱上，待运石船固定后，反铲挖掘机在运石船上直接将石料装入网兜内，逐个填充完毕后，工人在定位船上将网兜绑扎封闭，打开箱式装抛设备上的固定闩锁，踩踏平衡脚板使钢丝网兜利用石料的重力作用下滑入水，抛投完成后工人将装石箱利用滑轮及箱下拉力弹簧拉起，完成一次抛投作业。该技术抛石断面成型效果好，整体结构稳定，抗冲刷能力强，提升了钢丝网兜抛石施工工效和防护效果，降低了施工成本。

技术指标

该技术一艘抛石船日均抛投量为1200m^3，单日最大抛投量约为1500m^3，与传统旋转式浮吊船抛投、深舱开底驳沉放相比效率高。长江河湖建设有限公司在江苏部分项目采用浮吊船抛投，每日抛投量平均约为410m^3；在三峡后续工作长江中下游影响处理湖北武汉段二期河道整治工程施工标段C-1标中，施工单位采用深舱开底驳抛投，同一规格（单网兜3m^3）的钢丝网兜每日抛投量平均约为320m^3。采用该技术提高了施工效率2～4倍，能够更快地在合同要求的工期内完成施工任务，社会效益明显。

应用范围及前景

适用于堤防工程、河湖治理工程、防汛抢险工程、大面积软基防护等工程。

研究成果已成功应用在长江干流江苏段崩岸应急治理工程镇江新区境内工程施工标、三峡后续工作长江中下游影响处理湖北武汉段二期河道整治工程施工标段C-2标等工程中，节约成本约309万元。获得实用新型专利1项、水利部水利水电工程建设工法2项、QC成果1项，经济效益及社会效益显著，具有显著推广应用价值。

持有单位：长江河湖建设有限公司
单位地址：湖北省武汉市解放大道1863号
联 系 人：董哲澜
联系方式：13659806409
E-mail：267114182@qq.com

235 闸基钢板桩围堰及防渗结构施工技术

技术来源

其他来源。

技术简介

该技术采用新型填充密封胶，在施打钢板桩之前涂刷均匀，能有效起到防渗止水作用，使锁扣与板桩之间紧密相连，形成良好的支护防渗结构，防止H型钢和U型钢的锁扣连接不紧密，在外力荷载作用下，摩擦力增加出现桩位偏移渗水问题。配合HUC组合钢板桩定位控制导向架，振动下沉中控制速度确保H型桩的垂直度，在H型桩与U型板桩的施工过程，严格计算转角、封闭跟桩桩位，根据现场施工H型桩和U型桩沉桩的相对速率，控制施工质量，提高基坑的安全性。

技术指标

(1) 通过在填充型密封胶中添加一定比例的硅粉，在施打前进行涂抹，能达到压缩性密封胶的止水效果，且不会增加施打过程的压力，减少打桩过程产生的压力及摩擦力，避免桩位偏移，快速达到填充密封胶的止水防渗效果。

(2) 技术研究添加硅粉比例在15%～18%时，其拉伸强度和断裂伸长率最佳，防渗性能最好，高于18%时，增加强度同时急剧下降，黏结密封性差，影响防渗性能。

(3) 技术研究确定导向架可控制型桩的施工质量，是确保沉桩垂直度的关键，保证U型钢板桩和H型钢的下沉速度，可防止跟桩问题。

(4) 研究新型钢板桩施工工艺，通过导向架控制H型桩的施工及垂直度，并对U型桩进行施工，借助沉桩机械进行控制沉桩，严格计算好转角桩、封闭桩、跟桩的位置，保证控制施工质量。

应用范围及前景

适用于闸基钢板桩围堰及防渗结构施工工程。

该技术已在汕头市澄海区老八孔排水闸重建工程、海丰县梅尖水闸重建工程和汕头市潮南区秋风水司马浦电排站工程EPC总承包等工程中应用，有效解决围堰施工变形、渗漏等问题，提高围堰支护的安全性。

持有单位：广东大禹水利建设有限公司
单位地址：广东省汕头市龙湖区荣兴大厦1602室
联 系 人：陈泽标
联系方式：13829062339
E-mail：gddysljs@163.com

236 沿海堤防铰接式抗裂混凝土块护坡施工技术

技术来源

其他来源。

技术简介

该技术对纳米级材料与混凝土材料结合使用进行深入研究，针对纳米聚合物对混凝土性能的影响，通过对该材料应用到生态护坡砖上进行试验分析，确定纳米聚合物配合水泥组成的胶凝材料在铰接式带孔护坡砌块中，能有效提高抗氯离子渗透性能、抗硫酸盐侵蚀，避免钢筋锈蚀、提高混凝土结构耐久性，保证满足护岸的整体稳定性。该技术使用的铰接式抗裂混凝土块砖，能适应内外河道、海岸等各种水流情况，在防止护坡水土流失、抗海浪冲刷以及增强堤岸稳定性有着优越的性能。

技术指标

（1）该技术对铰接式混凝土护坡砌块的应用设计进行研究，护坡构造采用由上而下的形式进行铺砌，在胶凝材料掺配纳米聚合物，满足护坡设计的强度指标。

（2）该技术对纳米聚合物混凝土性能研究，分析其抗氯离子渗透、硫酸盐侵蚀、抗压强度，确定掺入纳米聚合物后，混凝土物理性能、化学性能均有所提高，聚合物混凝土的抗氯离子渗透性能优于水泥混凝土，确定硫酸盐侵蚀下纳米聚合物混凝土的稳定性较好。

（3）该技术通过在工程实践中进行纳米聚合物混凝土块的现场试验设计，通过对其配合比试验、强度检测、性能分析，研究表面铰接式混凝土块的技术性能指标完全能够满足海洋非预应力结构工程，并能有效降低海水侵蚀导致的混凝土剥离问题。

应用范围及前景

适用于沿海堤岸、湖泊、水库坝脚护坡等的各种堤防和坡道建设。

该技术已在汕头市澄海区老八孔排水闸重建工程和汕头市潮南区金溪水（司马陈店截流）达标加固工程EPC总承包中应用，提高了护坡堤岸的抗裂性和耐久性，推广应用前景广阔。

持有单位：广东大禹水利建设有限公司
单位地址：广东省汕头市龙湖区荣兴大厦1602室
联 系 人：陈泽标
联系方式：13829062339
E-mail：gddysljs@163.com

237 岩溶漏斗水库结构一体化设计及建造关键技术与应用

技术来源

国家计划。

技术简介

该技术提出了岩溶漏斗水库结构形式，发明了岩溶漏斗成库封堵结构，创新了岩溶漏斗水库岸坡库底一体化设计与建造技术，为岩溶漏斗水库建设提供有力保障。为岩溶地区水库建设及解决季节性缺水问题提供了有力技术支撑。

技术指标

(1) 岩溶漏斗水库布置：土石坝、混凝土重力坝等挡水建筑物，修筑于河道上，强调水平静水压力下的稳定及应力变形控制技术。利用封闭状负地形特征，库底封堵修建水库，具有较好的汇水条件，水库淹没范围有限，不需要挡水构筑物，更经济实用。

(2) 岩溶漏斗库底封堵结构形式及施工技术：河湖底部主要以土工膜防渗为主，强调土工膜搭接施工要求与抗渗性能。突出岩溶漏斗库底柔性封堵结构压实填料与土工膜接触界面力学机理，强调刚性结构与库岸岩体接触部位施工技术。

(3) 岩溶漏斗库底封堵结构设计理论：规范对河湖库底土工膜防渗设计技术提出相关要求。库底封堵结构承担水荷载，突出了柔性封堵结构库底变形控制技术和刚性封堵结构应力控制技术。

应用范围及前景

适用于岩溶漏斗水库结构设计及建造。同时，对河湖整治、防洪堤坝工程的施工设计及理论计算，均具有重要的借鉴意义。

该技术已先后解决了10多项水库工程岩溶漏斗水库设计、库盆封堵、库岸边坡支护设计等相关技术难题。近3年累计节能增支约3.8亿元，取得了显著的经济和社会效益，具有广阔的推广应用前景。

持有单位：重庆交通大学
单位地址：重庆市南岸区学府大道66号
联 系 人：邱珍锋
联系方式：15023294003
E-mail：qiuzhenfeng3012@163.com

238 水利水电工程液压式启闭机健康状态管理系统

技术来源

其他项目。

技术简介

该系统为集全部参数采集系统，对液压油各项参数进行数据采集、数据通信、数据分析处理。系统中包括有油液品质数据采集设备，油液品质数据分析设备及数据上传设备。一是油液品质数据采集设备，是在液压泵站建立一个液压旁路循环，在旁路循环上通过各种传感器设备，实现对油液污染度等级、水饱和度、运动黏度、温度、pH 值、介电常数、非铁磁性颗粒数及空气中含油量等参数的采集。二是油液品质数据分析设备，根据油液品质数据采集设备采集到的数据，对当前的油液品质进行分析，分析液压设备是否存在隐患，如发现存在隐患则会提前采取相应的措施，以保证液压启闭机的安全可靠运行。三是油液过滤设备，可在旁路循环中，集成了相应的过滤设备，可以对油液进行过滤，以提高油液污染度等级及降低油液水饱和度等来保证油品的质量。数据通信设备，将采集到的数据及分析结果，通过互联网、局域网、5G 等各种方式，上传至上位机或客户端等设备。

客户端监控系统，在上位机上通过程序或手机客户端上通过 App 来实时监控数据，并可以操作硬件系统来实现设备的运行。

技术指标

（1）实现对油液污染度等级、水饱和度、运动黏度、温度、pH 值、介电常数、非铁磁性颗粒数及空气中含油量等参数的采集、分析和评价。

（2）可以有效减少设备出现重大质量问题的概率，并且一旦出现问题，可以及时预警，提前采取相应措施，解决问题。

（3）减少备件存量，降低维修改造的人工费用。

应用范围及前景

适用于水利水电工程启闭机、泵站和清污机等水工金属结构用油液健康监测。

该系统旨在实现对水利水电行业液压启闭机的液压油实现实时状态检测及过滤，具有一定的普适性，可进一步对其他涉及油液健康状态监测的设备进行推广。

持有单位：水利部水工金属结构质量检验测试中心
单位地址：河南省郑州市惠济区迎宾路街道迎宾路 34 号
联 系 人：耿红磊
联系方式：151371363517
E－mail：genghonglei@chinatesting.org

239 水工金属结构设备数字孪生前端感知技术及应用研究

技术来源

其他来源。

技术简介

水工金属结构数字孪生作为数字孪生水利工程的重要组成部分和基础数据底板，是完成深度感知和实现精细化模型建设的前沿阵地，同时也是工程安全中预测、预警的主要对象。该系统包含了前端感知传感器技术、数字建模技术、边缘计算技术和数据融合技术等数字孪生技术的所有要件，并可在设备运行层面上做到自成体系和独立部署，同时也作为数据底板，汇入数字孪生工程和数字孪生流域的上层应用。

该系统针对传统人工检查难以发现和监测到水工金属结构运行过程中的动态风险的难点问题，发挥项目完成单位在水工金属结构检测方面的技术优势，集成数字孪生、大数据分析、边缘计算、人工智能等技术，完成了水工金属结构设备数字孪生前端感知技术及应用研究。

技术指标

（1）传感器要求防护等级 IP68，耐水压 1.5MPa，具有边缘计算功能。

（2）数字模型及可视化系统要求数字模型能表达物理实体的静态及动态运行效果。

（3）达到安全预警。

应用范围及前景

项目研究对象水工金属结构设备，由于其所在工况环境有其特殊性，所以该系统是为水工金属结构设备量身定制的数字孪生前端感知系统，在其他领域推广存在局限性。

该系统中传感器密封可以在 200m 水深范围内长期稳定使用，对于海水环境使用也存在局限性。

持有单位：水利部水工金属结构质量检验测试中心
单位地址：河南省郑州市惠济区迎宾路街道迎宾路 34 号
联 系 人：方超群
联系方式：15838161519
E-mail：fangchaoqun@chinatesting.org

240 头屯河水库防冰冻技术示范应用

技术来源

其他来源。

技术简介

该技术是创造性地采用气液两相流理论研发的防冰（消除冰荷载）新技术。该技术是在气泡理论研究的基础上，通过气源系统提供气源，供气管路系统输送气源，利用升降机构将水下防冰工作装置布置在水库进水塔、交通桥桥墩、闸门井有效防冰区域内水下特定深度，在该区域内的水下生成符合形成流场要求的连续、充足的气泡群，流场内流动的水不易生成结晶核（冰核）或破坏掉已生成的结晶核（冰核），使该防冰区域内没有结晶核（冰核）的水在过冷状态下也不会结冰。此方法保证流场区域范围内不能形成冰层，解决了高寒地区水工建筑物因受冰冻影响而产生的严重安全隐患问题。

技术指标

（1）气泡防冰技术彻底消除水库进水塔四周冰荷载，彻底消除交通桥桥墩四周冰荷载。

（2）气泡防冰技术成功解决进水塔闸门井冻融问题，有效保障水库在寒冷复杂条件下最基本的使用任务。

（3）试验工程最低环境温度可达－40℃以下，经过多项的工程试验验证显示，该技术设备运行稳定可靠，能耗低，环保无污染，防冰效果显著，能够从根本条件上阻止冰的形成，保障水工建筑物在冬季的安全运行。

应用范围及前景

采用防冰专利技术转化研发的气泡防冰技术设备适用于多种水利水电工程建筑物，已经成功解决了混凝土坝（双曲拱坝、重力坝、面板坝）、水闸、交通桥梁、船闸、船坞门等不同领域的防冰构筑物。

该防冰设备充分展现出其新技术、新产品、新材料和新工艺的先进性、可靠性、实用性和适用性，突出应用效果，有针对性地对水利科技成果开展技术示范、技术应用，集成配套，切实地解决实际工程运行问题，积极推进水利水文科技成果在开发、转化、推广中的示范作用，推动区域水资源的可持续利用，加强水利水电工程防冰工程的现代化、智能化建设，支撑当地经济社会的可持续发展，起到示范辐射与引领带动作用。具有多项气泡防冰技术设备成功应用的工程运行与维护经验，应用及推广前景广阔。

持有单位：新疆头屯河流域管理局水利管理中心、长春华普大通防冰工程技术有限公司
单位地址：新疆维吾尔自治区昌吉市乌伊东路110号头屯河流域管理局
联 系 人：刘超
联系方式：15899256479

241 无接收井超长距离水平顶管及垂直顶升管施工关键技术及应用

技术来源

计划外项目。

技术简介

该技术包括两大关键技术。一是泥水平衡法顶管施工技术。泥水平衡顶管施工是一种全断面切削土体，以泥水压力来平衡土压力和地下水压力，利用泥水作为输送弃土介质的机械式顶管作业。基本原理是泥水护壁，在泥水平衡顶管施工中，要使挖掘面保持稳定，必须不断向泥水仓注入一定压力的水，水与切削土体混合成为泥水。泥水在压力作用下向土体内部渗透，在开挖面形成一层泥皮。泥皮的作用，一方面，阻止泥水继续向土体内部渗漏；另一方面，泥水的压力通过泥皮作用在开挖面防止坍塌。在挖掘过程中，泥仓内的进水压力和排泥压力始终维持与机头正面水土压力平衡，使机头正面水土压力始终处于主动与被动土压力之间，达到消除地面的沉降和隆起的效果。二是垂直顶升施工技术。垂直顶升施工时，在已建好的水平管道上部预留顶升口、安装移动顶升支架，将加工好的顶升管节从地面上运送到预留洞口处，顶升管与预留顶升口对正后，用顶升支架上的千斤顶，将垂直顶升管一节一节顶出主管道，穿破覆盖土层，到达指定高度或露出河床，随后在水下揭去顶盖，安装单向阀门形成排放口，使进排水管道与江海中的水域连通。

技术指标

（1）通过将部分顶铁从垂直运输优化为水平运输，减少吊装作业次数 590 次，占比 33.3%，减少吊装作业量，降低安全风险。

（2）通过优化水平管道焊接坡口形式，焊接施工效率提升 37.5%。

应用范围及前景

该技术适用于现行标准和规范中长距离（一次连续顶进长度超过 400m）或超长距离（一次连续顶进长度超过 1000m）泥水平衡顶管施工；地下水压力＞0.08MPa 的水平顶管施工；管道材质为钢管的顶管施工；淤泥质土、粉土、粉质黏土等土质的顶管施工；无接收井的顶管施工；水平管道内的垂直顶升施工，其他有限空间内的垂直顶升施工也可参考使用。

采用该技术进行长距离或超长距离顶管施工和垂直顶升管施工，施工机械化程度高，可降低施工难度，减少吊装作业、有限空间作业、焊接作业等危险作业的工作量，降低安全风险，缩短工作时间，提高施工效率，保证施工质量。该技术的应用，不但提高了施工技术水平，同时节约了大量的人力、机械投入，降低了施工成本，应用前景广阔。

持有单位：中交水利水电建设有限公司、中交上海航道局有限公司
单位地址：浙江省宁波市镇海区沿江东路 221 号
联 系 人：姜聪宇
联系方式：13736159760
E-mail：jiangcongyu@163.com

242 超低水头液-气-液能量转换泵关键技术研究与应用

技术来源

省部计划。

技术简介

该技术应用于水利给水领域，利用大流量小落差获取小流量高扬程的水流，不需要消耗油、电等资源，适用于电网覆盖不足、基础设施薄弱的偏远地区。其主要技术原理如下：

液-气能转换装置：液气能转换的基本原理是将液体的势能在管道下流转变为动能的过程中，吸入空气并将液能的大部分能量赋予空气，使空气成为有压（正压、负压）气体，收集和利用该有压气体做功泵水。

高效的高压气体收集技术：通过利用河流的自然落差引入空气，通过有效设计进气孔的深度、大小、数量、进气管的直径及物理位置等提高管道进气率，从而形成更多的有压空气。

有压空气的稳压装置技术：通过液气分离技术分离出高压空气，通过稳压装置形成更稳定的压缩空气，提高有压空气的使用效率。

高压气体均匀分布技术：在利用高压气体的过程中，往往会涉及运输高压气体管道的管径变化。由于受到装置使用设备本身的限制，流经的气体往往是集中通过，从而导致高压气体利用率低，气量产生无谓的损耗。经检索，现有的气体均匀分布器中没有适用于高压气体的设计装置。因此该技术是在提高高压气体的实际应用效率，从而间接提高泵水效率。

气-液泵水装置：液-气能量转换装置中产生的高压气体通过管道输送到气-液泵的底部气腔，气腔下方与水源贯通，上方接有若干根PVC细管，该气腔的作用是将高压气体均匀快速地分配给每根细管。随着高压气体不断进入气腔，水和高压气体通过细管迭代输往泵水出口，实现往更高处泵水的功能。

技术指标

（1）整个泵水装置达到提水综合效率45%～50%。

（2）单泵扬程达到50m以上，单机日提水量最高达到1600m^3。

（3）已建工程实现利用2m及以上水头差进行50m以上扬程泵水。

应用范围及前景

适用于利用大流量小落差获取小流量高扬程的提水供水工程。

该技术先后在广东省的高州市、海口市、湛江市及阳江市等10余个市区应用，在云南省的南华县、鲁甸县、镇沅县及西盟县等10余个县镇应用，包括甘肃省引洮供水工程、新疆维吾尔自治区的阿图什市的饮用水质提升项目等在内共25个地区应用，对保障当地居民用水和农业生产用水发挥了重要作用，取得了较大的社会、经济和生态效益。

持有单位：河海大学、广东大禹水利建设有限公司、广州粤水建设有限公司、森汇能源科技（上海）有限公司、上海交通大学

单位地址：江苏省南京市西康路1号

联 系 人：孙阳

联系方式：13915967046

E-mail：sunyang_hhu@hhu.edu.cn

243 海绵城市生态透水路面劣化机理与性能提升关键技术

技术来源

国家计划。

技术简介

该技术研发了非接触式阻抗法测定混凝土连通孔隙率测试装置和渗透系数测定试验装置，提升了大孔隙混凝土材料孔隙率和渗透系数测试的准确度；基于室内试验，系统研究了干湿循环、荷载、盐水饱和等因素作用下，阐明了氯离子在混凝土中的迁移规律及因素改变对混凝土耐久性的影响情况，揭示了复杂因素作用下混凝土的劣化机理；借助微细观试验，阐明了不同配比情况下，橡胶改性混凝土和钢纤维橡胶改性混凝土的细观特征和力学性能。

该技术研发了移动式一体破碎机、3D智能摊铺机自动控制系统和组合撑架支模装置，提升了路面施工的自动化水平；提出了土工布-浸湿管道-土工膜组合养生系统，形成了透水混凝土路面摊铺施工关键技术，改善了透水混凝土路面的养护效果；提出了防水黏结层＋热沥青黏结层＋玻璃纤维格栅层的界面连接增强技术，形成了大孔隙沥青混凝土路面施工关键技术，增强了路面结构的整体性。

该技术提出了高弹性沥青填充开裂凹槽与界面多层组合防裂的现役混凝土路面加铺沥青面层技术，实现了路面裂缝的多重组合阻断；提出道路加宽接缝区域设置固化梁、格栅网、裂缝阻断板、后注浆体等结构体的柔性基层沥青路面拼接拓宽技术，有效减小了加宽接缝区域的不均匀变形和差异应力；研发了复配添加剂改性微表处沥青混合料技术，改善了材料的性能。

技术指标

(1) 采用装配式工程结构和施工装置，提升施工效率8%～15%。

(2) 研发路面结构形式和技术，提高了施工质量，可节约工程材料10%～20%。

(3) 系统分析了路面结构劣化机理，提高了结构的耐候性能和环境适用性。

(4) 创新了现役路面性能改善技术，实现了路面材料的留用，改善了路面的性能。

应用范围及前景

适用于海绵城市工程建设。

该技术在工程结构、建筑材料和施工技术方面的创新，促进了行业技术进步，符合节能减排低碳的社会发展趋势和要求。

持有单位：福建新华夏建工集团有限公司、浙江工业大学、安徽水利开发有限公司、福建省泰宏建设工程有限公司、山东九强集团有限公司、四川省交通建设集团股份有限公司

单位地址：福建省龙岩市连城县莲峰镇北大东路54号

联 系 人：韩尚宇

联系方式：13672215028

E-mail：55932942@qq.com

244 南水北调中线一期工程总干渠陶岔渠首—沙河南段鲁山南 2 段工程设计关键技术

技术来源

其他来源。

技术简介

南水北调中线一期总干渠陶岔至沙河南鲁山 2 段工程位于平顶山市鲁山县。渠段线路先后穿越澎河、淝河、叶庄沟、吴洼东沟等多条大小河渠，与昭南干斗等多条灌溉渠道相交，并与多条公路交叉。工程任务是衔接南水北调中线总干渠向下游段输水，并向河南省平顶山市及叶县供水。工程线路总长 9.78km，其中渠道长 9.066km，建筑物长 0.714km，包括交叉建筑物共计 19 座。其中，大型河渠交叉建筑物 2 座（澎河涵洞式渡槽、淝河渠道倒虹吸）；左岸排水建筑物 3 座；公路交叉建筑物 5 座；渠渠交叉建筑物 6 座；控制建筑物 3 座。渠段设计流量 $320m^3/s$，加大流量为 $380m^3/s$。为Ⅰ等大（1）型工程，工程总投资为 83327 万元。

南水北调中线一期工程总干渠陶岔渠首至沙河南段工程鲁山南 2 段工程勘测设计严格遵守国家及行业规程规范及技术标准有关规定，通过综合勘察手段，攻克了膨胀土地基变形、渠道边坡稳定性等关键技术。

技术指标

（1）达标最大输水规模 $380m^3/s$，保证了整个中线工程累计向北方调水 550 亿 m^3，惠及沿线 24 座大中城市、200 多个县（市、区），直接受益人口达 8500 多万人。

（2）2014 年，鲁山南 2 段向平顶山市应急调水 5130 万 m^3，有效缓解了平顶山市水资源严重短缺问题，平顶山因此成为中线工程第一个受益城市。

（3）该工程确保了整个中线工程累计向北方调水 550 亿 m^3，水质持续保持或优于地表水Ⅱ类标准，北京市自来水硬度由过去的 380mg/L 降至 120mg/L；河北省黑龙港流域 500 多万人告别了世代饮用高氟水、苦咸水的历史。

（4）累计向北方 50 余条河流进行生态补水 90 亿 m^3，推动了滹沱河、瀑河、南拒马河、大清河、白洋淀等一大批河湖重现生机，河湖生态环境显著改善，华北地区浅层地下水水位持续多年下降后实现止跌回升，生态效益显著。

应用范围及前景

适用于各类土地工程设施的勘测、设计、施工与建设。

膨胀土是颗粒高度分散、成分以黏土矿物为主、对环境的湿热变化敏感的高塑性黏土，因其吸水膨胀软化、失水收缩干裂的典型特性，给工程的设计施工和运营带来严重的安全隐患。通过综合勘察手段，攻克了膨胀土地基变形、渠道边坡稳定性等关键技术。该技术的研究与应用，产生的社会经济生态效益显著，推广应用前景广阔。

持有单位：中水北方勘测设计研究有限责任公司
单位地址：天津市河西区洞庭路 60 号
联 系 人：杨光
联系方式：18512286138
E-mail：yang_g2@bidr.com.cn

245 南水北调中线一期工程总干渠鲁山南2段膨胀土工程特性研究

技术来源

国家计划。

技术简介

该研究针对膨胀土的分布、鉴别、物理力学参数取值等问题，优选了勘察措施，分析了膨胀土的分布规律及工程地质特性，建立了膨胀土多指标定量分类体系，提出了不同分带膨胀土物理力学参数取值原则、方法，揭示了膨胀土渠道边坡破坏机理。

技术指标

（1）提出了水泥改性土包裹弱膨胀土的“金包银”技术方案，经济性地解决了沿线渠道膨胀土（岩）问题。

（2）专题研究提出在衬砌土工膜与水泥改性土间设置薄层中粗砂结合集水暗管和逆止阀的独立降排水系统，降低渠坡浸润线并防止渠道内水外渗，有效解决了南水北调工程总干渠赋存浅层地下水的难题，确保了工程复杂水文地质条件下的渠坡稳定。

（3）采用现场物理力学试验、水工模型试验、三维有限元分析等多种方法，攻克超大型涵洞式渡槽复杂结构设计和不均匀沉降变形控制的技术难题，形成成套技术方案，保障工程施工及运行期安全稳定。

（4）采用现场物理力学试验、三维有限元分析等多种方法，攻克超大型渠道倒虹吸高地下水位施工期边坡涌水涌砂防渗排水控制等技术难题，形成成套技术方案，保障工程施工及运行期安全稳定。

应用范围及前景

适用于各类土地工程设施的勘测、设计、建造，以及土工程学的科学研究。

该研究成果已在南水北调等工程中应用，多年运行实践证明研究成果科学合理，社会经济环境效益显著。工程自建成以来运行良好，为类似工程的勘察积累了经验，丰富和发展了膨胀土勘察理论与实践。其先进的勘察理念、勘察技术处于同期国际领先水平，为同类工程提供了很好的借鉴作用，具有广泛推广应用前景。

持有单位：中水北方勘测设计研究有限责任公司
单位地址：天津市河西区洞庭路60号
联 系 人：杨光
联系方式：18512286138
E-mail：yang_g2@bidr.com.cn

七、水利信息化

246 网络安全威胁感知决策指挥系统

技术来源

省部计划。

技术简介

该技术分为数据源层、大数据平台层、网络安全威胁感知系统、网络安全决策指挥系统等四大模块。网络安全威胁感知系统使用大数据平台的存储和分析计算资源，提供安全算法模型建模、预警展示、状态监控等功能，网络安全决策指挥系统是对网络安全威胁感知系统产生的安全事件告警进行处置闭环。通过本系统的建设，完成了安全运营工作的规范化和体系化建设落地，并提供了开放的数据接入能力、可自定义威胁分析建模能力、自动化编排响应处置流程；针对日常运维场景、实战攻防场景可建立特定的分析模型、响应方式和流程，实现常态化安全运营和实战化安全攻防的统一安全需求。

技术指标

（1）查询：1000亿条数据规模下，单一字段精确查询耗时≤10s，排序耗时≤1s。

（2）流计算：实时过滤单节点处理能力≥26MB/s，多流实时关联单节点关联能力≥3.6MB/s，实时流与离线数据关联单节点处理能力≥83.3MB/s。

（3）实时总线：单节点接入流量、输出流量≥1.4GB/s。

（4）数据更新速度≥40000条/s；访问并发数不低于100。

（5）网络安全决策指挥系统是对网络安全威胁感知系统产生的安全事件告警进行处置闭环；包括：事件分析研判、事件响应处置、溯源加固等全流程管理；安全事件处置预案与应急预案管理、可视化展示等功能。

（6）平台支持对全网资产总览分析，包括资产概览、服务器运行状态、资产统计，其中资产概览包括即将退库资产、全部资产数、核心资产数、资产组数、服务器数、终端数。

（7）系统处置效率提升200%以上，威胁告警消减优化500%以上。

应用范围及前景

适用于流域管理机构、省级水利部门、大中型水利工程单位水利信息网网络安全威胁感知应急响应相关系统建设。

网络安全威胁感知决策指挥系统未来将持续利用平台开发应对不同场景、不同类别的威胁分析模型，实现对水利行业更多类别的网络攻击和针对性异常行为的安全监测。系统在水利单位之间，通过平台有效打通技术、工具、人员能力和流程制度等要素，提供本级安全运营人员的分析能力，提升安全运维工作效率和安全建设效果，同时结合本单位实际网络安全情况及行业网络安全现状，形成安全算法模型算法，扩展进行特定的网络安全分析和业务安全分析，实现与中央网信办、公安部、行业内各级单位同步网络安全威胁信息，提升对下级单位的安全监督管理能力。

持有单位：水利部信息中心、深信服科技股份有限公司
单位地址：北京市西城区白广路二条2号
联 系 人：张潮
联系方式：13810403181、010－63202426
E－mail：zhangchao@mwr.gov.cn

247 水利专业决策（WPD）的“数据-模型-业务”组态式孪生构建技术

技术来源

国家计划。

技术简介

该技术构建数据底板、专业模型与业务应用之间的智能衔接桥梁，实现水利专业模型的标准统一、管理精细、高效组装、组态编排和敏捷复用，为水利专业决策提供驱动引擎。数据衔接层通过模型配置信息从数据底板的水利信息模型中组织计算数据，自动化完成模型实例化建模。模型管理层标准化封装所有水利专业模型，并提供注册-授权-发布-维护-调用于一体的精细化管理，智能化校验模型的通用性并可视化监控模型的全周期行为。业务支撑层根据动态需求自定义业务流、自选择对象流、按需挂载模型，智能化编排计算流并一键式生成预报调度等水利业务应用系统。

技术指标

（1）模型“参数分离、对象解耦”比例达到100%。

（2）自动化完成模型实例化率达到100%。

（3）模型标准化封装比例达到100%。

（4）将数百个水利对象的业务应用核心功能搭建周期缩短为1个月，将数十个水利对象的业务系统核心功能搭建周期缩短为2周。

（5）平台提供7×24h在线计算服务，运行高效稳定，支持国产信创环境。

应用范围及前景

适用于流域、工程、水网等智慧水利与数字孪生平台建设，以及预报调度等业务应用建设。

未来研究或应用的发展方向在于数字孪生流域、数字孪生工程、数字孪生水网等数字孪生平台的搭建，支撑流域防洪、水资源管理与调配等业务应用建设，可推广至水文预报、水库调度等水利信息化系统的建设。

持有单位：长江勘测规划设计研究有限责任公司
单位地址：湖北省武汉市江岸区解放大道1863号
联 系 人：周超
联系方式：18627848062
E-mail：zhouchao2@cjwsjy.com.cn

248 基于青清水利云架构的数字孪生系统

技术来源

省部计划。

技术简介

该系统是基于水利云架构，在数据中心、水联网、对象模型等支撑体系下，以 Unity3D、GIS、Mapbox、Ansys 以及 CAD 为开发引擎，搭建通用的能适应流域全要素快速组织、水对象模型实时解算需求下的数字孪生流域及数字孪生水利工程开发系统，面向中小流域及中小型水利工程，实现 TB 级模型场景的云端分布式管理。通过数字孪生系统，用户从协同设计开始便进入数字孪生世界开展涉水业务，在“作业即记录、记录即数据”的数字化业务模式下，实现流域全要素和水利治理管理活动全过程的数字化映射、智能化模拟，实现与物理流域同步仿真运行、虚拟交互。

技术指标

（1）轻量化处理。该系统 BIM 应用中场景数据来自由无人机遥感测绘获取的 DSM 及 DOM 数据，因无人机直接测绘获取的数据体量较大，约在 5G/km^2，做轻量化无损压缩处理后，TB 级场景数据云端访问加载效率在 5s 以内，基于有限元分析的水文模型及流体模型网格精度不低于 0.5m，基于云端解算的模型每平方公里计算（含输出）效率不低于 30s。

（2）模型数据精度控制。场景底座数据（地形及地层数据）精度为平面精度 5cm，高程精度 10cm 以内。水工建筑物、工程布置数据精度精确到毫米。水对象模型（水文及水动力模型）模型库基于 U3D 网格编程实现纯数字空间建模，网格精度在 1m 内。

（3）满足青清水利云技术架构、协同关系及数据标准要求。

应用范围及前景

适用于流域管理、水工 BIM 数字化协同设计、中小型水利水电工程全生命周期建设管理、市（区）水行政管理等。

该系统“作业即记录、记录即数据”的数字化业务模式下，用户只要部署水利云系统，在开展水业务的同时数字孪生所需的要素就已经标准化采集管理起来，如水工程在协同设计阶段已经提交标准的水工程对象模型成果，并管理在水利云中，数据可以快速向施工期、运营期继承，实现工程全生命周期应用的搭建，同步实现流域全要素和水利治理管理活动全过程的数字化映射与智能化模拟。该系统以技术改变模式，促进水利行业数字化转型，应用前景广阔。

持有单位：青海青清水利科技有限公司
单位地址：青海省西宁市城中区长江路 75 号华德大厦 20 楼
联 系 人：宋菲菲
联系方式：18297001512、0971-5207815
E-mail：963387344@qq.com

249 浪潮“轻舟”数字孪生平台

技术来源

其他来源。

技术简介

该平台以云计算、大数据、物联网、人工智能、虚拟现实等新一代信息技术为依托，以数字孪生模拟仿真为核心，构建以数联、智联为特征的数字化中台底座，提供以大管理、大服务、大监督、大决策、大运管应用形态为多翼的一体化产品与服务能力，实现一体化运行环境纳管、一站式数据开发运营、多元化知识构建创新、全方位模型推理计算、多场景数字孪生模拟、多维度融合能力开放。全面支撑流域防洪、水资源管理与调配“四预”以及N项水利智能业务应用，构建智慧化典型场景。

技术指标

(1) 数联中台提供大数据存储与计算引擎、数据集成与加工、数据资产与管理、数据计算与萃取、数据分析与利用五大能力，内置5套数据目录、1500＋数据资源、1400＋数据服务、600＋数据标准、60＋质量/安全规则，构建覆盖水利水务数据全生命周期的一站式数据治理与管理平台。

(2) 智联中台提供4大类28个视频识别模型、4类遥感识别模型、7类水专业模型、5类知识模型，实现AI模型相关算力、数据标注训练、算法开发调试、构建发布部署、前端推理更新、运营监控六大环节的一体化拉通，为模型的全生命周期过程提供有形化、工程化的能力支撑。

(3) 融合能力中枢提供5A＋10组件、100＋业务微件、1000＋API服务，快速拉通业务构建，实现应用及服务交付标准化管理。

(4) 平均响应时间＜3s，并发用户数＞1000，支持各类主流浏览器，以及App、微信小程序等手机端操作。

应用范围及前景

适用于支撑“2＋N”水利业务应用，赋能智慧水利、水务、灌区、水网等多个业务场景。

该平台提供流域防洪应用、水资源管理与调配应用、水利工程建设和运行管理、河湖长制及河湖管理等应用的支撑能力，赋能数字孪生水利建设，对物理流域全要素和水利治理管理活动全过程进行数字化映射、智能化模拟，支撑实现流域防洪、水资源管理与调配“四预”以及N项水利智能业务应用。融合能力中枢提供业务集成、能力开放、快速构建、一张图中心、融合通信、运营管控六大融合能力，全面覆盖已有业务快速集成、新业务快速构建场景，实现业务集成与构建效率的有效提升，支撑保障“四预”工作。

持有单位：浪潮智慧科技有限公司
联 系 人：房爱印
单位地址：山东省济南市浪潮路1036号
联系方式：13475311553、0531-85105626
E-mail：fangaiyin@inspur.com

250 基于数字孪生的水利业务管理平台

技术来源

其他来源。

技术简介

该平台在"互联网+"、物联网、大数据、云计算的技术背景下，应用数据采集与自动化控制技术、水利一张图专题展示、水利专业模型建设技术和数字孪生等技术，基于水利工程信息基础设施及业务应用需求，在共享水利部本级及流域管理机构L1级和L2级数据底板基础上，建设水利工程L2和L3级数据底板，通过汇聚工程全要素感知数据、业务管理数据和其他相关数据，搭建数字孪生场景；通过构建模型库、知识库，实现实体工程与虚拟工程实时信息交互和深度融合，支撑工程的智能应用。通过数字化场景、智慧化模拟、精准化决策建设，解决预报、预警、预演、预案功能实现问题，为构建具有"四预"功能的智慧水利体系，提供关键技术。

技术指标

（1）人工智能算法融入平台，采用数字孪生技术，构建多维多尺度时空数据模型，并以微服务方式提供统一调用服务。利用水利模型和GIS技术进行数字孪生流域建设，构建数字孪生综合管理平台。

（2）实现覆盖主要业务数据资源汇集调度的统一管控，满足数据汇集需求，实现数据资源统一管理，促进流域综合管理水平提升。

（3）水务信息互通、可视化，整合水质、水利、水文、气象、环保、国土、规划、交通、测绘等多部门、多结构数据，基于数据标准化建设成果实现多源异构数据的集中管理与集成可视化，使水务跨部门、跨行业、跨区域数据实时动态共享交换，打通流域范围内不同部门、不同行政区划之间的数据壁垒，逐步消除"数据孤岛"和"数据烟囱"等现象，实现数据的动态交换与实时共享。

（4）河道监控直观呈现、预测预报准确，运用基于人工智能算法的水利模型进行水位的模拟、预测预警，并进行相应的专题制作，使得管理部门对突发事件进行及时有效的情况把握和处理方案制定。

（5）支持可拆分、可移植的模块组件化，构建灵活、高性能的集成应用平台。

应用范围及前景

适用于水利业务管理单位数字孪生流域、灌区、水库、河湖等建设和管理。

水利建设是民生大计，鉴于国家和水利行业对数字孪生的重视，为该产品市场应用前景提供了发展机遇，企业加大营销和工程实施力度，则可以利用行业的发展机遇，迅速占领市场并获取良好的经营业绩，可以预见其市场容量、需求空间是巨大的。

持有单位：中水三立数据技术股份有限公司
联 系 人：张昀
单位地址：安徽省合肥市蜀山新产业园稻香路1号
联系方式：17330734879、0551-65233390
E-mail：568333745@qq.com

251 水务运营管控系统 V2.0

技术来源

其他来源。

技术简介

该系统包括四项核心技术。一是智能感知体系：统一数据标准，建立水情、工情、视频等多方面感知网，为流域水污染防治、防洪排涝、人员安全管理等多个方面提供技术支持和数据支撑。二是调度水力模型：根据全流域防洪、生态、供水的需求，研究建立一维水动力模型、污染扩散分析模型和综合效益最大化调度模型等多个调度模型。三是区块链技术应用：实现从前端监测设备数据采集、数据传输到存储、应用的数据监管和溯源，对监测数据进行存证管理。四是智能管控系统：规范业务流程，将业务模块、数据管理、监控控制等功能集成到同一平台上，提高管理效率和信息处理速度。

技术指标

（1）系统稳定性高：通过观澜河、铜锣径、坪山河等 7 个项目运维管理，现已稳定运行年限为 3 年。

（2）系统拓展性强：系统可适应所有的运行维护类型项目，可满足水库、河道、管网、泵站项目的信息化管养需求。

（3）系统开放性好：采用统一的数据库结构标准，已实现企业 PM、OA 系统数据对接，计划扩展政务平台数据对接。

（4）系统安全性高：系统正在进行等保二级测试评定，定期对系统进行安全审计，及时发现并修复安全漏洞。

（5）系统实用性强：能够快速掌握系统使用方法，促进项目数据资源的互联互通、应用系统的扩展升级和基础设施的高效利用，具有较强的可复制性。

应用范围及前景

适用于流域管理各场景要素，包括河道、水库、泵站、水闸等水务设施管养。

目前，深圳市深水水务咨询有限公司已完成与三峡大学联合开展的防洪调度以及防洪对下游影响分析相关工作，已形成一种多功能目标的水库精准调度方法，该方法已在“联调型”铜锣径水库、“水缸型”公明水库、“自产型”径心水库应用，应用效果良好，下一步将形成流域调度模型，优化该系统“四预”的核心技术。未来该技术继续对标国际，响应国家政策发展，紧贴一线业务，丰富应用场景，深化应用深度，提升应用效益，该技术具有广泛的推广应用前景。

持有单位：深圳市深水水务咨询有限公司
联 系 人：吴科萌
单位地址：广东省深圳市罗湖区清水河一路 112 号罗湖投资控股大厦裙楼 401
联系方式：18502323696、0755-22385906
E-mail：962296658@qq.com

252 泵及泵站物联网智能化运维服务云平台技术

技术来源

其他来源。

技术简介

该技术利用泵及泵站智能化运维服务云平台技术将水泵、电机及泵站技术与物联网、传感器、区块链、大数据、云计算等多项技术相结合，通过从泵站采集的信息数据，采用泵及泵站专家系统对泵及泵站进行运行监测、状态评价、运行优化和故障诊断，进而在此基础上进行运行决策。该技术解决了现有泵站系统数据管理模式单一、运行决策滞后和故障事后报警等问题，帮助泵站实现实时的科学决策和维护维修指导等服务，降低泵站的运行能耗和运维成本，保障了泵站的运行安全。

技术指标

（1）系统是基于 Internet 网络开发的浏览器/服务器（B/S）结构设备监测应用软件；采用先进的 .net core 跨平台框架开发；实现与泵站 SCAD 系统对接，直接获取 SCAD 系统各类指标数据和入库。

（2）采用 MongoDB 作为数据存储仓库，为其提供强大的数据检索查询功能。

（3）采用多个高级数学模型对泵及泵站进行实时监测、预警、报警及各类数据计算与统计，包括千方水能耗、运行状态、能效状态、综合能效及优化运行方案等。

（4）利用水泵及管路结构特性，对水泵危险状态进行报警，对潜在的故障进行预警，实现实时短信、危险公众号提醒及相关问题处理记录。

（5）系统主要软件通过了 CMA 监测认证，试点项目数据经湖南省水力机械质量监督检验授权站检验，出具同工况优化运行节能效果 8.22%，连续优化运行节能效果对比 6.42%和 4.23%的检验报告。

应用范围及前景

适用于水利排灌、调水工程、城市供水、市政排水、二次供水、农业用水等领域泵及泵站的智能化运维管理。

据统计，截至 2021 年，全国各类泵的装机功率达 10.1 亿 kW，年耗电超过 1 万亿 kW·h，约占全国总用电量的 15%。其中，水利行业内水泵总装机功率达 1.12 亿 kW，年耗电量 5900 亿 kW·h，约占全国总用电量的 8%。按照水利水务行业节能率 10%计算，每年可望节能 590 亿 kW·h，减排约 588.14 亿 kg CO_2，节约 236 亿 kg 标准煤，经济及社会效益巨大。该技术变传统的被动运维为智能化的主动运维，实现水泵系统高效率、低成本运行无忧的目的，可大幅提升泵行业技术水平，推广应用前景广阔。

持有单位：长沙九洲鸿云网络科技有限公司
联 系 人：李文凤
单位地址：湖南省长沙县天华中路 79 号明城商务广场 1705 室
联系方式：13026365705、0731－86202094
E－mail：786582417@qq.com

253 基于GIS和云计算技术的贵仁治水模型云平台

技术来源

自主研发。

技术简介

该平台包含水循环数学模型体系、一站式建模工具、模型云运行和管理平台，形成了贵仁模型云社区生态，可实现异构模型兼容、基于容器的模型云端部署和云计算。

技术指标

(1) 模型引擎，包含流域水文、城市水文、一二维水动力及水质、水工建筑、水库调度、海绵城市模拟功能；支持紧耦合；二维水动力计算支持GPU加速。

(2) 建模工具，可实现水文、水动力、水质的一站式建模，具备完整的前处理、云端计算、云端数据解析及渲染、后处理功能。

(3) 云管理平台，可实现同构、异构模型引擎的云端发布、管理、兼容使用。

(4) 模型引擎、建模工具、云管理平台在统一框架下开发完成，可有效支撑相关平台业务化使用。

应用范围及前景

适用于科学研究、水利教学以及流域防洪预报调度、城市防洪排涝、海绵城市建设、水环境治理、水资源调度等众多行业场景。

该平台已在流域防洪预报调度、城市防洪排涝、海绵城市建设、水环境治理、水资源调度等方面应用，经济和社会效益显著。参照“水利科技应用技术类成果评价指标体系”为标准进行独立评价，该平台成果打破了国外技术垄断、具有广阔的推广前景。

持有单位：浙江贵仁信息科技股份有限公司
联 系 人：鲁东东
单位地址：浙江省杭州市滨江区西兴街道阡陌路482号智慧E谷B座12-13层
联系方式：18756561187
E-mail：dongdong.lu@keepsoft.net

254 知识管理关键技术研究与应用

技术来源

其他来源。

技术简介

该技术是以企业知识管理业务能力框架和员工知识需求作为输入，通过对组织内外部知识整合，促进知识创新，实现知识赋能。该技术满足知识从创造、贡献、检索、推荐、应用、共享、评价、退役到删除的全生命周期业务管理流程。

技术指标

（1）开发2大管理平台：知识管理平台＋智能标签平台。

（2）知识管理平台功能完善，用户界面良好，性能稳定，已通过第三方软件测试。

（3）已发布2版知识分类体系，开发知识标签管理平台与各业务平台统一知识分类标准。

（4）制定并发布1项知识管理业务制度、3项企业标准，知识管理业务逐步规范化、标准化。

应用范围及前景

适用于促进企业知识管理需求。

知识管理，即在组织中构建一个量化与质化的知识系统，让组织中的资讯与知识，透过获得、创造、分享、整合、记录、存取、更新和创新等过程，不断的回馈到知识系统内，形成永不间断的累积个人与组织的知识成为组织智慧的循环，在企业组织中成为管理与应用的智慧资本，有助于企业做出正确的决策，以适应市场的变迁。

该技术已经在水利勘测设计企业及咨询企业应用。实现了知识管理与业务系统深度融合，提升了企业业务拓展能力、提高员工生产效率、提升设计产品质量。满足员工自主学习的需求、提高员工的能力、知识资产化的需求。推动企业保持技术领先性、强化专业发展以及促进跨部门协同，赋能于公司治理、协同、品牌及技术建设。可向电力、交通、建筑等多个行业进行推广应用，实现产品商业化运行，促进企业提升核心竞争力。成果技术先进、创新性强、推广应用前景广阔。

持有单位：中水北方勘测设计研究有限责任公司
联 系 人：杨光
单位地址：天津市河西区洞庭路60号
联系方式：18512286138
E-mail：yang_g2@bidr.com.cn